KB159751

보라카이 · 세부 · 보홀
홀리데이

보라카이 · 세부 · 보홀 홀리데이

2019년 07월 11일 개정 2판 1쇄 펴냄
2020년 01월 20일 개정 2판 2쇄 펴냄

지은이 박애진
발행인 김산환
책임편집 윤소영
디자인 윤지영, 기조숙
지도 글터
펴낸곳 꿈의지도
인쇄 두성 P&L
종이 월드페이퍼

주소 경기도 파주시 경의로 1100, 604호
전화 070-7733-1085
팩스 031-947-1530
홈페이지 www.dreammap.co.kr
출판등록 2009년 10월 12일 제82호

ISBN 979-11-89469-46-7-14980
ISBN 979-11-86581-33-9-14980(세트)

BORACAY · CEBU · BOHOL

보라카이 · 세부 · 보홀 홀리데이

글 · 사진 박애진

꿈의지도

CONTENTS

BBORACAY · CEBU · BOHOL BY STEP

보라카이 · 세부 · 보홀 지역별 가이드

프롤로그

재미있는 가이드북이 쓰고 싶었다. 내 친구나 가족이 갈 때처럼 조곤조곤 친절하게 알려주는 책이고 싶었다. 세부와 보라카이는 한국인에게 무척 친숙한 여행지이다. 해외 여행 경험이 적은 초보 여행자들도 많이 찾는 곳이라 더욱 세심한 정성을 쏟았다. 황금 같은 시간을 내어 떠난 여행일 터이니 행복한 추억을 가득 안고 돌아가길 바라는 마음이었다.

가이드북 작업은 만만치 않은 일이었다. 리조트에서의 휴양뿐 아니라 필리핀 구석구석 숨어 있는 보석 같은 곳들을 찾아다녔다. '직접 경험해 본 것을 소개한다.'는 타협할 수 없는 마음 때문이었다. 처음으로 스쿠버 다이빙에 도전했고, 낙하산에 대롱대롱 매달려도 보고, 모기떼에 뜯겨가며 원시림을 헤매고, 하루에 5끼씩 먹었다. 생생한 경험을 녹인 여행 팁들을 보며 '나도 갈 수 있겠는 걸' 하는 마음이 든다면 좋겠다.

세부는 어렸을 때 가족 여행으로 처음 간 여행지였다. 그 후로도 필리핀과 인연은 계속 이어졌다. 맞지 않는 직장을 그만 두고 힘들어 하는 여동생을 데리고 보라카이를 찾았다. 남자친구와 헤어지고 울기만 하는 친구를 위해 함께 보라카이로 떠났다. 미래가 막막할 때 혼자 보홀을 찾았다. 하늘을 수놓은 별들에게 위로받고 부정적인 생각은 맘씨 고운 모래밭에 툭툭 묻어버리고 나면 다시 웃을 수 있는 힘이 생겼다.

얼마 전 친한 친구가 비타민 D 결핍 판정을 받았다. 세상에! 뉴스에서만 보던 하루 30분도 햇볕을 쬐지 못하는 직장인이 정말 내 주위에 있었다니. 파란 하늘은 컴퓨터 배경화면에서나 봐야 하는 팍팍한 일상, 우리에게 필요한 것은 잠시 내려놓고 훌훌 떠나는 것이다.

눈부신 햇살, 블루레몬에이드 같은 바다, 달콤한 망고주스. 당신이 꿈꾸는 홀리데이 그 이상을 보여줄 보라카이, 세부, 보홀. 알수록 흠뻑 빠져들고 마는 이토록 사랑스러운 곳을 소개해 줄 수 있어 기쁘다. 나처럼, 여동생처럼, 친구처럼 어느새 함박웃음을 짓고 있는 추억을 남기는데 이 책이 조금이나마 도움이 되기를 바란다.

Special Thanks to

여여행작가의 길을 택했을 때 누구보다 나를 믿어주던 아빠, 엄마, 가족들에게 감사와 사랑을 전합니다. 크게 자랄 수 있도록 이끌어준 이민학 작가님과 애송이의 고민을 누구보다 잘 들어준 닌나 씨에게 무한한 존경을 표합니다. 마지막으로 이 책이 개정판의 개정판까지 나올 수 있도록 사랑해준 독자 분들께도 감사의 말씀을 드립니다. 일일이 열거할 수도 없는 필리핀에서 만난 소중한 인연들, Salamat!

박애진 드림

〈보라카이·세부·보홀 홀리데이〉 100배 활용법

보라카이, 세부, 보홀 여행 가이드로 〈보라카이·세부·보홀 홀리데이〉를 선택하셨군요. '굿 초이스'입니다. 보라카이, 세부, 보홀에서 뭘 보고, 뭘 먹고, 뭘 하고, 어디서 자야 할지 더 이상 고민하지 마세요. 친절하고 꼼꼼한 베테랑 〈보라카이·세부·보홀 홀리데이〉와 함께라면 당신의 보라카이, 세부, 보홀 여행이 완벽해집니다.

❶

1) 필리핀 휴양지를 꿈꾸다

❶ STEP 01 » PREVIEW를 먼저 펼쳐보세요. 보라카이, 세부, 보홀의 환상적인 풍광과 함께 당신이 꼭 봐야 할 것, 해야 할 것, 먹어야 할 것을 알려줍니다. 놓쳐서는 안 될 핵심 요소들을 사진으로 정리했어요.

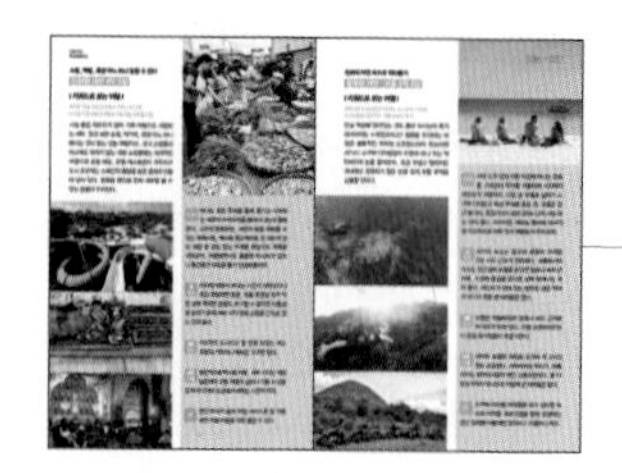

❷

2) 여행 스타일 정하기

❷ STEP 02 » PLANNING을 보면서 나의 여행스타일을 정해 보세요. 세상에서 둘째가라면 서러운 아름다운 해변을 가진 보라카이. 쇼핑, 먹거리, 관광 어느 하나 빠지는 것이 없는 만능 여행지 세부. 자연환경, 문화유산, 푸른 해변 삼박자가 어우러진 보홀. 잊지 못할 추억을 남길 보라카이, 세부, 보홀에 따라 여행 일정과 스타일이 달라집니다.

3) 플래닝 짜기

여행 스타일을 정했다면 여행의 밑그림을 그릴 단계입니다.
❸ STEP 02 » PLANNING에서 언제 갈 것인지, 항공권 예매하는 방법, 가기 전 알아두면 좋을 필리핀 기념품, 필리핀 음식과 열대 과일 등에 대해 알아봅니다.

❸

4) 여행지별 일정 짜기

당신의 여행을 책임질 ❹ 보라카이·세부·보홀 지역편에서 동선을 짜봅니다. 여행지별로 관광지, 레스토랑, 쇼핑 등을 모두 섭렵할 수 있도록 여행의 동선을 제시해줍니다. 저자들이 추천하는 이 루트만 따라 해도 힘들지 않고 여행 일정을 짤 수 있습니다.

❹

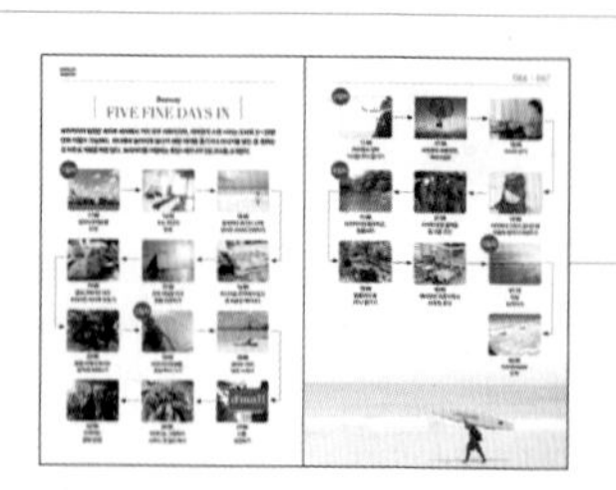

5) 교통편 및 여행 정보
❺ 보라카이·세부·보홀 지역편 에서는 필리핀 휴양지별로 공항에서 여행지를 찾아가는 방법, 여행지에서 이동할 수 있는 다양한 방법을 제시합니다. 편리한 교통편과 요금을 파악하세요.

6) 숙소 정하기
숙소는 여행의 절반을 좌우할 정도로 중요합니다. ❻ 보라카이·세부·보홀 지역편 » SLEEP 에서 편히 쉬고, 잘 수 있는 곳들을 알려줍니다. 럭셔리 리조트부터 비치 마니아를 위한 비치 사이드 리조트, 가족 여행을 위한 콘도형 숙소까지 여행 스타일에 맞는 숙박을 제안합니다.

❺

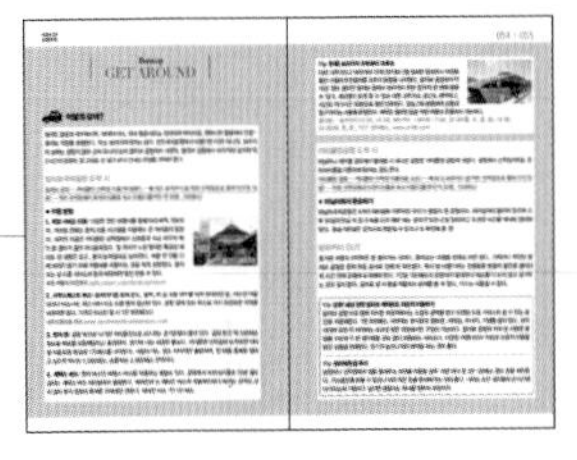

❻

❼

7) D-day 미션 클리어
여행 일정까지 완성했다면 책 마지막의 ❼ 여행 준비 컨설팅 을 보면서 혹시 빠뜨린 것은 없는지 챙겨보세요. 여행 40일 전부터 출발 당일까지 날짜별로 챙겨야 할 것들이 리스트 업이 되어 있습니다.

8) 홀리데이와 최고의 여행 즐기기
이제 모든 여행 준비가 끝났으니 〈보라카이·세부·보홀 홀리데이〉가 필요 없어진 걸까요? 여행에서 돌아올 때까지 내려놓아서는 안 돼요. 여행 일정이 틀어지거나 계획하지 않은 모험을 즐기고 싶다면 언제라도 〈보라카이·세부·보홀 홀리데이〉를 펼쳐야 하니까요. 〈보라카이·세부·보홀 홀리데이〉는 당신의 여행을 끝까지 책임집니다.

일러두기

이 책에 실린 모든 정보는 2019년 6월까지 수집한 정보를 기준으로 했으며, 이후 변동될 가능성이 있습니다. 특히 교통편의 운행 정보와 요금, 관광지의 운영 시간 및 입장료, 식당의 메뉴 가격 등은 현지 사정에 따라 수시로 변동될 수 있습니다. 여행 전 홈페이지를 검색하거나 현지에서 다시 한번 확인하길 바라며, 변경된 내용이 있다면 편집부로 연락 주시기 바랍니다.
홀리데이 편집부 070-7733-1085

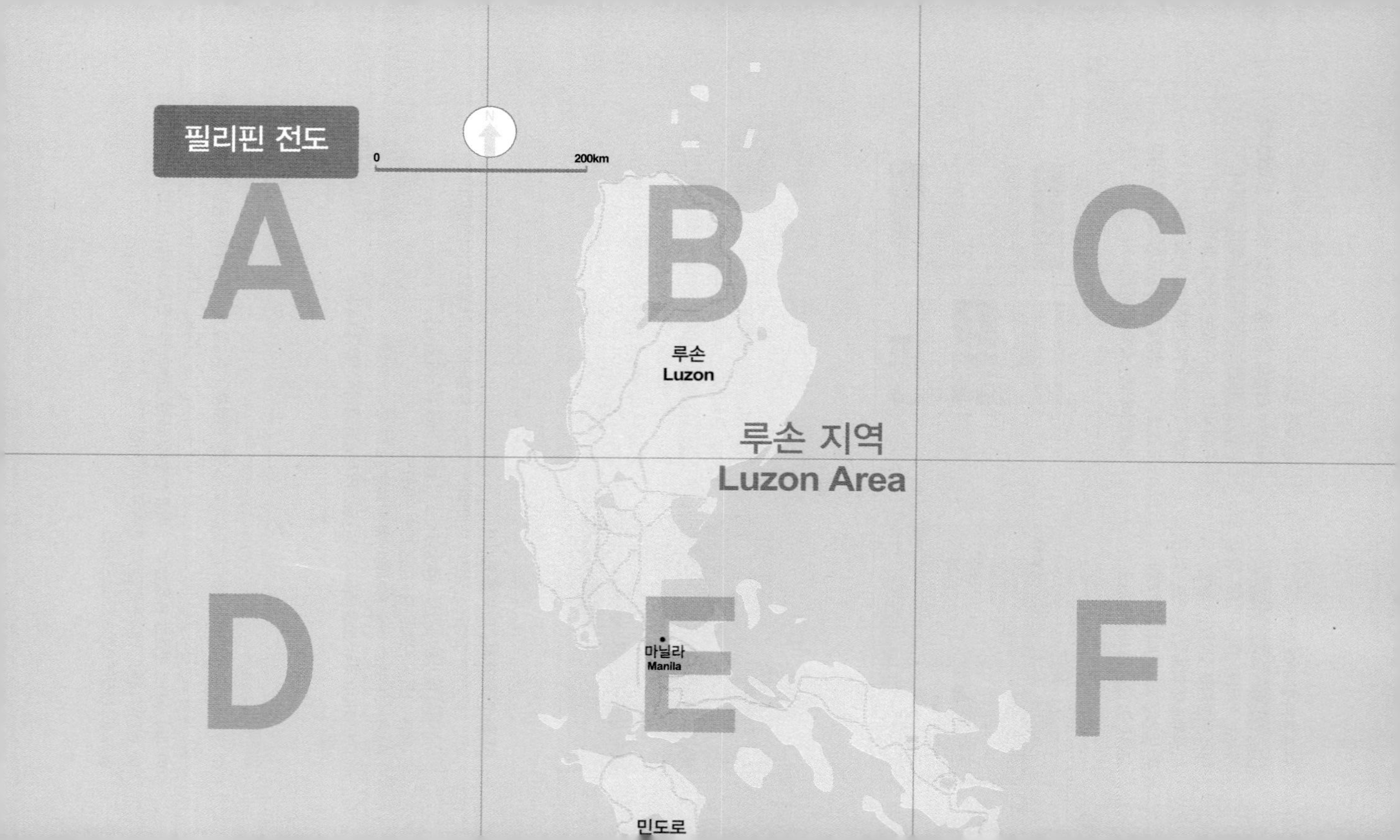

필리핀 전도

0 200km

A B C D E F

루손
Luzon

루손 지역
Luzon Area

마닐라
Manila

민도로

Samar

보라카이
Boracay

엘 니도
El Nido

파나이
Panay

세부
Cebu

세부 시티
Cebu City

보홀
Bohol

네그로스
Negros

팔라완
Palawan

G H I

비싸야스 지역
Visayas Area

민다나오
Mindanao

J K L

민다나오 지역
Mindanao Area

Step 01

PREVIEW

필리핀 휴양지를 꿈꾸다

1
첫눈에 사랑에 빠지고 마는 보라카이 화이트 비치

PREVIEW 01

필리핀 휴양지 MUST SEE

2
신비로움의 결정체 바다 속 풍경

3
필리피노들의 천진난만한 미소

투명에 가까운 청량한 바다는 감동이다. 태양이 바다와 점점 가까워지면 금빛 바다에 낭만이 넘실댄다. 섬 속으로 모험을 떠나면 초콜릿 모양의 언덕이 펼쳐지며, 눈을 크게 뜨지 않으면 놓치고 마는 작은 원숭이가 당신을 기다리고 있다.

4
이보다 낭만적일 수는 없다! 보라카이 화이트 비치의 일몰 바라보기

5
눈앞에서 펼쳐지는 보홀 야생 돌고래 쇼, 돌핀 왓칭 투어

6
주머니에 넣고 다니고 싶은 보홀 타르시어 원숭이

7
눈이 달콤해지는 보홀 초콜릿 힐

8
없던 로맨스도 싹트는 반짝반짝 세부의 야경

PREVIEW 02

필리핀 휴양지 MUST DO

솜사탕처럼 보드라운 백사장 위를 폴짝폴짝 달려보고 그림 같은 바다와 친해지기 위해 풍덩 뛰어들기.
지상 낙원 필리핀에서 꼭 해봐야 할 버킷 리스트! 한 번에 다 못 한다고 안타까워하지 말자. 또 와야 할 이유가 생긴 것이니까.

1 보라카이 화이트 비치 끝까지 걸어보기

3 아리엘스 포인트 절벽에서 눈 딱 감고 뛰어내리기 _ **보라카이**

2 황금빛으로 물드는 바다를 가로지르는 선셋 세일링하기 _ **보라카이**

4 세상에서 가장 큰 상어 고래상어와 수영하기 _ **세부**

5 신세계를 열어줄 스쿠버 다이빙 도전하기

7 바다로 떠나는 소풍, 호핑 투어 떠나기

6 카약 타고 반딧불 투어 _ **보홀**

8 로복 어드벤처 투어로 보홀 로복 강 날아보기

9 헤나로 온 몸에 추억 새기기

필리피노의 삶이 배어 있는
바비큐

한국에서 비싸서 못 먹는 다금바리
라푸 라푸

PREVIEW 03

필리핀 휴양지 MUST EAT

우선 바닷가니까 해산물은 필수! 좀처럼 먹기 힘든 다금바리와 알리망오를 접수 후망고를 질릴 때까지 먹어보자. 잘 알려지진 않았지만 우리 입맛에 잘 맞고 맛있는 필리핀 요리도 놓칠 수 없다.

알이 꽉 찬 커다란 집게발이 예술인
알리망오

부드러운 아기돼지
레촌

쫄깃쫄깃한 족발튀김
크리스피 파타

달짝 짭조름한 간장소스의 매력
아도보

서민들의 배를 든든하게 채워주는
판싯

이렇게 부드러울 수가! 오징어구이
이니하우 나 푸싯

한국에선 팥빙수, 필리핀에선
할로할로

두말하면 입 아픈 내 사랑
망고

Step 02

PLANNING

필리핀 휴양지를 그리다

PLANNING 01

필리핀을 말하는 8가지 키워드

여행은 아는 만큼 보인다. 필리핀을 표현하는 대표 키워드를 통해 어떤 곳인지 살펴보자. 맛보기 기본 정보만 알아도 보고 느끼는 것이 달라질 것이다.

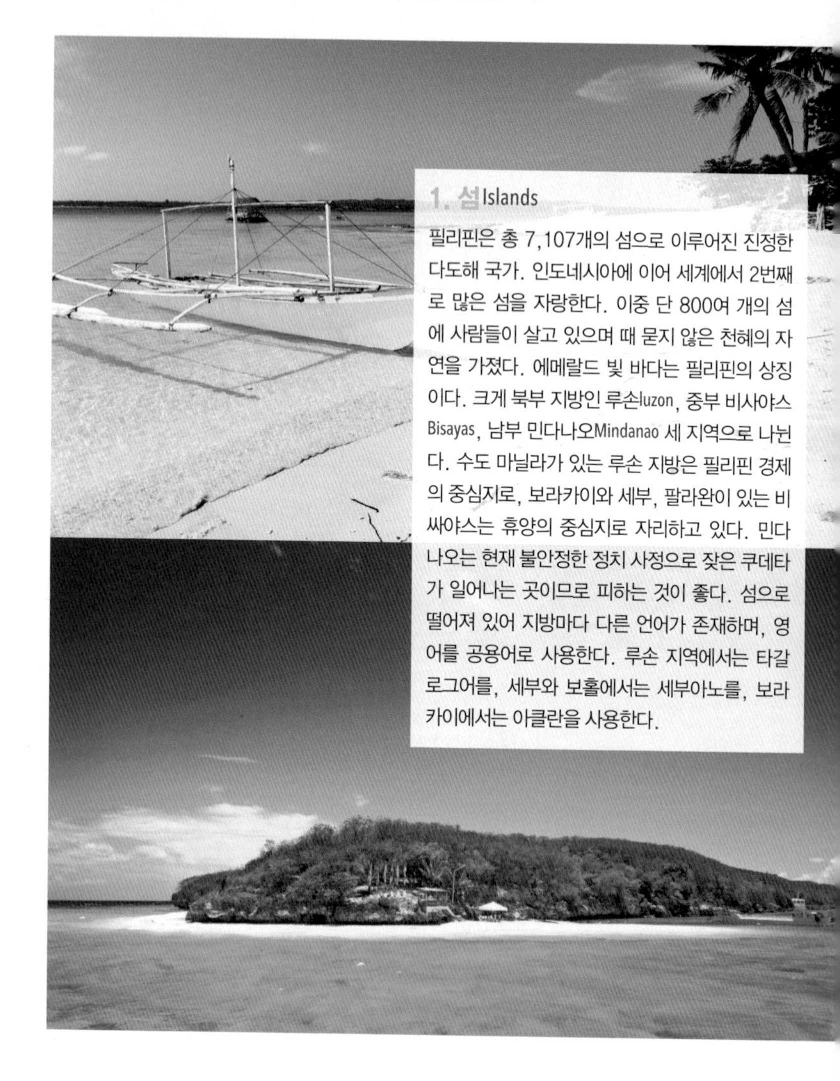

1. 섬Islands

필리핀은 총 7,107개의 섬으로 이루어진 진정한 다도해 국가. 인도네시아에 이어 세계에서 2번째로 많은 섬을 자랑한다. 이중 단 800여 개의 섬에 사람들이 살고 있으며 때 묻지 않은 천혜의 자연을 가졌다. 에메랄드 빛 바다는 필리핀의 상징이다. 크게 북부 지방인 루손luzon, 중부 비사야스Bisayas, 남부 민다나오Mindanao 세 지역으로 나뉜다. 수도 마닐라가 있는 루손 지방은 필리핀 경제의 중심지로, 보라카이와 세부, 팔라완이 있는 비싸야스는 휴양의 중심지로 자리하고 있다. 민다나오는 현재 불안정한 정치 사정으로 잦은 쿠데타가 일어나는 곳이므로 피하는 것이 좋다. 섬으로 떨어져 있어 지방마다 다른 언어가 존재하며, 영어를 공용어로 사용한다. 루손 지역에서는 타갈로그어를, 세부와 보홀에서는 세부아노를, 보라카이에서는 아클란을 사용한다.

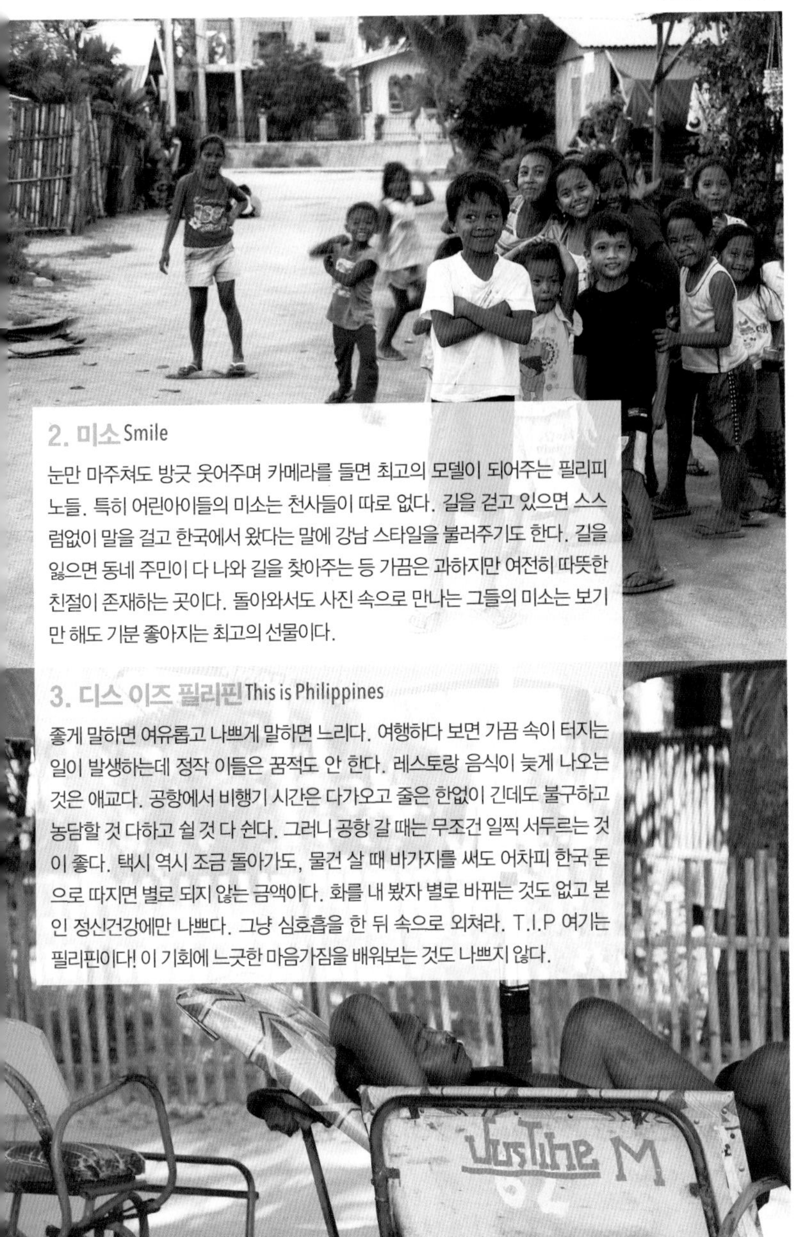

2. 미소 Smile

눈만 마주쳐도 방긋 웃어주며 카메라를 들면 최고의 모델이 되어주는 필리피노들. 특히 어린아이들의 미소는 천사들이 따로 없다. 길을 걷고 있으면 스스럼없이 말을 걸고 한국에서 왔다는 말에 강남 스타일을 불러주기도 한다. 길을 잃으면 동네 주민이 다 나와 길을 찾아주는 등 가끔은 과하지만 여전히 따뜻한 친절이 존재하는 곳이다. 돌아와서도 사진 속으로 만나는 그들의 미소는 보기만 해도 기분 좋아지는 최고의 선물이다.

3. 디스 이즈 필리핀 This is Philippines

좋게 말하면 여유롭고 나쁘게 말하면 느리다. 여행하다 보면 가끔 속이 터지는 일이 발생하는데 정작 이들은 꿈쩍도 안 한다. 레스토랑 음식이 늦게 나오는 것은 애교다. 공항에서 비행기 시간은 다가오고 줄은 한없이 긴데도 불구하고 농담할 것 다하고 쉴 것 다 쉰다. 그러니 공항 갈 때는 무조건 일찍 서두르는 것이 좋다. 택시 역시 조금 돌아가도, 물건 살 때 바가지를 써도 어차피 한국 돈으로 따지면 별로 되지 않는 금액이다. 화를 내 봤자 별로 바뀌는 것도 없고 본인 정신건강에만 나쁘다. 그냥 심호흡을 한 뒤 속으로 외쳐라. T.I.P 여기는 필리핀이다! 이 기회에 느긋한 마음가짐을 배워보는 것도 나쁘지 않다.

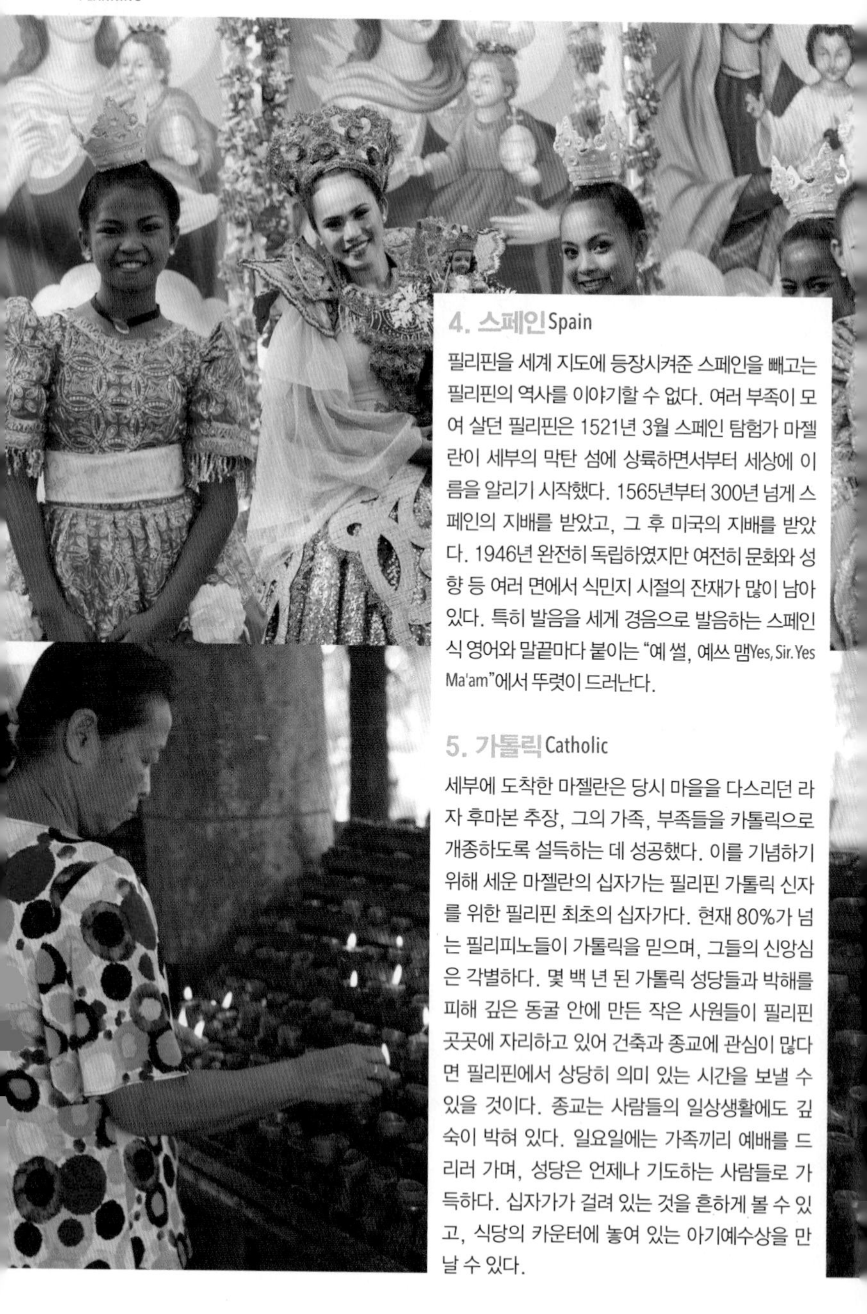

4. 스페인 Spain

필리핀을 세계 지도에 등장시켜준 스페인을 빼고는 필리핀의 역사를 이야기할 수 없다. 여러 부족이 모여 살던 필리핀은 1521년 3월 스페인 탐험가 마젤란이 세부의 막탄 섬에 상륙하면서부터 세상에 이름을 알리기 시작했다. 1565년부터 300년 넘게 스페인의 지배를 받았고, 그 후 미국의 지배를 받았다. 1946년 완전히 독립하였지만 여전히 문화와 성향 등 여러 면에서 식민지 시절의 잔재가 많이 남아 있다. 특히 발음을 세게 경음으로 발음하는 스페인식 영어와 말끝마다 붙이는 "예 썰, 예쓰 맴Yes, Sir. Yes Ma'am"에서 뚜렷이 드러난다.

5. 가톨릭 Catholic

세부에 도착한 마젤란은 당시 마을을 다스리던 라자 후마본 추장, 그의 가족, 부족들을 카톨릭으로 개종하도록 설득하는 데 성공했다. 이를 기념하기 위해 세운 마젤란의 십자가는 필리핀 가톨릭 신자를 위한 필리핀 최초의 십자가다. 현재 80%가 넘는 필리피노들이 가톨릭을 믿으며, 그들의 신앙심은 각별하다. 몇 백 년 된 가톨릭 성당들과 박해를 피해 깊은 동굴 안에 만든 작은 사원들이 필리핀 곳곳에 자리하고 있어 건축과 종교에 관심이 많다면 필리핀에서 상당히 의미 있는 시간을 보낼 수 있을 것이다. 종교는 사람들의 일상생활에도 깊숙이 박혀 있다. 일요일에는 가족끼리 예배를 드리러 가며, 성당은 언제나 기도하는 사람들로 가득하다. 십자가가 걸려 있는 것을 흔하게 볼 수 있고, 식당의 카운터에 놓여 있는 아기예수상을 만날 수 있다.

6. 거스름돈 No change

택시나 트라이시클 기사들은 늘 잔돈이 없다. 택시비가 80페소 나와 100페소를 주고 거스름돈을 기다리면 기사는 당당히 이렇게 말한다. "죄송해요. 거스름돈이 없어요Sorry, No Change." 한국인의 마인드로는 절대 이해할 수 없지만 앞에서 배운 것을 복습할 차례. T.I.P 여기는 필리핀이다!미리 작은 돈으로 바꿔 다니든지 쿨하게 "잔돈 가지세요Keep the Change."라고 말하는 편이 낫다. 우리에게는 얼마 안 되는 돈이지만 그들에게는 살림살이를 나아지게 할 큰돈이라고 생각하면 마음이 한결 더 편하다.

7. 씨알 CR

필리피노들은 화장실을 '컴포트 룸Comfort Room'을 줄인 CR이라고 부른다. 토일렛Toilet 대신 CR이라고 표기된 곳도 많다. "화장실 어디 있어요Where is toilet?"라고 물어보면 "CR is~"라고 대답한다. 같은 곳이다.

8. 총 Gun

필리핀은 총기 소지가 허용되는 나라다. 빌딩이나 상점 앞에 총을 든 가드들을 흔하게 볼 수 있으며, 총을 든 사람들이 많이 보일수록 안전하게 느껴지는 아이러니를 경험하게 된다. 일반인들의 총기 소지도 어렵지 않은 편. 당연히 총기사고가 빈번하니 필리피노와 별거 아닌 일로 시비를 붙는 일은 삼가한다. 대형 쇼핑몰에 들어갈 때는 총기를 소지했는지 확인하기 위해 가방을 검사하고 금속 탐지기를 거친다.

PLANNING 02

필리핀 대표 휴양지 **여행 포인트**

"보라카이가 좋아요? 세부가 좋아요?" 필리핀 여행 좀 했다고 하면 어김없이 묻는 질문이다. 그걸 어찌 답할 수 있을까. 같은 휴양지라도 둘은 색깔이 확연히 다른 곳이다. 요즘은 여기에 질문이 하나 더 늘었다. "보홀은 하루면 될까요?"

보라카이 Boracay

그 유명한 화이트 비치가 있는 곳. 생크림처럼 부드러운 백사장이 포카리스웨트 바다를 따라 길게 늘어져 있다. 아름다운 화이트 비치를 즐기기 위해 세계 각국의 사람들이 찾는다. 필리핀 최대의 관광지인 만큼 물가는 높고, 사람은 많지만 치안과 편의시설이 잘 되어 있다. 화이트 비치를 중심으로 쇼핑몰과 다양한 액티비티를 즐길 수 있다. 바다 외에는 딱히 볼 것은 많이 없다. 가족과 휴식을 취하기도, 연인끼리 알콩달콩 시간을 보내기도, 친구끼리 활동적이게 보내기도 어느 하나 손색이 없는 곳이다.

해변 ★★★★★ **자연환경** ★ **투어 종류** ★★ **문화유산** ★ **식도락** ★★★★

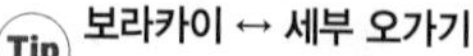

Tip 보라카이 ↔ 세부 오가기

흔하지는 않지만 보라카이와 세부를 오가는 경우 세부의 막탄 세부 국제공항과 보라카이 카티클란 공항까지 오가는 국내선을 이용하는 것이 가장 편리하다. 세부 퍼시픽에서 직항을 운행하며 약 1시간 정도 소요된다.

세부
Cebu

필리핀 제2의 도시. 높은 빌딩과 대형 쇼핑몰을 갖추고 있고 다양한 도시를 잇는 허브 역할을 한다. 세부는 스페인 사람들이 제일 처음 밟은 필리핀 땅인 만큼 역사적 가치가 높은 문화유산들을 간직하고 있으며, 현지인들의 삶을 가까이서 들여다 볼 수 있다. 여기에 바다를 낀 대형 리조트들까지 자리 잡고 있어 시티 라이프와 휴양 두 마리의 토끼를 다 잡을 수 있는 여행지이다. 모험심이 있는 여행자라면 세부 내 잘 안 알려진 도시로 떠나는 여행을 기획해보는 것도 강력 추천한다.

해변 ★★★ **자연환경** ★★★★ **투어 종류** ★★★ **문화유산** ★★★★★ **식도락** ★★★★★

보홀
Bohol

아직 개발의 손길이 닿지 않아 때 묻지 않은 자연과 사람들을 만날 수 있다. 세부와 가까워 세부 여행에 곁다리로 가는 일일 여행지로 인식하는 사람들이 많지만 그렇게 가기에는 너무나 아까운 곳임은 분명하다. 자연환경과 문화유산, 아름다운 해변 삼박자가 잘 어우러진 여행지로 가족끼리 즐기기 좋은 자연 친화적인 투어는 오히려 세부보다 나은 편이다.

해변 ★★★★ **자연환경** ★★★★★ **투어 종류** ★★★★ **문화유산** ★★★ **식도락** ★★

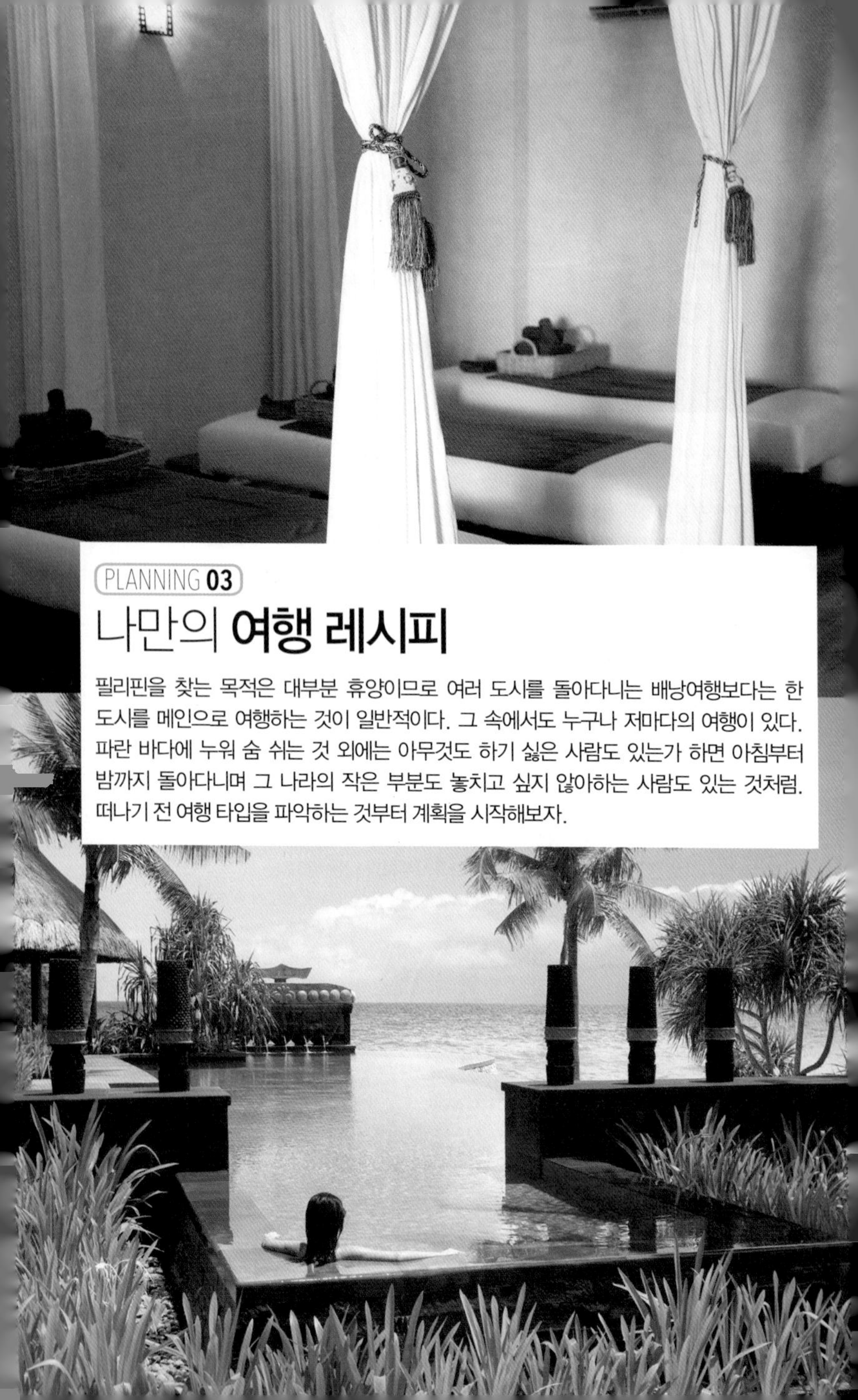

PLANNING 03

나만의 **여행 레시피**

필리핀을 찾는 목적은 대부분 휴양이므로 여러 도시를 돌아다니는 배낭여행보다는 한 도시를 메인으로 여행하는 것이 일반적이다. 그 속에서도 누구나 저마다의 여행이 있다. 파란 바다에 누워 숨 쉬는 것 외에는 아무것도 하기 싫은 사람도 있는가 하면 아침부터 밤까지 돌아다니며 그 나라의 작은 부분도 놓치고 싶지 않아하는 사람도 있는 것처럼. 떠나기 전 여행 타입을 파악하는 것부터 계획을 시작해보자.

열심히 일한 당신 떠나라!

재충전형 보라카이 3박 5일

키워드로 보는 여행

#투명한 바다 #꿀맛 휴가 #비키니스타그램
#천국으로 떠나요 #허니문 #야자수

하루 12시간씩 보는 컴퓨터 배경화면에서나 봄 직한 파란 바다가 눈앞에 펼쳐진다. 세상 둘째가라면 서러운 아름다운 해변을 가진 보라카이는 일상에 지친 당신에게 파라다이스가 되어줄 것이다. 업무에 치이고 야근에 지치고 사랑마저 각박하다면 지금 필요한 것은 팍팍하다 못해 말라버린 일상에 물주기가 아닐까. 뜨거운 햇살 아래 광합성도 하고 원하는 것만 골라서 즐기는 진정 나만을 위한 휴가를 즐겨보자. 돌아갈 때쯤에는 자신감도 에너지도 다시 업!

©Nobless Nomad

PLAN 졸리면 자고 배고프면 먹고 본능에 충실할 것, 여유부리며 하고 싶은 것만 하는 것이 포인트. 리조트 수영장보다는 기왕이면 세계적으로 인정받은 화이트 비치에서 맘껏 뒹굴거리다 구미가 당기는 액티비티 1~2개쯤 즐겨주자.

숙소 화이트 비치에 있는 깔끔한 부티크 호텔을 추천. 화이트 비치가 코앞이니 수영장 같은 시설에 집착하지 말고 대신 맛있는 조식에 집중하자. 조용한 곳을 원한다면 화이트 비치는 피할 것.

식사 아침은 호텔 조식 뷔페로! 점심과 저녁식사는 화이트 비치에 널린 레스토랑 중 맘이 끌리는 곳에서 먹으면 된다. 다양한 국적의 음식을 만나볼 수 있으며 수준도 높은 편이다.

이동 화이트 비치에 묵는다면 웬만한 먹거리와 액티비티는 걸어서 해결할 수 있다. 그 외에도 트라이시클로 쉽게 이동할 수 있는 작은 섬이니 이동에 제약은 없다.

TIP 밤 문화를 즐기고 싶다면 더더욱 화이트 비치에 묵는 것이 좋다. 동 틀 때까지 불야성 보라카이를 즐길 수 있을 것.

쇼핑, 먹방, 휴양 어느 하나 놓칠 수 없다

관광형 세부 4박 5일

키워드로 보는 여행

#파란 하늘 #리조트에서 #먹스타그램
#시장구경 #태교여행 #가족여행 #폭풍쇼핑

시설 좋은 리조트가 많아 가족 여행으로 사랑받는 세부. 알고 보면 쇼핑, 먹거리, 관광 어느 하나 빠지는 것이 없는 만능 여행지다. 국내 쇼핑몰과 비교해도 뒤지지 않는 대형 쇼핑몰에는 세계적인 브랜드와 로컬 매장, 유명 레스토랑이 가득하고 도시 곳곳에는 스페인의 영향을 받은 문화유산들이 남아 있다. 발품을 판만큼 진짜 세부를 볼 수 있는 영광이 주어진다.

PLAN 바다는 호핑 투어를 통해 즐기고 나머지는 세부의 구석구석을 돌아다니는데 할애한다. 고유의 문화유산, 서민의 삶을 체험할 수 있는 재래시장, 역사와 종교적으로 큰 의미가 있는 성당 등 관심 있는 주제를 중심으로 계획을 세워보자. 저렴하면서도 훌륭한 마사지가 많으니 중간중간 여독을 풀기 안성맞춤이다.

숙소 어차피 밖에서 보내는 시간이 대부분이니 중급 호텔이면 충분. 보통 휴양일 경우 막탄 섬에 묵지만 관광도 포기할 수 없다면 이동성을 높이기 위해 세부 시티 대형 쇼핑몰 근처로 잡는 것이 좋다.

식사 식도락의 도시라고 할 만큼 맛있는 레스토랑이 가득하니 메뉴만 고르면 된다.

이동 일반적으로 택시로 이동. 세부 시티는 제법 넓은데다 교통 체증이 심하니 이동 노선을 잘 짜서 다녀야 도로에서 버리는 시간이 적다.

TIP 한인 마사지 숍의 픽업 서비스를 잘 이용하면 이동 비용을 대폭 줄일 수 있다.

천혜의 자연 속으로 뛰어들기

활동형 세부 · 보홀 5박 6일

키워드로 보는 여행

#떠나라 #신비로운 바닷속 #스쿠버 다이빙
#신선놀음 #친구와 여행 #데이 투어

만날 책상에 앉아있는 것도 좀이 쑤시는데 휴가 와서까지도 누워있으라고? 젊음을 유지하는 비결은 활동적인 취미와 도전정신이라 믿는다면 ATV나 스쿠버 다이빙같이 자연과 하나 되는 액티비티에 눈을 돌려보자. 조금 무섭고 떨리지만 국내에선 경험하기 힘든 만큼 잊지 못할 추억을 선물할 것이다.

PLAN 세부 도착 당일 이른 아침에 떠나는 오슬롭 고래상어 투어를 이용하여 시작부터 짜릿하게 여행하자. 다음 날 보홀로 넘어가 스쿠버 다이빙과 육상 투어를 즐길 것. 보홀은 은근 볼거리, 즐길거리가 많은 곳이니 2박 이상 하는 것이 좋다. 마지막은 세부로 돌아와 마사지와 식도락으로 여유 있게 여행을 마무리 하자.

숙소 세부의 숙소는 항구와 공항이 가까운 SM 시티 근처가 편리하다. 보홀에서의 숙소는 접근성에 초점을 둔다면 알로나 비치 근처에, 시설에 중심을 둔다면 살짝 벗어나는 것이 좋다. 리조트가 모여 있는 팡라오 섬은 작아서 어디서 묵든 큰 어려움은 없다.

식사 보홀은 탁빌라란과 알로나 비치 근처에 먹거리가 모여 있다. 유명 프랜차이즈보다 로컬 음식점들이 주를 이룬다.

이동 세부와 보홀은 페리로 오가며 약 2시간 정도 소요된다. 세부에서는 택시가, 보홀에서는 트라이시클이 메인 교통수단이다. 둘 다 밤늦게까지 다니므로 이동에 큰 어려움은 없다.

TIP 스쿠버 다이빙 자격증을 따고 싶다면 숙소와 자격증 프로그램을 함께 운영하는 한인 업체를 이용하면 편리하고 저렴하니 체크.

PLANNING 04

필리핀 기념품 **뽐뿌 리스트**

여행에서 남는 것은 사진과 기념품 뿐. 잘 산 기념품 하나면 두고두고 여행의 추억을 곱씹을 수 있다. 필리핀은 쇼핑으로 특화된 곳이 아닌 만큼 브랜드 쇼핑보다는 필리핀에서 나는 재료로 만든 제품에 초점을 맞추는 편이 후회가 적다. 수많은 여행자들 사이에서 인정 받은 필리핀 특산품으로 만든 기념품들을 소개한다.

코코넛 오일 Coconut Oil

식용과 마사지용으로 사용되는 코코넛 오일. 수많은 셀러브리티가 코코넛 오일 섭취가 미용과 건강 유지 비결이라고 말해 화재가 되었다. 온도에 민감해 한국에 오면 하얗게 굳는 경우가 많으나 상한 게 아니니 당황하지 말자. 섭씨 25도 이상이면 다시 액체로 변한다. 슈퍼마켓과 기념품 숍에 있다.

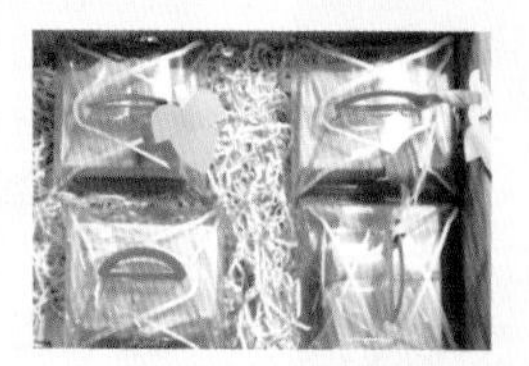

노니 비누 Noni Soap

뛰어난 항균력과 면역증강 효과로 '신이 주신 열매'라는 별명의 노니. 노니로 만든 천연비누는 피부 속 모낭충 제거와 피지 조절 효과에 뛰어나 필리핀에서 꼭 사와야 할 기념품 중 하나다. 비누마다 노니 함유량이 다르니 체크는 필수. 기념품 가게와 한인 마사지 숍에서 구입 가능하다.

코코넛 잼 Coconut Jam

한 번 맛보면 손을 떼지 못한다고 해서 악마의 잼이라 불린다. 방송을 타면서 요즘 가장 핫한 아이템이 되었다. 무게만 아니면 10개쯤 사들고 오고 싶을 정도로 맛있다. 코코넛, 깔라만시, 망고 등 잼 종류도 다양하다. 보라카이와 세부 공항 근처에 위치한 에어포트 라운지에서만 구입 가능하다.

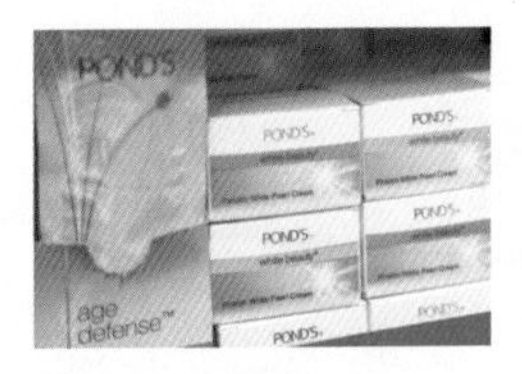

폰즈 진주 크림
Pond's White Pearl Cream

바르고 자면 얼굴이 뽀샤시 해지는 애정 잇템. 미백에 유독 민감한 필리핀에서만 구입할 수 있는 크림으로, 크기가 작아 선물용으로 여러 개 사기 좋다. 왓슨스같은 드러그 스토어에서 판매한다.

조비스 바나나칩
Jovy's Banana Chips

뜯는 순간 그 자리에서 다 먹어 치운다는 일명 마약 바나나칩. 한국인들 사이 워낙 유명해 말이 필요 없는 제품이다. 대부분의 한인 마사지 숍에서도 취급하니 예전처럼 조비스 찾아 삼만리는 하지 않아도 된다.

칼라만시 농축액
Calamansi Concentrate

필리핀 라임, 칼라만시를 농축시킨 원액이다. 레몬보다 비타민 C가 10배나 높아 피로회복과 미백효과에 탁월하다. 물에 타서 주스나 차처럼 마시면 된다. 슈퍼마켓에서 쉽게 살 수 있다.

말린 망고 Dried Mango

필리핀 가서 이거 안 사오면 간첩일 정도. 수많은 브랜드 중 한국인의 사랑을 독차지하는 것은 단연 7D 망고. 사실상 다른 브랜드와 별 차이가 없으니 집착하지 않아도 된다.

망고 퓨레 Mango Puree

물에 섞으면 짠~하고 그리운 망고 주스의 맛을 재현할 수 있는 마법의 아이템. 얼음과 5:5 비율로 넣고 갈면 망고 셰이크가 탄생한다. 단, 부피가 크고 무거운 것이 단점.

과자들 Snacks

필리핀 과자가 맛있다는 것이 어느새 소문나 슈퍼마켓에는 과자봉지들을 쓸어 담는 한국인들을 흔하게 볼 수 있다. 피아토스Piattos, 고야Goya, 필로우Pillows가 인기다.

탕 Tang

무거운 망고 퓨레를 대신하는 분말주스 탕. 망고 맛뿐만 아니라 딸기, 파인애플 등 다양한 과일 맛이 있다. 작게 개별 포장된 것도 팔아 선물용으로도 딱이다.

오프 Off

기대 이상 효과가 뛰어난 놀라운 모기퇴치 로션. 끈적거리지 않으며, 자극도 적고 향까지 괜찮아 인기다. 캠핑, 낚시 등 야외활동이 많다면 구매해서 한국 모기도 오프를 싫어하는지 실험해보는 것도 괜찮을 듯. 슈퍼마켓과 약국에서 구입 가능하다.

PLANNING 05

필리핀 인기 프랜차이즈

어디서든 찾기 쉽고 맛도 가격도 훌륭한 필리핀의 프랜차이즈들. 해외에도 진출할 만큼 큰 사랑을 받고 있다. 대중화된 맛으로 쉽게 현지 음식에 다가갈 수 있으며 후회할 가능성도 적다.

보스 커피 Bo's Coffee

세부에서 시작해 필리핀의 스타벅스로 자리 잡은 보스 커피에 대한 필리핀 사람들의 자부심은 대단하다. 100% 필리핀산 신선한 원두를 사용하여 만든다. 커피가 기대 이상으로 맛있어서 원두를 사가는 사람도 많다. 프라프치노, 스무디 등 가지각색의 논 커피 음료도 함께 판매한다. 국내 커피 전문점과 비슷한 맛의 커피를 마실 수 있을 뿐만 아니라 깔끔한 카페 분위기로 여행자들의 휴식처가 되었다.

Data **지도** 172p-F **주소** 세부-아얄라 센터, 제이 파크 리조트 앞, 보홀-아일랜드 시티 몰 **가격** 커피 90페소~ **홈페이지** www.boscoffee.com

샤키스 Shakey's

필리핀의 도미노 피자 격으로 좋은 재료와 맛으로 많은 사랑을 받고 있다. 도우의 두께를 선택할 수 있으며, 바삭한 도우와 아낌없이 올린 토핑의 조화가 환상적이다. 샐러드와 피스타도 판매하며 국내 패밀리 레스토랑 분위기가 난다.

Data **지도** 061p-L **주소** 보라카이-스테이션 2, 세부-아얄라 센터, 오스메냐 서클, 보홀-탁빌라란 **가격** 피자 179페소~ **홈페이지** www.shakeyspizza.ph

안독스 Andok's

로스트 치킨을 메인으로 하는 안독스. 즉석에서 구워주는 바비큐, 시니강, 시식 등 필리핀 현지 요리로 이루어진 메뉴 구성이 풍성하다. 두툼한 치킨 다리 하나가 65페소, 프라이드치킨과 밥 세트가 60페소로 가성비가 몹시 훌륭한 곳이다.

Data **지도** 058p-C, 064p-K **주소** 보라카이-디몰, 세부-살리나스 드라이브, 타미야, 보홀-탁빌라란 **가격** 치킨 세트 60페소~ **홈페이지** www.andoks.com.ph

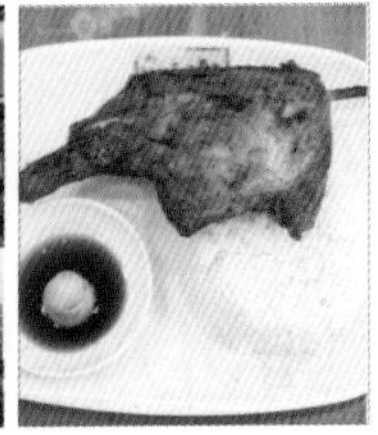

망 이나살 Mang Inasal

치킨을 사랑하는 필리피노에게 없어서는 안 될 곳이다. 100페소 정도로 바비큐 치킨 한 조각과 밥을 먹을 수 있으며, 약 10페소 정도 더 내면 무한리필 밥을 즐길 수 있다. 필리핀 전역 500개에 가까운 곳에 지점을 가지고 있고, 현지인들은 물론 주머니 사정 빤한 여행자들로 늘 붐빈다.

Data **지도** 062p-E, 064p-H
주소 보라카이-디몰, 세부-살리나스 드라이브, 가이사노 그랜드 몰, 보홀-탁빌라란 **가격** 치킨 세트 81페소~
홈페이지 www.manginasal.com

옐로 캡 Yellow Cab

옐로 캡은 미국식 피자를 맛볼 수 있는 넘버원 피자집이다. 3가지 사이즈가 있으며, 가장 큰 뉴요커 사이즈는 8명을 먹을 수 있을 정도. 함께 먹으면 좋은 감자튀김과 치킨 윙 등 사이드 디시도 잘 마련 되어있다.

Data **지도** 060p-I, 063p-K
주소 보라카이-스테이션 1, 스테이션 3, 세부-아얄라 센터, 바닐라드 타운 센터
가격 피자 335페소~
홈페이지 www.yellowcabpizza.com

졸리비 Jollibee

필리핀의 롯데리아. 필리핀에서만큼은 맥도날드마저 기를 피지 못할 만큼 절대적인 사랑을 받는 국민 프랜차이즈이다. 빨간 꿀벌 마스코트가 웬만한 쇼핑몰에는 꼭 입점해있으며, 거리에서도 흔히 찾아볼 수 있다. 햄버거뿐만 아니라 치킨, 스파게티도 취급한다. 독특하게도 밥과 함께 구성된 세트 메뉴도 있어 든든하게 한 끼를 때울 수 있다.

Data **지도** 176p-A, 179p-A&F **주소** 보라카이-시티 몰 보라카이, 세부-아얄라 센터, 살리나스 드라이브, 가이사노 그랜드 몰, 보홀-아일랜드 시티 몰 **가격** 버거 세트 85페소~ **홈페이지** www.jollibee.com.ph

차우킹 Chowking

중국 요리를 필리핀식으로 재해석한 차이니즈 패스트 푸드점. 누들과 딤섬을 기본으로 중국식 치킨과 스프링 롤을 곁들인 세트 메뉴도 갖추고 있다. 만둣국과 비슷한 완탕면은 아침식사로 손색이 없다. 졸리비와 쌍벽을 이루는 프랜차이즈로 어디서든 쉽게 찾아볼 수 있다. 프랜차이즈 중 할로할로가 가장 맛있는 곳으로 유명하다.

Data **지도** 176p-A **주소** 세부-오스메냐 서클, 마리나 몰, 보홀-아일랜드 시티 몰
가격 누들 58페소~, 딤섬 36페소~
홈페이지 www.chowkingdelivery.com

PLANNING 06

필리핀 음식 백과사전

태국하면 톰얌쿵이, 인도네시아하면 나시고랭이 딱 떠오르는 반면 필리핀 요리는 딱 떠오르는 게 없는 슬픈 현실. 하지만 그렇다고 필리핀 요리가 별것 없다 생각하면 큰 오산! 싱싱한 식재료는 물론, 오랜 식민지 기간을 통해 다국적 요리 기법이 녹아들어 독자적인 필리핀 요리가 탄생했다. 게다가 한국인의 입맛에도 잘 맞기까지! 앞으로 친해지면 좋은 필리핀 음식들을 소개한다.

바비큐 Barbecue

육류나 해산물에 달짝지근한 특제 소스를 발라 숯불에 굽는 바비큐는 필리핀을 대표하는 음식이다. 바비큐 전문 레스토랑도 많고 길거리에서 바비큐를 굽는 사람들을 흔히 접할 수 있다.

레촌 Lechon

필리핀 잔칫상에 빠지지 않고 오르는 통돼지 바비큐. 5개월 미만의 새끼 돼지를 통으로 구운 요리로 오랜 시간 정성을 다해 만든다. 껍질은 바삭하고, 속살은 수육처럼 부드럽다.

시니강 Sinigang

태국에 톰얌쿵이, 필리핀에는 시니강이 있다. 새콤한 맛을 내는 탕 요리로 육류와 해산물 모두 사용한다. 개운한 맛이 일품이며 새우를 사용한 시니강이 가장 거부감 없이 먹기 좋다.

크리스피 파타 Crispy Pata

기름에 바싹 튀긴 돼지 족발을 칼라만시와 매콤한 고추를 넣은 소스에 찍어 먹는다. 겉은 바삭하고 속은 쫄깃한 식감이 매력.

불랄로 Bulalo

소뼈를 채소와 함께 고아낸 음식으로 한국의 갈비탕과 비슷한 맛이 난다.

비빙카 Bibingka

쌀가루와 코코넛 밀크로 만드는 필리핀식 팬케이크. 크리스마스에 만들어 먹던 전통음식으로 맛은 달콤하고 부드럽다.

아도보 Adobo

재료를 간장 소스로 졸여 만드는 아도보는 달콤 짭조름하다. 재료에 따라 치킨 아도보, 비프 아도보 등으로 불린다.

캉콩 Kangkong

채소가 귀한 필리핀에서 더욱 반가운 요리. 동남아에서 나는 나물을 간장과 액젓으로 볶는데 밥반찬으로 제격이다.

롱가니사 Longanisa

필리핀식 소시지로 일반 소시지보다 달고 붉은 색을 띈다. 필리핀 식 조식을 주문하면 항상 나올 정도로 흔한 아침 식사 메뉴.

할로할로 Halo Halo

'함께 섞다'라는 뜻의 필리핀 빙수. 간 얼음 위 열대과일과 아이스크림, 팥, 연유를 넣고 비벼먹는다.

감바스 Gambas

작은 새우를 토마토 소스에 볶은 요리로 밥에 비벼먹는 필리핀의 밥도둑. 깐풍 새우와 비슷하다.

갈릭 라이스 Garlic Rice

마늘을 짭조름하게 튀겨 양념된 밥으로 고소한 맛이 필리핀 요리와 잘 어울린다.

카레 카레 Kare-Kare

소 꼬리뼈나 소고기를 채소와 함께 땅콩 소스에 넣고 푹 끓여 새우젓 소스에 찍어먹는 필리핀 대표 보양식.

산미구엘 San Miguel

톡 쏘는 씁쓰름한 맛으로 한국인의 사랑을 독차지 하고 있는 산미구엘. '레드 홀스Red horse'라는 맥주도 있으니 마셔보자.

판싯 Pancit

국수와 채소를 볶아 만든 볶음국수. 면의 종류에 따라 이름이 바뀐다. 노란 에그 누들을 써서 만든 것은 판싯 칸톤Canton, 쌀국수로 만든 것은 판싯 비혼Bihon, 얇은 당면으로 만든 것은 구이사도Guisado라고 한다. 다른 면을 반반 섞어 요리해 먹는 것이 인기다.

Tip 레스토랑 이용 시 유용한 영어

- 2인석이 있나요? Table for two?
- ooo 좀 주세요. I'll have ooo(음식 이름).
- 주문을 바꿔도 될까요? Is it possible to change my order?
- 소금을 조금만 넣어 주세요. Easy on the salt, please.
- 제가 주문한 요리가 아니에요. This is not what I ordered.

PLANNING 07

필리핀에서 누리는 열대과일의 행복

한국인들이 가장 사랑하는 열대과일 망고가 맛있기로 유명한 필리핀. 그 외에도 국내에서 접하기 힘든 알록달록한 열대과일들이 즐비하니 원 없이 즐겨보자. 과일만 많이 먹고 와도 비행기 값을 뽑을 수 있을 것!

망고 Mango

망고하면 필리핀을 떠올릴 만큼 필리핀 망고는 특히 달고 맛있다. 마닐라 서북부에 있는 잠발레스 주 출신의 망고는 1995년 세계에서 가장 단 망고로 기네스북에 올랐을 정도니 그 위상을 감히 짐작할 수 있을 것. 향긋하면서 달콤한 망고는 4월부터 8월까지가 제철이다.

Tip 맛있는 망고 고르기

망고는 익으면 황금빛 노란색 껍질을 가지는데 표면에 검은 반점이 막 생기는 시점이 가장 맛있다. 시간을 두고 먹을 것이라면 너무 익은 망고보다는 덜 노란 망고를 사서 실온 보관에서 숙성시켜 먹는 것이 좋다.

코코넛 Coconut

필리핀 이름은 부코Buko다. 즙이 많아 음료로 많이 마시며 코코넛을 잘라 그 속의 물과 과육을 따로 판매한다. 상상했던 것과 다른 밍밍한 맛에 살짝 실망하지만 계속 먹다보면 1일 일 코코넛 하게 되는 매력적인 과일이다. 항산화 작용과 체내 노폐물 배출에 탁월한 효과가 있으며 코코넛의 효능들은 세계적으로 인정받아 다양한 상품들이 쏟아지고 있다.

잭 프루트 Jack Fruit

두리안과 비슷하지만 돌기가 작다. 큰 것은 성인 몸통만큼이나 크다. 딱딱한 껍질을 해체해서 속살만 판매한다. 노란 속살은 달달하고 향긋하며 쫄깃하기까지 하다.

망고스틴 Mangosteen

딱딱한 보라색 감처럼 생긴 망고스틴은 비싸서 못 먹는 과일 중에 하나. 필리핀에서도 비싼 과일에 속하지만 한국에 비하면 저렴하니 신나게 먹어보자. 껍질이 두껍지만 손으로 쉽게 깔 수 있으며, 마늘처럼 생긴 하얀 과육의 새콤달콤한 맛이 예술이다.

파파야 Papaya

맹숭맹숭한 맛이 매력인 파파야. 잘라놓으면 붉은 멜론 같다. 비타민 C가 풍부해 피로 회복에 으뜸이다. 칼로리는 낮고 식이섬유와 포만감도 풍부해 다이어트에 좋은 과일. 아토피에도 도움이 되는 성분이 들어있다고 하니 참조하자.

람부탄 Rambutan

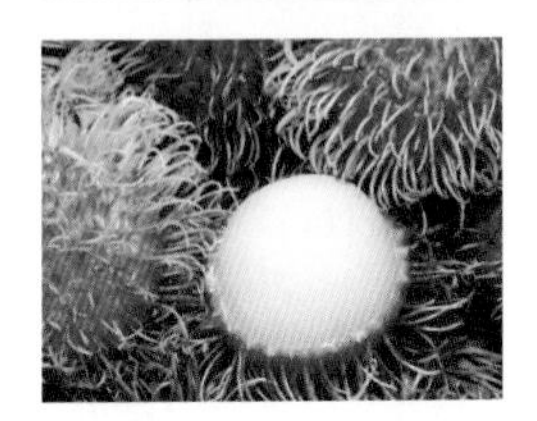

말레이시아가 원산지로 말레이시아어로 머리카락을 뜻하는 람부탄은 털이 숭숭 난 과일이다. 생김새는 조금 그래도 맛 하나는 일품이다. 윗부분에 살짝 칼집을 낸 후 찢어주면 하얗고 매끈한 알맹이가 나오는데 순수한 단맛이란 이런 것이구나 느낄 수 있을 것. 리치와 비슷한 맛이다.

칼라만시 Calamansi

필리핀에서 나는 라임. 초록색에 낑깡만한 크기로 비타민이 레몬의 10배나 많은, 작지만 강한 아이다. 신맛이 강하며 물에 타서 먹으면 피로회복과 미백에 도움이 된다. 소스에 넣어 먹는 경우도 많아 현지 음식점에 가면 테이블에 놓여있는 것을 자주 볼 수 있다.

두리안 Durian

'천국의 맛, 지옥의 냄새'라는 별명을 가진 열대과일의 왕. 다소 충격적인 냄새를 가지고 있지만 이 맛에 빠지면 헤어 나올 수 없는 치명적인 매력이 있다. 영양소가 풍부해 아는 사람은 일부로라도 챙겨먹는 과일 보약이다.

포멜로 Pomelo

자이언트 자몽을 연상시키는 포멜로. 자몽보다 껍질이 훨씬 두껍고, 자몽처럼 시면서 씁쓰름하지 않다. 맛은 자몽과 오렌지의 중간 맛이라고나 할까. 탱글탱글한 과육 알맹이가 입안에서 기분 좋게 터진다.

PLANNING 08

여행 체크 리스트

막상 여행을 가려고 보니 궁금한 것 투성이!
Don't Worry! 떠나기로 마음먹은 것만으로도
절반은 온 것이니 하나하나 찬찬히 준비해보자.

자유여행 vs 패키지여행

모든 게 만사 귀찮은 사람이 아니라면 자유여행으로 여행의 참맛을 느껴보기 바란다. 가이드가 데려다주고 먹여주고 귀에 설명까지 넣어주는 패키지는 다닐 때는 편하지만 다녀오면 어딜 다녀왔는지 지명도 기억나지 않는 게 현실이다. 가격이 더 싸 보이지만 막상 옵션과 이것저것 따져보면 비슷비슷하며 가끔 말도 안 되게 싼 패키지가 있는데 그건 이유가 있다고 보면 된다. 간단한 영어로 어려움 없이 다닐 수 있으니 언어에 대한 두려움은 크게 갖지 않아도 된다. 자기가 원하는 대로 여행하면서 호핑 투어같이 필요한 날에만 한인 여행사 투어를 이용하는 것을 추천한다. 부딪치며 다가가다 보면 필리핀이 더욱 사랑스러워 질 것이다. 항공권과 숙소가 묶인 에어텔도 괜찮다.

위험하지 않나요?

필리핀은 100% 안전하다고 할 수도 없지만 '필리핀 괴담'처럼 여기저기서 총소리가 들리는 곳은 아니다. 세계 어디를 가도 100% 안전한 곳은 없으며, 바가지와 도난에서 자유로울 수 없음에도 불구하고 필리핀의 치안 문제는 거의 괴담 수준이다. 대부분의 여행자들은 여행자들이 많이 머무는 지역에서 지내기 때문에 특별한 사고는 거의 발생하지 않지만 기본적인 수칙을 지키면 더욱 안전하게 여행할 수 있을 것이다.

- 어떤 경우라도 현지인들과 언쟁은 피할 것. 절대 그들의 자존심을 건드려서는 안 된다.
- 도시의 밝은 중심가가 아니고서는 어두워진 후에는 돌아다니지 않는 것이 좋다.
- 익숙하지 않으면 지프니를 타고 돌아다는 것을 피하자. 현지인들도 강도를 당하는 곳이다.
- 번잡한 곳에 간다면 소매치기를 조심하고 강도를 만난다면 미련 없이 줘 버려라.

여행하기 가장 좋은 시기는?

필리핀은 일 년 내내 기온이 높은 아열대성 기후로 11~5월 건기와 6~11월 우기로 나뉜다. 세부와 보라카이 모두 건기, 그중에서도 12~2월

이 여행하기 가장 좋은 시기다. 한국인이 많이 가는 7~8월은 우기다. 단, 섬나라다 보니 같은 나라 내에서도 날씨가 확연히 다른데 세부는 우기의 영향을 많이 받지는 않지만 보라카이의 경우는 다르다. 작은 섬이다 보니 태풍의 영향을 많이 받기 때문에 파도가 높고 바람이 거센 태풍을 만날 수 있다. 하지만 이 또한 복불복으로 뭐라 장담할 수 없다. 우기에 가서 비 한 방울 안 맞고 온 사람들도 수두룩하니까 기도하는 수밖에.

비자가 있다, 없다?

관광이 목적이라면 30일 동안 무비자로 머무를 수 있어 따로 비자 신청을 할 필요가 없다. 단, 돌아가는 비행기 표가 있어야만 출국이 가능하다. 이때 돌아가는 비행기 표는 30일이 지난 날짜여도 상관없다. 30일 이상 머물 시 비자 연장을 신청하면 어렵지 않게 발급받을 수 있다. 준비물은 여권, 배경이 하얀 여권용 증명사진 한 장, 3,130페소다. 신용카드는 사용이 불가능하므로, 페소를 준비해 가야 한다.

필리핀 이민국 www.immigration.gov.ph

예산과 환전은 어떻게?

기본 예산=항공권+숙박비+현지 비용(식비, 교통비, 투어, 쇼핑)

당연한 얘기지만 어디서 묵고 어떤 음식을 먹고 무엇을 하느냐에 따라 예산은 달라진다. 한국인이 사랑하는 휴양지답게 시설 좋은 리조트들이 즐비하며, 숙박비를 아껴 액티비티에 투자하고 싶은 여행자들을 위한 중급 숙소도 잘 마련되어 있다. 식비는 로컬 식당을 이용한다면 1인 100페소 미만으로 한 끼를 때울 수 있지만 여행자들에게 인기가 있는 레스토랑을 간다면 200~400페소는 필요하다. 각 지역별로 투어와 교통편을 정리해 뒀으니 참조해서 예산을 잡으면 된다. 필리핀의 공식 통화는 페소peso로 공항, 은행, 환전소에서 환전이 가능하다. 대부분의 쇼핑몰과 슈퍼마켓에 환전소가 있는데 같은 쇼핑몰에 있는 환전소임에도 불구하고 환율이 다르니 체크하면 좋다. 다만 1~2페소에 목숨 걸지는 말자. 가장 좋은 방법은 미국 달러를 가져가서 페소로 환전하는 것이다. 도착해서 쓸 1,000~2,000페소 정도는 한국에서 미리 페소로 바꿔가는 센스! 100달러짜리 고액권으로 가져가서 환전하는 것이 가장 잘 쳐주며 소액권일수록 환율이 떨어진다.

항공권 똑 부러지게 예매하기

세부와 보라카이 모두 인천과 부산에서 직항 노선을 가지고 있어 편리하다. 요즘은 저가항공사들의 눈부신 활약으로 왕복 10~20만원 대에 항공권을 득템할 수 있는 기회가 잦으니 부지런히 해당 웹사이트 혹은 SNS를 주시하는 것이 좋다. 성수기에는 70만원이 훌쩍 넘게까지 올라간다. 필리핀에어와 국내 항공사의 티켓은 50~70만원 선, 성수기는 이코노미석이 100만원 넘게까지도 올라간다. 이 마저도 티켓 구하기가 하늘의 별따기다. 원하는 가격대와 시간대를 맞추려면 최대한 빨리 항공권 예약을 끝내는 것은 필수!

주요 항공편 스케줄

인천 국제공항 → 칼리보 국제공항(보라카이) **비행시간** 약 4시간 30분		
항공사	**출발시간**	**운항요일**
세부퍼시픽항공	07:55	매일
팬퍼시픽항공	06:20	매일
대한항공	19:40	매일
진에어	19:40	매일
필리핀항공	00:30	월, 목
필리핀항공	08:25	매일
에어서울	21:15	월, 화, 목, 금
에어아시아	06:15	매일
에어아시아	05:50	매일

인천 국제공항 → 막탄 세부 국제공항(세부) **비행시간** 약 4시간 30분		
항공사	**출발시간**	**운항요일**
세부퍼시픽항공	21:35	매일
제주항공	20:50	매일
팬퍼시픽항공	06:15	매일
대한항공	07:30, 20:05	매일
진에어	07:30	매일
진에어	20:25	매일
진에어	21:20	월, 화, 수, 목, 금, 일
아시아나항공	21:30	매일
필리핀항공	08:30	매일
에어아시아	00:05	수, 금, 일
에어아시아	20:55	매일

인천 국제공항 → 니노이 아키노 국제공항(마닐라) **비행시간** 약 4시간		
항공사	**출발시간**	**운항요일**
세부퍼시픽항공	00:45	매일
제주항공	19:10	매일
대한항공	07:50, 18:45	매일
아시아나항공	08:05, 18:55	매일
필리핀항공	08:10, 20:35	매일
에어아시아	12:55, 23:40	매일

김해 국제공항(부산) → 막탄 세부 국제공항(세부) **비행시간** 약 4시간		
항공사	**출발시간**	**운항요일**
진에어	20:00	토, 일
진에어	22:05	월, 화, 수, 목, 금
에어부산	21:05	월, 화, 목, 금, 토, 일
에어부산	21:35	수
제주항공	21:35	월, 화, 수, 금, 토, 일
제주항공	22:05	목

김해 국제공항(부산) → 칼리보 국제공항(보라카이) **비행시간** 약 4시간		
항공사	**출발시간**	**운항요일**
팬퍼시픽항공	19:30	금
팬퍼시픽항공	19:35	월
에어아시아	20:00	수, 목, 토, 일

김해 국제공항 → 니노이 아키노 국제공항(마닐라) **비행시간** 약 4시간		
항공사	**출발시간**	**운항요일**
필리핀항공	20:50	매일

※ 2019년 6월 21일 기준. 모든 스케줄은 항공사의 사정으로 변경될 수 있습니다.

01

보라카이
BORACAY

당신이 꿈꿔왔던 휴가, 무엇을 상상하든
그 이상을 만나볼 수 있다. 투명한
에메랄드 빛 바다와 백사장, 길게 늘어선
야자수는 보기만 해도 힐링을 선사한다.
설탕가루만큼이나 달콤하고 부드러운
화이트 비치에 누워 맘껏 빈둥대다가
붉게 물드는 석양을 바라보며 산미구엘
맥주를 한 모금 삼키면 천국이 따로 없다.

Boracay
PREVIEW

보라카이만큼 여행이 쉬운 곳은 없다. 일자로 길게 난 화이트 비치를 따라 레스토랑, 상점, 스파, 해양스포츠 숍 등이 모여 있어 해변을 걷는 것만으로 모든 것이 해결된다. 대부분 도보로 이동이 가능해 여행 경험이 별로 없는 사람이라도 쉽게 자유여행을 할 수 있다.

ENJOY

눈이 시리게 파란 바다만 있다면 아무것도 하지 않아도 좋고 어떤 것을 해도 좋다. 바다에서 수영하고, 선탠하고, 망고주스 마시고, 마사지 받고 무한반복! 더 신나게 바다를 즐기게 해줄 해양레포츠도 다양하다. 돛단배 타고 석양의 낭만에 젖고, 자유분방한 레게음악에 취해 일상의 무게를 날려버릴 수 있는 파라다이스다.

EAT

먹거리는 화이트 비치와 디몰에 밀집해 있으며, 오히려 맛없는 식당 찾기가 힘들 정도. 저렴한 가격으로 싱싱한 해산물을 맛볼 수 있다. 달달한 소스를 발라 구운 포크 바비큐도 꼭 먹어볼 것. 세계 각국의 음식점들이 모여 있으며, 5,000원으로 한 끼를 때울 수 있는 식당부터 놀라울 정도로 고급스러운 음식점까지 다양하니 고루고루 즐겨보자.

BUY

화려한 쇼핑센터는 없지만 우리에겐 디몰이 있다. 기념품과 생필품, 비치웨어 등 없는 거 빼고 다 있다. 게다가 작은 재래시장까지 갖췄다. 처음에는 '이게 다야?' 할지라도 디몰의 정겨운 매력에 점점 빠져든다. 특색 있는 현지 상품 중 잘 찾아보면 의외의 득템을 할 수 있으니 두 눈을 크게 뜨고 돌아다니자. 대표 재래시장 디 탈리파파에서는 해산물, 과일, 기념품 등을 저렴하게 살 수 있다.

SLEEP

크게 화이트 비치에 머무느냐 머물지 않느냐로 나눠진다. 수많은 리조트와 부티크 호텔, 저렴한 방갈로 등이 화이트 비치에 모여 있으며, 이름값만큼 가격이 높은 편이다. 화이트 비치와 접근성이 좋으면서 저렴한 곳을 원한다면 블라복 비치 근처를 눈여겨보자. 섬 구석구석에 조용히 휴양을 보낼 수 있는 리조트들이 숨겨져 있다. 단, 주위에 식당과 즐길거리가 없어 매번 화이트 비치까지 나와야하니 셔틀버스 서비스 체크는 필수.

Boracay
BEST OF BEST

보라카이의 넘치는 매력을 다 맛보기엔 일정이 너무나 짧기만 하다. 우왕좌왕 휩쓸리고 떠밀려 정작 중요한 것을 놓치지 않도록 보라카이에서 꼭 봐야 할 것, 먹어야 할 것, 즐겨야 할 것 베스트를 소개한다.

볼거리 BEST 3

한눈에 반할 만큼 아름다운
화이트 비치

이보다 낭만적일 순 없다!
해변의 석양

보라카이 대표 쇼핑몰
디몰

먹을거리 BEST 3

꼬리까지 탱탱한
랍스터

야들야들하고 달콤한
베이비 백립

망고는 사랑입니다
망고주스

투어 BEST 3

근처 섬으로의 소풍
호핑 투어

보기만 해도 아찔한
절벽 다이빙 투어

보라카이의 블루라군
말룸파티

Boracay
GET AROUND

어떻게 갈까?

필리핀 항공과 세부퍼시픽, 에어아시아, 국내 항공사로는 진에어와 에어서울, 팬퍼시픽 항공에서 인천-칼리보 직항을 운항한다. 막상 보라카이까지는 쉽다. 인천 국제공항에서 비행기만 타면 되니까. 보라카이 섬에는 공항이 없어 근처 파나이 섬의 칼리보 공항에서 내린다. 칼리보 공항에서 보라카이 섬까지 약 2시간이 걸리며, 말 그대로 산 넘고 바다 건너는 여정을 거쳐야 한다.

칼리보 국제공항 도착 시

칼리보 국제공항 → 카티클란 선착장 이동(약 90분) → 배 타고 보라카이 섬 칵반 선착장으로 들어가기(약 15분) → 칵반 선착장에서 트라이시클로 숙소 이동(디몰까지 약 30분, 150페소)

■ 이동 방법

1. 픽업 서비스 이용: 다양한 한인 여행사를 통해 미리 예약 가능하다. 재개장 전에는 현지 교통 시스템을 이용해도 큰 어려움이 없었다. 하지만 지금은 카티클란 선착장에서 신분증과 숙소 바우처 확인 등 절차가 훨씬 까다로워졌다. 일 처리가 느린 필리핀 특성상 제대로 된 설명은 없고, 줄이 늘어질대로 늘어진다. 여행 전 진을 다 빼 버리지 않기 위해 여행사를 이용하는 것을 적극 권장한다. 돌아오는 날 드롭 서비스와 함께 예약하면 할인 받을 수 있다.

카티클란 선착장

추천 여행사 하얀투어 cafe.naver.com/boracayhayan

2. 사우스웨스트 버스: 홈페이지를 통해 편도, 왕복, 배 값 포함 여부를 따져 예약하면 끝. 버스만 이용하거나 버스+배, 버스+배+숙소 드롭 등의 옵션이 있다. 공항 앞에 있는 부스로 가서 프린트한 티켓을 보여주면 된다. 가격은 버스만 할 시 1인 300페소다.

사우스웨스트 버스 www.southwesttoursboracay.com

3. 현지 밴: 공항 밖으로 나가면 카티클란으로 모시려는 호객꾼들이 몰려 있다. 공용 밴은 약 300페소 정도로 배표를 포함해달라고 흥정하자. 정부에 내는 세금은 별도다. 카티클란 선착장에 도착하면 터미널 이용료와 환경세 175페소를 내야한다. 사람이 어느 정도 차야지만 출발하며, 한 대를 통째로 빌리고 싶다면 택시는 1,000페소, 승합차는 2,000페소 안팎이다.

4. 세레스 버스: 현지 버스인 세레스 버스를 이용하는 방법도 있다. 공항에서 트라이시클로 15분 정도 걸리는 세레스 버스 터미널에서 출발한다. 에어컨과 논 에어컨 버스의 복불복인데다 아끼는 금액도 크지 않아 현지 경험에 목마른 자에게만 권한다. 에어컨 버스 1인 121페소.

Tip 주목! 보라카이 마부하이 크루즈

이제 크루즈타고 보라카이 가자! 2019년 3월 필리핀 항공에서 여정을 훨씬 수월하게 만들어줄 크루즈 운항을 시작했다. 칼리보 공항에서 약 10분 정도 떨어진 칼리보 항에서 보라카이 캇반 항까지 한 번에 닿을 수 있다. 400명이 넘게 탈 수 있는 대형 크루즈로 공간도 쾌적하고, 시간도 약 1시간 30분으로 훨씬 단축된다. 일일 2회 운행하며 공항과 항구까지는 셔틀을 운영한다. 예약은 필리핀 항공 직영 여행사 온필에서 가능하다.

칼리보 → 보라카이 출발 시간 12:00
보라카이 → 칼리보 출발 시간 14:20 **요금** 1인 1,500페소 **홈페이지** www.onfill.com

카티클란 공항 도착 시

마닐라나 세부를 경유해서 들어올 시 국내선 공항인 카티클란 공항에 내린다. 공항에서 선착장까지는 트라이시클로 이동하며 60페소 정도 든다.

카티클란 공항 → 카티클란 선착장 이동(5분 소요) → 배 타고 보라카이 섬 캇반 선착장으로 들어가기(15분) → 캇반 선착장에서 트라이시클로 숙소 이동(디몰까지 약 30분, 150페소)

■ 마닐라에서 환승하기

마닐라 국제공항은 4개의 터미널로 이루어진 규모가 굉장히 큰 공항이다. 터미널끼리 떨어져 있으며 스루 보딩이 아닐 시 짐 수속을 다시 해야 하는 경우가 있으니 잘 알아보고 트렌짓 시간을 넉넉히 잡아야 한다. 환승 터미널은 갑작스레 변동될 수 있으니 꼭 확인해 볼 것!

보라카이 OUT

즐거운 여행의 마지막은 잘 돌아가는 것이다. 들어오는 과정을 반대로 하면 된다. 가뜩이나 작았던 칼리보 공항은 현재 확장 공사로 인해 더 작아졌다. 특히 밤 비행기에는 전쟁통을 방불케 할만큼 붐비니 세 시간 전에 공항에 도착해야 한다. 1인당 700페소의 공항세가 발생하니 페소를 다 쓰지 말고 남겨두는 것도 잊지 말자. 달러로 낼 시 환율 적용에서 손해를 볼 수 있다. 카드는 사용할 수 없다.

Tip 강추! 세상 편한 칼리보 에어포트 라운지 이용하기

칼리보 공항 바로 앞에 위치한 라운지에서는 소정의 금액을 받고 티켓팅 도움 서비스와 쉴 수 있는 공간을 제공해준다. 1인 300페소. 내부에는 한식당과 영화관, 샤워실, 마사지, 기념품 숍이 있다. 보라카이에 오면 꼭 사야하는 코코넛 잼은 이곳에서만 구입이 가능하다. 칼리보 공항에 치여 본 사람은 올레를 부르며 두 번 생각해볼 것도 없이 이용하는 서비스다. 다양한 여행사에서 차량과 라운지 이용을 묶은 상품을 판매한다. 인기가 높으니 미리 예약을 하는 것이 좋다.

Tip 포터에게 팁 주기

공항이나 선착장에서 짐을 들어주는 포터를 이용할 경우 가방 하나 당 20~30페소 정도 팁을 줘야한다. 거스름돈을 받을 수 없으니 미리 작은 돈을 준비해가는 것이 좋다. 내리는 순간 포터들이 순식간에 다가오는데 거절하고 싶다면 괜찮다는 의사를 정확히 표현하자.

어떻게 다닐까?

화이트 비치의 길은 해변을 따라 난 비치 로드(모랫길)와 이와 나란히 나있는 메인 로드로 나뉜다. 대부분의 레스토랑과 숍들은 비치 로드에 위치해 있다. 비치 로드에는 탈것이 금지되어 있다. 교통수단 이용을 위해서는 메인 로드로 나와야 한다. 메인 로드는 오토바이와 트라이시클로 북적인다. 현재 메인 로드와 주요 골목길은 확장 공사가 진행 중이어서 먼지가 심하고 시끄럽다. 화이트 비치는 길이 단순하여 목적지를 찾기 쉬우므로, 이곳을 이동하는 최고의 방법은 걷기라고 할 수 있다. 목적지 이름만 알면 걷기로든 트라이시클로든 보라카이를 누비는 데 전혀 무리가 없다.

교통수단

1. 트라이시클

여행자들이 가장 많이 이용하는 교통수단이다. 오토바이를 개조하여 옆에 사이드카를 붙인 형태로 쉽게 말해 오토바이 택시이다. 현재 환경오염 문제로 전기 트라이시클로 바뀌는 추세다. 트라이시클을 타려면 메인 로드로 나가야 한다. 기본료는 60페소이며 거리에 따라 금액이 측정된다. 운전수 마음대로이기 때문에 바가지를 피하기 위해 미리 금액을 정해놓고 가는 것이 좋다. 스테이션 1에서 3까지는 100페소, 시티 몰까지는 150페소 정도다. 스테이션 1에서 3을 오가는 정도면 버스 개념의 퍼블릭 트라이시클을 이용하는 것도 괜찮다. 사람들이 타고 있는 트라이시클을 향해 손을 흔들어 세우고 내릴 때에는 천장을 치거나 말하면 된다. 가격은 20페소로 현저하게 싸다.

2. 인력거

자전거에 사람을 태울 수 있는 2인승 의자가 달려있다. 모래를 보호하기 위해 스테이션 3에서 스테이션 2 경계선까지만 운영한다. 일 인당 50페소 정도면 적당하다. 땀을 뻘뻘 흘리며 페달을 밟는 운전자를 보며 타는 내내 미안한 마음이 든다는 건 안비밀.

3. 오토바이

보라카이에서는 '싱글'이라고 부른다. 이 오토바이를 잘만 이용하면 보라카이 이곳저곳을 100페소 미만으로 다닐 수 있다. 화이트 비치 내는 20~40페소. 역시 사전에 가격 협상을 하는 것이 좋으며, 혹시나 모를 사고를 대비해 해가 진후에는 이용을 삼가도록 하자. 직접 오토바이를 렌탈하여 돌아다니는 방법도 있다. 렌탈 숍은 메인 로드에서 쉽게 찾아볼 수 있으며, 하루 600페소 정도로 기름은 별도다. 렌탈 시 트집 잡히지 않도록 어디에 흠집이 났는지 오토바이 상태를 꼼꼼히 체크하는 것이 좋다.

Tip 디몰 버짓 마트 근처에 트라이시클과 오토바이가 많이 모여 있다. 관광객이 가장 많은 곳인 만큼 배짱을 부리는 운전기사도 있다. 터무니없는 가격을 부른다면 조금 더 메인 로드를 걷다가 잡도록 하자. 손쉽게 흥정을 할 수 있다. 오토바이 운전수들은 버짓 마트 맞은편 호수, 블라복 비치로 가는 골목에서 쉽게 찾을 수 있다.

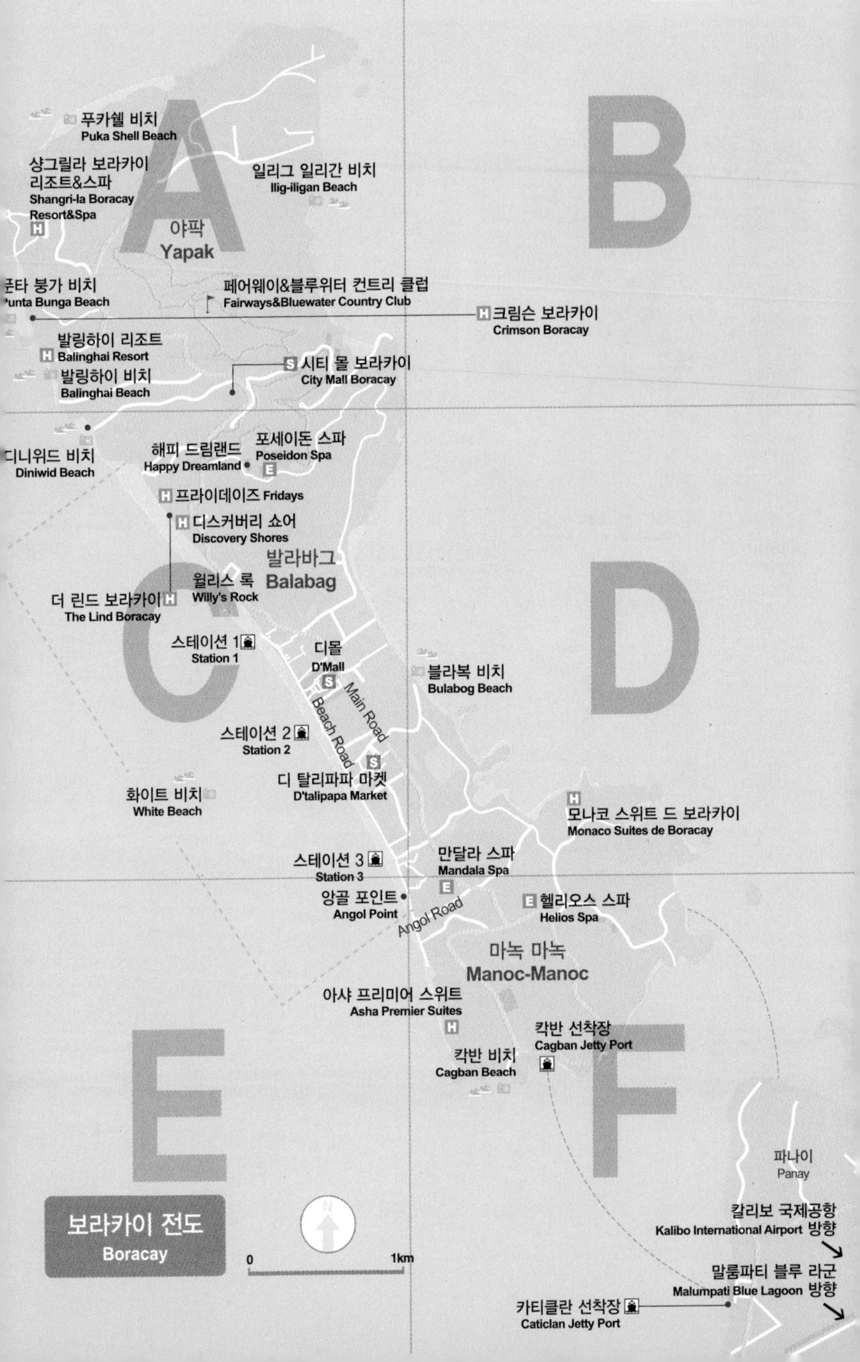

A B C D E F

푸카쉘 비치
Puka Shell Beach

샹그릴라 보라카이 리조트&스파
Shangri-la Boracay Resort&Spa

일리그 일리간 비치
Ilig-iligan Beach

야팍
Yapak

푼타 붕가 비치
Punta Bunga Beach

페어웨이&블루워터 컨트리 클럽
Fairways&Bluewater Country Club

크림슨 보라카이
Crimson Boracay

발링하이 리조트
Balinghai Resort

발링하이 비치
Balinghai Beach

시티 몰 보라카이
City Mall Boracay

디니위드 비치
Diniwid Beach

해피 드림랜드
Happy Dreamland

포세이돈 스파
Poseidon Spa

프라이데이즈 Fridays

디스커버리 쇼어
Discovery Shores

발라바그
Balabag

윌리스 록
Willy's Rock

더 린드 보라카이
The Lind Boracay

스테이션 1
Station 1

디몰
D'Mall

Main Road

Beach Road

블라복 비치
Bulabog Beach

스테이션 2
Station 2

디 탈리파파 마켓
D'talipapa Market

화이트 비치
White Beach

모나코 스위트 드 보라카이
Monaco Suites de Boracay

스테이션 3
Station 3

만달라 스파
Mandala Spa

앙골 포인트
Angol Point

Angol Road

헬리오스 스파
Helios Spa

마녹 마녹
Manoc-Manoc

아샤 프리미어 스위트
Asha Premier Suites

칵반 선착장
Cagban Jetty Port

칵반 비치
Cagban Beach

파나이
Panay

칼리보 국제공항 방향
Kalibo International Airport

말룸파티 블루 라군 방향
Malumpati Blue Lagoon

카티클란 선착장
Caticlan Jetty Port

보라카이 전도
Boracay

N

0 1km

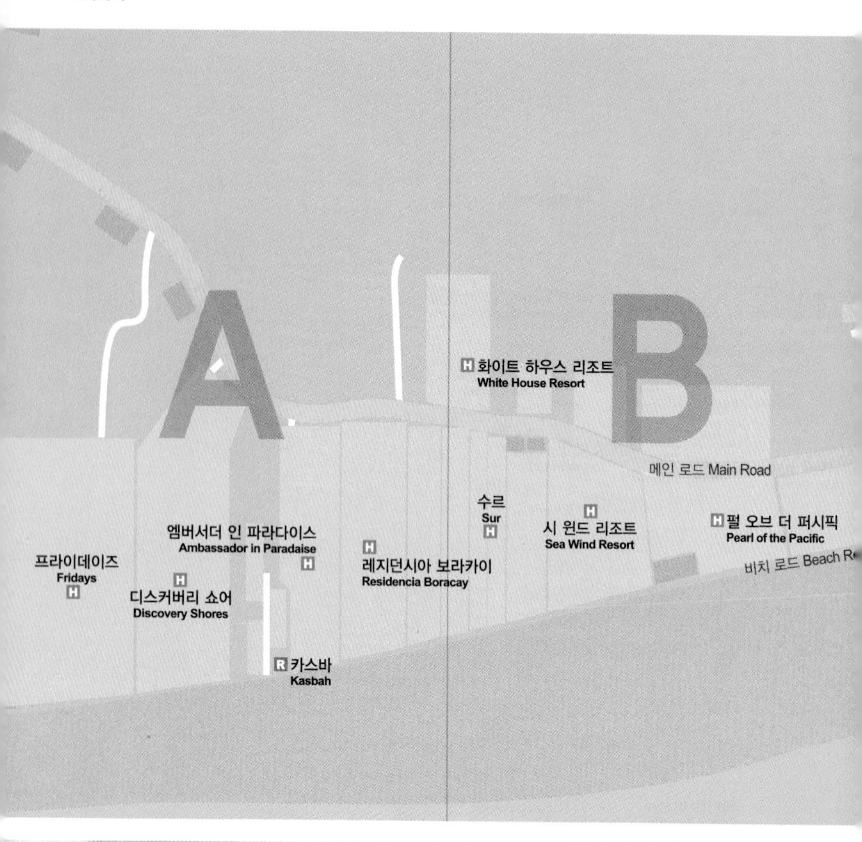
A
B
화이트 하우스 리조트
White House Resort
메인 로드 Main Road
수르
Sur
시 윈드 리조트
Sea Wind Resort
펄 오브 더 퍼시픽
Pearl of the Pacific
비치 로드 Beach R
엠버서더 인 파라다이스
Ambassador in Paradaise
레지던시아 보라카이
Residencia Boracay
프라이데이즈
Fridays
디스커버리 쇼어
Discovery Shores
카스바
Kasbah

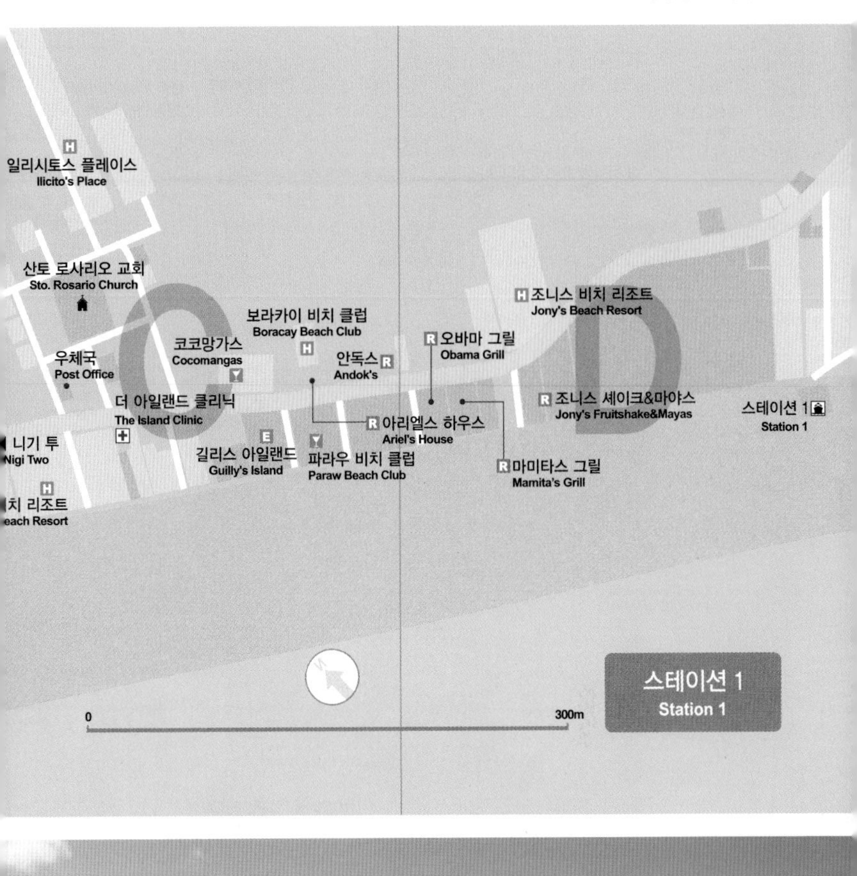
일리시토스 플레이스
Ilicito's Place
산토 로사리오 교회
Sto. Rosario Church
우체국
Post Office
코코망가스
Cocomangas
보라카이 비치 클럽
Boracay Beach Club
안독스
Andok's
오바마 그릴
Obama Grill
조니스 비치 리조트
Jony's Beach Resort
더 아일랜드 클리닉
The Island Clinic
니기 투
Nigi Two
길리스 아일랜드
Guilly's Island
파라우 비치 클럽
Paraw Beach Club
아리엘스 하우스
Ariel's House
마미타스 그릴
Mamita's Grill
조니스 셰이크&마야스
Jony's Fruitshake&Mayas
스테이션 1
Station 1
C
D
0
300m
스테이션 1
Station 1

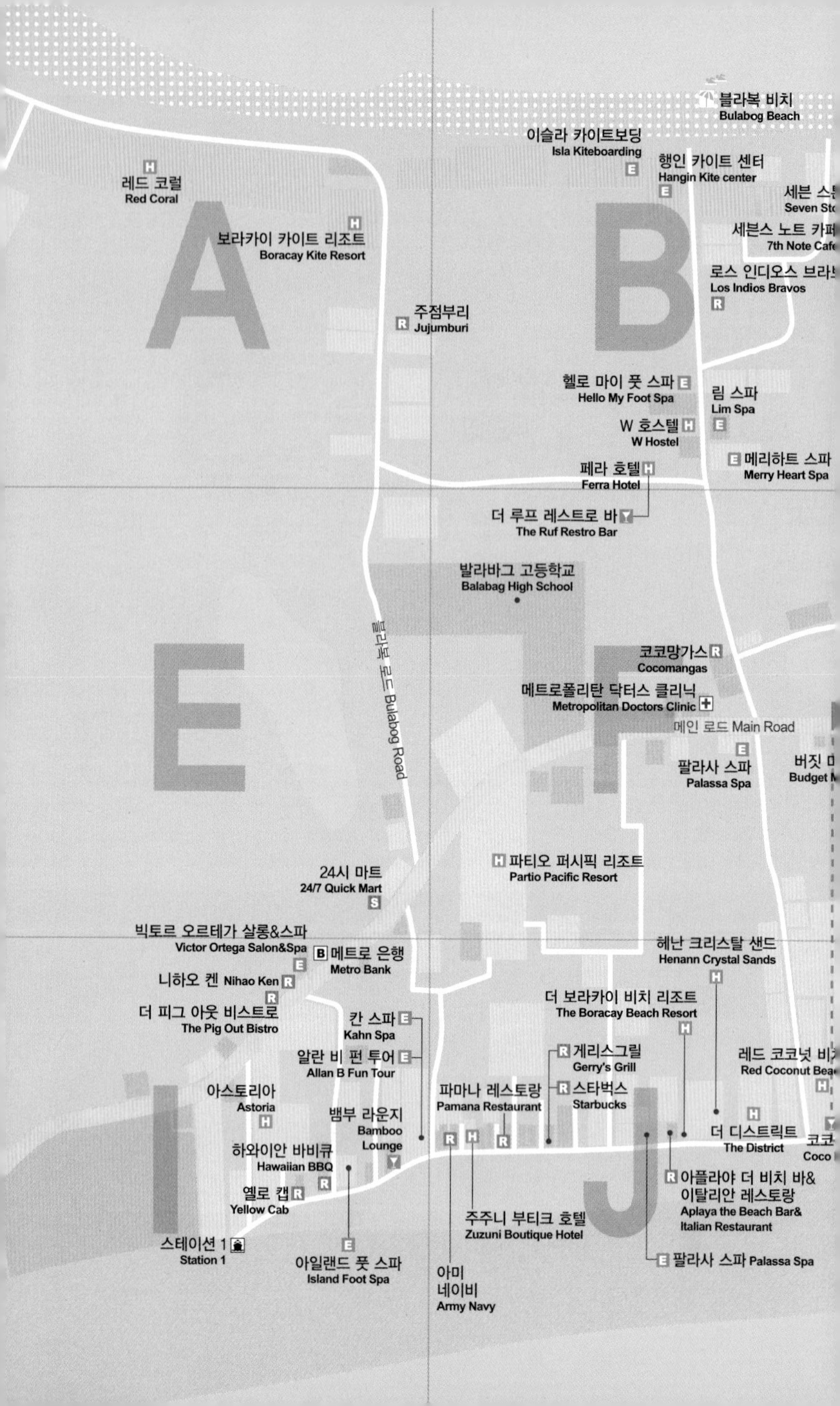
블라복 비치
Bulabog Beach
이슬라 카이트보딩
Isla Kiteboarding
행인 카이트 센터
Hangin Kite center
레드 코럴
Red Coral
보라카이 카이트 리조트
Boracay Kite Resort
A
B
주점부리
Jujumburi
헬로 마이 풋 스파
Hello My Foot Spa
림 스파
Lim Spa
W 호스텔
W Hostel
메리하트 스파
Merry Heart Spa
로스 인디오스 브라
Los Indios Bravos
세븐스 노트 카페
7th Note Cafe
페라 호텔
Ferra Hotel
더 루프 레스트로 바
The Ruf Restro Bar
발라바그 고등학교
Balabag High School
불라복 로드 Bulabog Road
E
F
코코망가스
Cocomangas
메트로폴리탄 닥터스 클리닉
Metropolitan Doctors Clinic
메인 로드 Main Road
팔라사 스파
Palassa Spa
파티오 퍼시픽 리조트
Partio Pacific Resort
24시 마트
24/7 Quick Mart
빅토르 오르테가 살롱&스파
Victor Ortega Salon&Spa
메트로 은행
Metro Bank
니하오 켄 Nihao Ken
더 피그 아웃 비스트로
The Pig Out Bistro
칸 스파
Kahn Spa
알란 비 펀 투어
Allan B Fun Tour
헤난 크리스탈 샌드
Henann Crystal Sands
더 보라카이 비치 리조트
The Boracay Beach Resort
게리스그릴
Gerry's Grill
스타벅스
Starbucks
파마나 레스토랑
Pamana Restaurant
레드 코코넛 비
Red Coconut Bea
아스토리아
Astoria
뱀부 라운지
Bamboo Lounge
하와이안 바비큐
Hawaiian BBQ
옐로 캡
Yellow Cab
I
J
더 디스트릭트
The District
아플라야 더 비치 바&
이탈리안 레스토랑
Aplaya the Beach Bar&
Italian Restaurant
주주니 부티크 호텔
Zuzuni Boutique Hotel
스테이션 1
Station 1
아일랜드 풋 스파
Island Foot Spa
아미
네이비
Army Navy
팔라사 스파 Palassa Spa

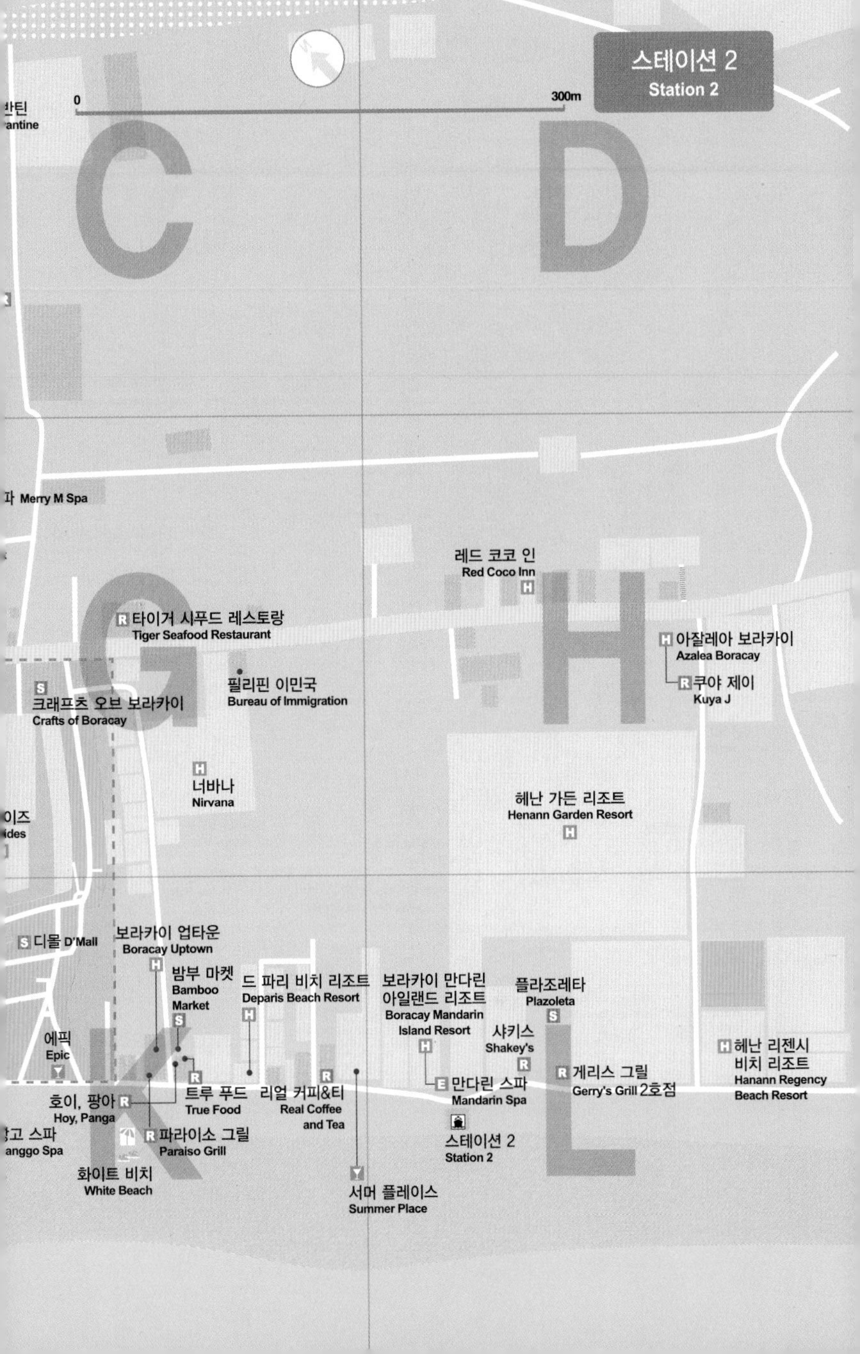

스테이션 2
Station 2

0 300m

C D G H K L

란틴
antine

파 Merry M Spa

레드 코코 인
Red Coco Inn

타이거 시푸드 레스토랑
Tiger Seafood Restaurant

아잘레아 보라카이
Azalea Boracay

쿠야 제이
Kuya J

필리핀 이민국
Bureau of Immigration

크래프츠 오브 보라카이
Crafts of Boracay

너바나
Nirvana

헤난 가든 리조트
Henann Garden Resort

이즈
ides

디몰 D'Mall

보라카이 업타운
Boracay Uptown

밤부 마켓
Bamboo Market

드 파리 비치 리조트
Deparis Beach Resort

보라카이 만다린 아일랜드 리조트
Boracay Mandarin Island Resort

플라조레타
Plazoleta

샤키스
Shakey's

헤난 리젠시 비치 리조트
Hanann Regency Beach Resort

에픽
Epic

게리스 그릴 2호점
Gerry's Grill 2호점

호이, 팡아
Hoy, Panga

트루 푸드
True Food

리얼 커피&티
Real Coffee and Tea

만다린 스파
Mandarin Spa

고 스파
anggo Spa

파라이소 그릴
Paraiso Grill

스테이션 2
Station 2

화이트 비치
White Beach

서머 플레이스
Summer Place

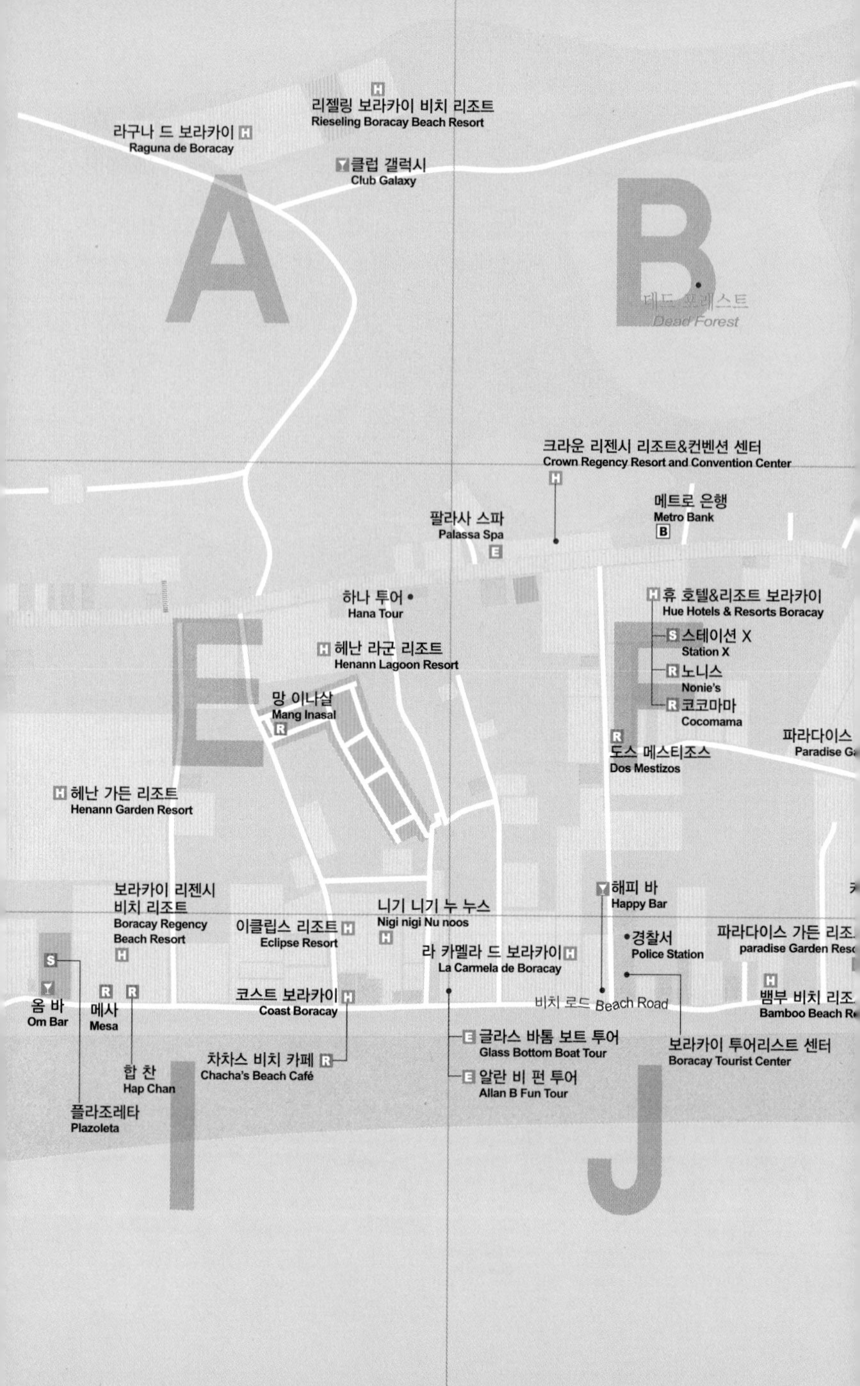

리젤링 보라카이 비치 리조트
Rieseling Boracay Beach Resort
라구나 드 보라카이
Raguna de Boracay
클럽 갤럭시
Club Galaxy
A
B
데드 포레스트
Dead Forest
크라운 리젠시 리조트&컨벤션 센터
Crown Regency Resort and Convention Center
메트로 은행
Metro Bank
팔라사 스파
Palassa Spa
하나 투어
Hana Tour
휴 호텔&리조트 보라카이
Hue Hotels & Resorts Boracay
스테이션 X
Station X
헤난 라군 리조트
Henann Lagoon Resort
노니스
Nonie's
코코마마
Cocomama
망 이나살
Mang Inasal
E
F
도스 메스티조스
Dos Mestizos
헤난 가든 리조트
Henann Garden Resort
해피 바
Happy Bar
보라카이 리젠시
비치 리조트
Boracay Regency
Beach Resort
니기 니기 누 누스
Nigi nigi Nu noos
이클립스 리조트
Eclipse Resort
경찰서
Police Station
라 카멜라 드 보라카이
La Carmela de Boracay
코스트 보라카이
Coast Boracay
옴 바
Om Bar
메사
Mesa
비치 로드 Beach Road
글라스 바톰 보트 투어
Glass Bottom Boat Tour
보라카이 투어리스트 센터
Boracay Tourist Center
차차스 비치 카페
Chacha's Beach Café
합 찬
Hap Chan
알란 비 펀 투어
Allan B Fun Tour
플라조레타
Plazoleta
I
J

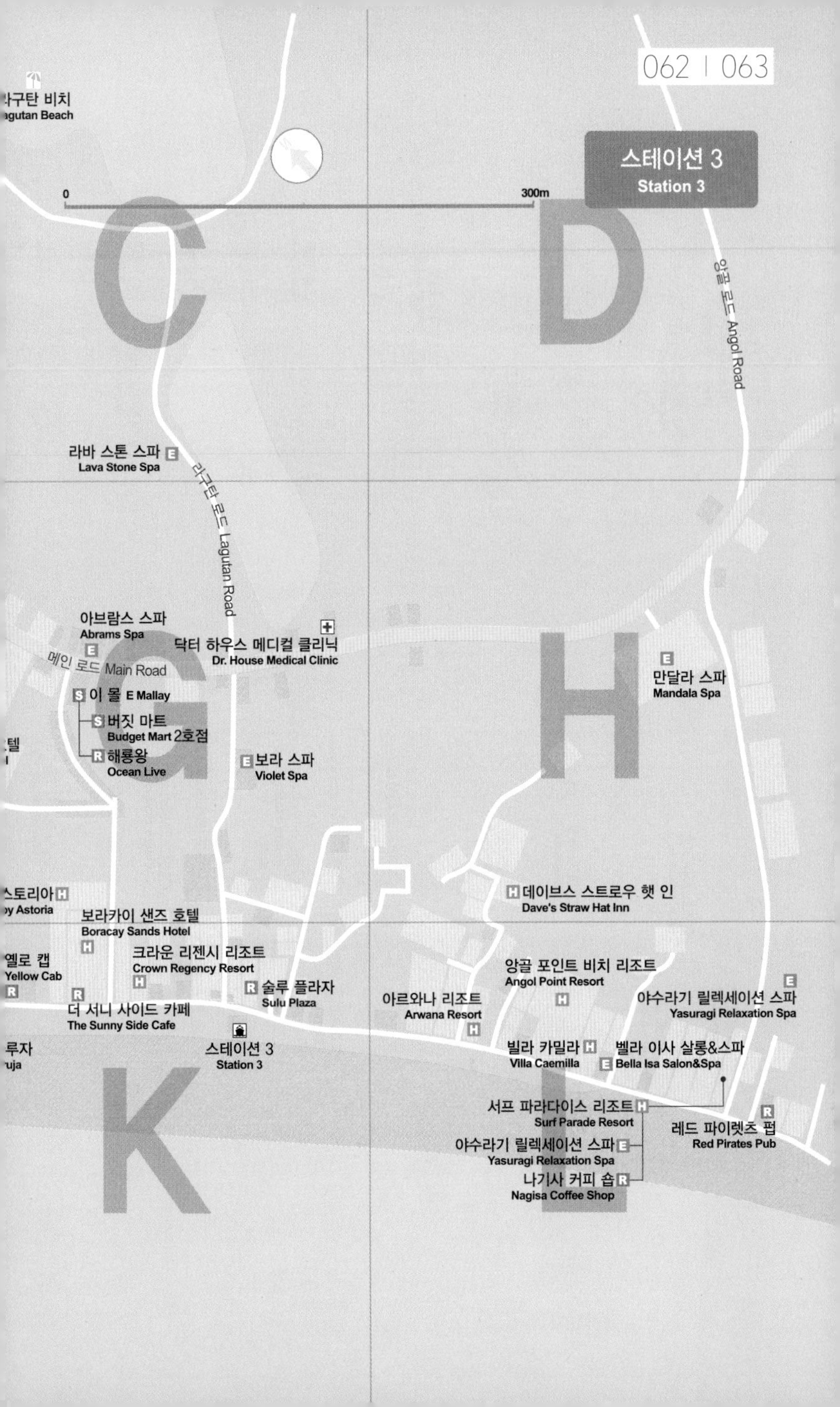

라구탄 비치
agutan Beach
0
300m
스테이션 3
Station 3
C
D
앙골 로드 Angol Road
라바 스톤 스파
Lava Stone Spa
라구탄 로드 Lagutan Road
아브람스 스파
Abrams Spa
닥터 하우스 메디컬 클리닉
Dr. House Medical Clinic
메인 로드 Main Road
G
H
만달라 스파
Mandala Spa
이 몰 E Mallay
버짓 마트
Budget Mart 2호점
해룡왕
Ocean Live
보라 스파
Violet Spa
스토리아
oy Astoria
보라카이 샌즈 호텔
Boracay Sands Hotel
데이브스 스트로우 햇 인
Dave's Straw Hat Inn
옐로 캡
Yellow Cab
크라운 리젠시 리조트
Crown Regency Resort
앙골 포인트 비치 리조트
Angol Point Resort
술루 플라자
Sulu Plaza
아르와나 리조트
Arwana Resort
야수라기 릴렉세이션 스파
Yasuragi Relaxation Spa
더 서니 사이드 카페
The Sunny Side Cafe
루자
uja
스테이션 3
Station 3
빌라 카밀라
Villa Caemilla
벨라 이사 살롱&스파
Bella Isa Salon&Spa
K
L
서프 파라다이스 리조트
Surf Parade Resort
레드 파이렛츠 펍
Red Pirates Pub
야수라기 릴렉세이션 스파
Yasuragi Relaxation Spa
나기사 커피 숍
Nagisa Coffee Shop

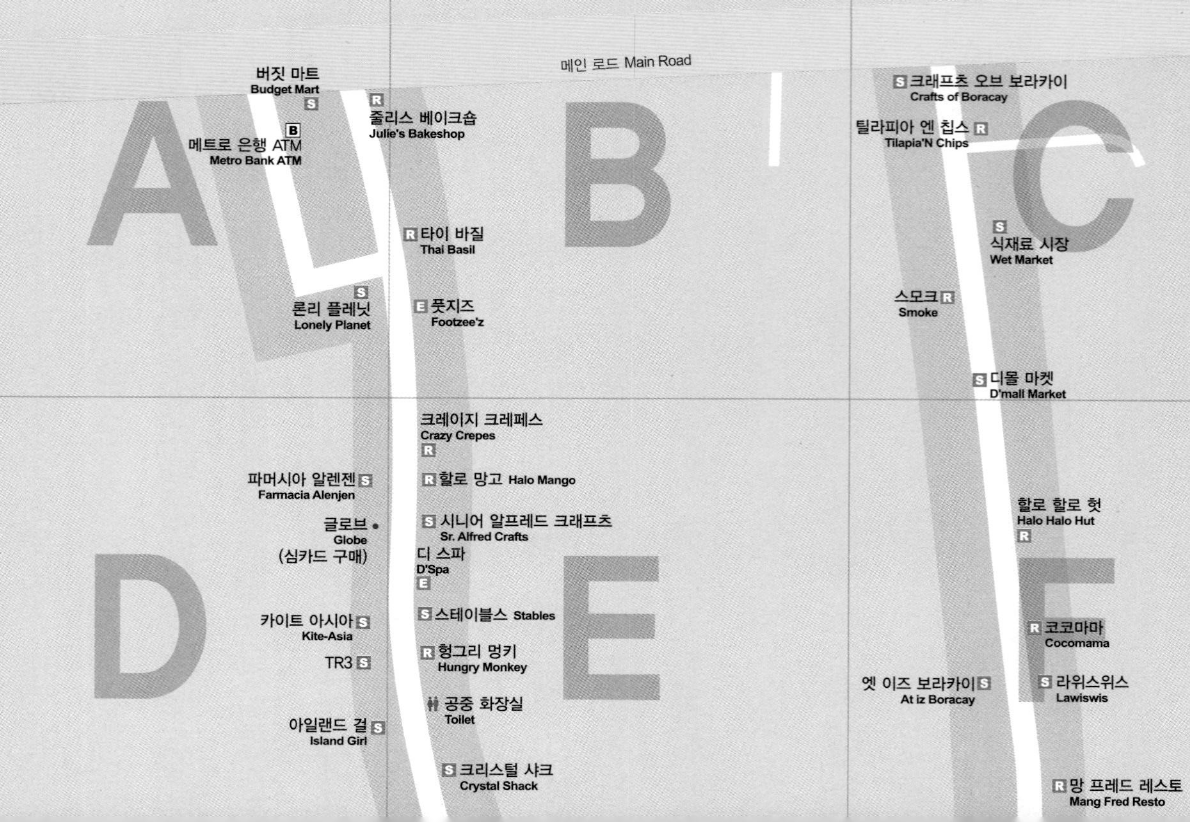
메인 로드 Main Road
A
B
C
D
E
F
버짓 마트
Budget Mart
메트로 은행 ATM
Metro Bank ATM
줄리스 베이크숍
Julie's Bakeshop
타이 바질
Thai Basil
론리 플래닛
Lonely Planet
풋지즈
Footzee'z
크래프츠 오브 보라카이
Crafts of Boracay
틸라피아 엔 칩스
Tilapia'N Chips
식재료 시장
Wet Market
스모크
Smoke
디몰 마켓
D'mall Market
크레이지 크레페스
Crazy Crepes
파머시아 알렌젠
Farmacia Alenjen
할로 망고 Halo Mango
글로브
Globe
(심카드 구매)
시니어 알프레드 크래프츠
Sr. Alfred Crafts
디 스파
D'Spa
카이트 아시아
Kite-Asia
스테이블스 Stables
TR3
헝그리 멍키
Hungry Monkey
공중 화장실
Toilet
아일랜드 걸
Island Girl
크리스털 샤크
Crystal Shack
할로 할로 헛
Halo Halo Hut
코코마마
Cocomama
엣 이즈 보라카이
At iz Boracay
라위스위스
Lawiswis
망 프레드 레스토
Mang Fred Resto

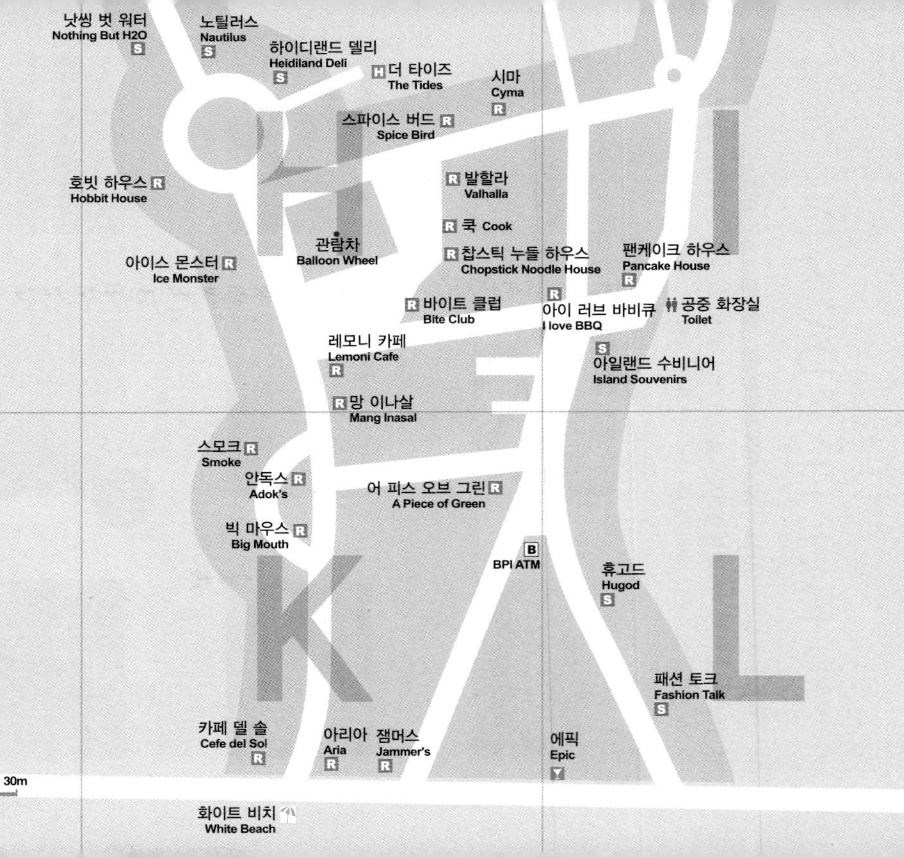
낫씽 벗 워터
Nothing But H2O
노틸러스
Nautilus
하이디랜드 델리
Heidiland Deli
더 타이즈
The Tides
시마
Cyma
스파이스 버드
Spice Bird
호빗 하우스
Hobbit House
발할라
Valhalla
쿡 Cook
관람차
Balloon Wheel
찹스틱 누들 하우스
Chopstick Noodle House
팬케이크 하우스
Pancake House
아이스 몬스터
Ice Monster
바이트 클럽
Bite Club
아이 러브 바비큐
I love BBQ
공중 화장실
Toilet
레모니 카페
Lemoni Cafe
아일랜드 수비니어
Island Souvenirs
망 이나살
Mang Inasal
스모크
Smoke
안독스
Adok's
어 피스 오브 그린
A Piece of Green
빅 마우스
Big Mouth
BPI ATM
휴고드
Hugod
패션 토크
Fashion Talk
카페 델 솔
Cefe del Sol
아리아
Aria
잼머스
Jammer's
에픽
Epic
디몰
D'Mall
0
30m
화이트 비치
White Beach
G
H
I
J
K
L

Boracay
FIVE FINE DAYS IN

보라카이의 일정은 화이트 비치에서 거의 모두 이루어지며, 대부분의 스폿 사이는 도보로 5~20분 안에 이동이 가능하다. 바다에서 늘어지게 놀다가 해양 레저를 즐기거나 마사지를 받는 등 원하는 것 위주로 계획을 짜면 된다. 보라카이를 여행하는 휴양+레저 4박 5일 코스를 소개한다.

3일차
11:30
아리엘스 절벽
다이빙 투어 즐기기
17:30
짜릿함의 화룡점정,
패러세일링
18:00
마사지 받기
19:30
시마에서 그리스 음식으로
지중해 분위기 더해주기
21:00
마지막 밤을 불태울
펍 크롤 조인
4일차
11:00
보라카이의 블루라군,
말룸파티
15:00
말룸파티 옆
ATV 즐기기
18:00
에어포트 라운지에서
샤워 및 휴식
5일차
01:15
아듀
보라카이
06:30
인천 국제공항 도착

LIFEGUARD

ENJOY

세계에서 가장 아름다운 해변 만끽하기

보라카이하면 떠오르는 그곳

화이트 비치 White Beach

이름처럼 새하얗고 고운 모래가 펼쳐진 화이트 비치는 세계 여행자들 사이에 아름답기로 정평이 나있는 곳이다. 세계적인 여행정보 사이트 트립 어드바이저가 발표하는 '트래블러즈 초이스 어워드'에서 매년 아시아 최고의 해변 톱 10에 순위를 올린다. 최근 환경 보호를 위해 6개월간 문을 닫았다 재개장하면서 이슈가 되었다. 시원하게 쭉 뻗은 길이 약 4km의 해변을 따라 수많은 레스토랑, 펍, 기념품 숍이 늘어서 있다. 워낙 관광지인 탓에 영어를 못해도 어려움이 없지만, 그만큼 사람이 많고 물가 또한 필리핀에서 가장 비싼 편이다. 세 구역으로 나뉘어 각각 스테이션 1, 2, 3로 불린다.

스테이션 1은 화이트 비치에서도 유난히 고운 모래사장과 투명한 바다를 자랑한다. 스테이션 2는 가장 번화가로 편의시설과 레스토랑이 몰려있는 디몰과 가까워 활동하기 편리하다. 스테이션 3는 다른 두 곳에 비해 소박하지만 한적한 해변을 즐길 수 있으며, 서양인들이 많이 찾는 저렴한 숙소들이 모여 있다. 섬 서쪽에 길게 뻗은 화이트 비치에서의 일몰은 무척 아름답다. 붉은 빛이 드리우는 바다 위에 그림같이 떠 있는 돛단배 파라우들을 바라보다 보면 누구라도 보라카이와 사랑에 빠질 것이다.

Data **지도** 057p-C **가는 법** 보라카이섬 서쪽에 위치. 칵반 선착장에서 트라이시클로 약 20분

Tip 해변 내에서 쓰레기 투기, 흡연, 음주, 시끄러운 음악, 불꽃놀이, 불쇼가 금지되었다. 필리핀 관광 경찰이 수시로 돌아다니며 단속을 하니 주의하자.

SPECIAL Page

보라카이 재개장! 이렇게 달라졌어요~

2018년 4월 환경문제로 잠시 폐쇄된 후, 6개월 만에 재개장했다. 지금은 임시 기간으로 2019년 12월 그랜드 오픈을 목표로 하고 있다. 보라카이의 큰 변화에 대해 짚어보고 가자!

관광객 수 제한

보라카이 섬 최대 수용인원을 5만5000명으로 잡고, 주민과 근로자 수를 고려해 체류 관광객 수를 1만9000명으로 제한했다.

허가된 호텔, 리조트만 이용 가능

정부 인증을 받은 숙소를 예약한 사람만이 보라카이 섬에 입장할 수 있다. 카티클란 항에서 신분증과 호텔 바우처를 확인하니 꼭 프린트해오도록 하자. 허가된 숙소 리스트는 필리핀 관광부 홈페이지에서 확인 가능하다.

Data 필리핀 관광부
www.itsmorefuninthephilippines.co.kr

노 비치 체어! 노 파티!

화이트 비치를 덮었던 비치 체어가 사라졌다. 바다와 일정 거리 이내 비치 체어와 파라솔이 제한되었다. 이제 선탠은 비치 타월 혹은 살롱을 깔고 해야 한다. 또한 해변에서 음주와 흡연이 엄격하게 금지되었으며, 더 이상 파티가 불가능하다. 저녁이면 야자수 아래 놓였던 색색의 테이블들은 더 이상 볼 수 없게 되었다. 아쉽게도 여행자들에게 큰 사랑을 받았던 불쇼 역시 사라졌다.

해양 액티비티 제한

처음에는 워터 액티비티를 전면 금지했으나 최근 많이 풀렸다. 보라카이 액티비티의 꽃이었던 호핑, 크리스탈 코브 섬 입장 제한과 호핑 중 식사와 음주가 금지되었다. 제트 스키와 바나나 보트 등은 정해진 구간에서만 가능하다.

공사, 공사, 또 공사

정부 규제에 맞춰 도로를 넓히고, 건물을 고치느라 여기저기서 공사가 한창이다. 메인 로드도 확장 공사가 끝나지 않아 시끄럽고 먼지가 많아 걸어 다니기 힘들다. 미세 먼지 피해 간 보라카이에서도 마스크가 필요한 상황. 숙소 주변으로 큰 공사가 진행되고 있는지 체크해보는 것이 좋다.

치솟은 물가

필리핀 내에서도 톱을 달리던 물가가 재개장 이후 더욱 껑충 뛰었다. 대부분의 식당에서는 서비스 차지와 세금을 따로 받으며, 액티비티 역시 두 배 가량 비싸졌다.

최고의 노을을 볼 수 있는 비밀 장소

디니위드 비치 Diniwid Beach

화이트 비치 바로 옆, 이토록 아름다운 비치가 숨어있다는 것을 아는 사람은 드물다. 윌리스 록Willy's Rock에서 스테이션 1 방향으로 쭉 걸어가다 큰 바위산을 하나 돌면 반달 모양으로 들어간 디니위드 비치가 나온다. 10분 정도 걸었을 뿐인데 훨씬 한적하다. 모래에 누워 책을 읽으며 선탠을 하는 서양인들 몇 명만 있을 뿐이다. 디니위드 비치는 화이트 비치 못지않게 바다가 투명하고, 아름다운 일몰을 감상할 수 있는 곳이다. 스테이션 1 방향으로 화이트 비치의 해변을 따라 걸어도 좋고 메인 로드에서 트라이시클을 이용할 수도 있다. 가격은 100~150페소 정도. 한국 여행자들 사이에서 큰 사랑은 받았던 스파이더 하우스는 재개장 시 불법 건축물로 간주돼 영업 허가를 받지 못하고 폐업했다.

Data 지도 057p-C
가는 법 화이트 비치 스테이션 1에서 해변을 따라 도보 10분

유리구슬처럼 반짝이는

푸카쉘 비치 Puka Shell Beach

보라카이 북쪽에 위치한 화이트 비치에 이어 두 번째로 긴 해변을 가졌다. 하얀 조개 푸카쉘이 많아 붙여진 이름으로 '푸카 비치'로도 불린다. 우리나라에는 이효리의 망고 CF로 많이 알려져 있는 곳. 화이트 비치가 눈 시리게 파란 바다라면 푸카쉘 비치는 투명한 유리구슬 같은 바다다. 어떻게 물이 이렇게 맑을 수 있는지 직접 보면서도 믿기지 않는다. 조개 껍질로 만들어진 해변은 햇빛에 반사되어 하얗게 반짝거린다.
원래 화이트 비치를 피해 조용한 해변으로 소풍 온 사람들만 있는 한적한 곳이었으나 인생샷 장소로 알려지면서 이곳을 찾는 사람들이 급격히 늘었다. 최근 몇 년간 우후죽순 생겨나는 좌판과 관광객들로 한적은 커녕, 정신이 없을 정도였다. 그래서 재개장 후 푸카쉘 비치의 변화가 매우 반갑다. 해변을 메웠던 좌판과 호객꾼들이 사라지고 평화로운 예전의 모습을 조금씩 되찾는 중이다. 자연 그대로의 느낌을 잃어버리기 전에 꼭 한번 방문해보자. 화이트 비치 디몰에서 트라이시클로 20분 정도 걸린다. 가격은 150페소.

Data **지도** 057p-A **가는 법** 화이트 비치에서 트라이시클로 약 20분

나만의 작은 바닷가

일리그 일리간 비치 Ilig-iligan Beach

우리가 꿈꿨던 동남아의 미소와 순박함을 간직하고 있는 일리그 일리간 비치는 아직 개발되지 않은 작은 해변이다. 호핑 투어 시 푸카쉘 비치의 파도가 높으면 코스를 바꿔 가끔 들르기도 하지만 잘 알려지지는 않았다. 개발되지 않는 해변 중에서는 가장 긴 해변을 가지고 있다.
조용히 나만의 생각하는 시간을 갖고 싶거나 둘만의 알콩달콩한 바다를 즐기고 싶은 연인이라면 이곳으로 소풍을 떠나보자. 옛 보라카이의 모습을 간직하며, 아직 손 타지 않은 일리그 일리간 비치에서 평화로운 힐링의 시간을 보낼 수 있을 것이다. 가게가 없으니 음식과 음료수는 챙겨가야 한다. 뜨거운 날씨이니 물은 필수! 디몰에서 트라이시클로 20~30분 정도 걸리며 가격은 200페소.

Data 지도 057p-A **가는 법** 화이트 비치에서 트라이시클로 약 30분

카이트 서핑의 천국

불라복 비치 Bulabog Beach

디몰 버짓 마트 맞은편 호수를 따라 직진하면 5분 안에 블라복 비치를 만날 수 있다. 서쪽에 위치한 화이트 비치가 매일 저녁 보랏빛으로 취하게 만든다면 동쪽의 블라복 비치는 보라카이의 황금빛 아침을 열어주는 곳이다. 건기의 화이트 비치는 파도 한 점 없이 잔잔하지만 블라복 비치는 바람이 많이 불고 파도가 높아 윈드 서핑이나 카이트 서핑을 즐기는 사람들이 많이 찾는다.
특히 카이트 서핑 붐이 일면서 해변에는 파도와 바람과 씨름하는 사람들로 북적인다. 요즘 한국에서도 카이트 서핑 인기가 높아지면서 블라복 비치로 오는 사람들이 늘고 있다. 반대로 우기에는 화이트 비치가 파도가 높고 블라복 비치는 잔잔하다. 때와 입맛에 따라 골라 즐기면 된다.

Data 지도 057p-D **가는 법** 디몰 버짓마트 맞은 편 로드 1-A를 따라 직진

|Theme|

해변과 한몸 되는 6가지 방법

일단 비치 타월을 들고 바닷가에 오긴 했는데 뭘 하지? 참방참방 물놀이도 잠시 남들 하는 대로 모래 위 타월을 깔고 누웠다. 꿈뻑꿈뻑. 이게 다인가? 주위를 둘러보니 별거 없이 편안한 사람들. 그렇다. 우리는 즐기는 법을 모른다. 아무것도 하지 않는 것도 방법! 해변에서 할 수 있는 모든 것 총정리!

1 해변의 정석 선탠

태닝을 하면 몸매가 탄력 있어 보이고 슬림하게 보이는 착시효과까지 있다. 하얀 모래 위에 타월이나 사롱을 깔고 누워있으면 끝! 산호로 만들어진 보라카이 모래는 햇볕에도 뜨거워지지 않고 살에 잘 묻지 않아 선탠하기에 최적이다. 오일을 꼼꼼히 발라 얼룩이 지지 않도록 하자. 건강미 넘치는 해변의 여인으로 거듭나는 그날까지 파이팅!

Tip 선탠 시 주의사항

- 태닝이라고 자외선 차단제를 안 바르는 것이 아니다. 선크림과 태닝오일은 필수.
- 하루 만에 구릿빛 피부를 탐한다면 남는 건 따가운 화상과 벗겨지는 껍질뿐이니 첫 술에 배 부르려는 욕심은 금물.
- 남은 오일이 모공을 막아 피부 트러블을 유발할 수 있으니 깨끗이 씻어야 한다. 장시간의 햇볕 노출로 피부가 민감해져 있어 부드럽게 꼼꼼히 씻어주는 것이 관건.
- 선탠은 피부를 건조하게 하니 열기를 빼주는 알로에나 수분을 공급해주는 로션을 꼭 발라주자.

2 나에게 주는 최고의 선물 독서

선 베드에 누워 평소 읽지 못했던 책을 읽고 있으면 마음이 풍요로워진다. 일상에서 지쳤던 나를 달래줄 수 있는 책 한 권 가방에 담아가는 것은 어떨까. 화이트 비치 바로 앞에 위치한 리조트라면 대부분 자체 선 베드를 가지고 있으며, 투숙객이 아니더라도 해당 업소에서 음료나 스낵 등을 시켜 먹으면 이용할 수 있다.

Tip 바다에 누워 읽기 좋은 책 BEST 5

- 여행의 이유
- 꽃을 보듯 너를 본다
- 휴가지에서 읽는 철학책
- 아주 작은 습관의 힘
- 돌이킬 수 없는 약속

3

야자수 아래서 즐기는
해변 마사지

직사광선이 내리쬐는 정오에는 해변 마사지로 살짝 피신해보자. 해변 곳곳에 마련되어 있는 마사지 구역을 찾아갈 수도 있다.
마사지 종류는 오일 마사지와 시아추 마사지가 있다. 한 시간 전신 마사지에 350페소이며, 팁을 요구하지는 않으나 50페소 정도 얹어주는 것이 예의다.

4

패셔니스타로 거듭나기
레게 머리 땋기

레게 머리는 용기 내어 꼭 한번 해볼 만하다. 걱정하는 것과 달리 비키니와 원피스 모두 잘 어울리고, 열대 지방 삘 충만한 사진까지 건질 수 있다. 전체를 다 땋는 스타일이 부담스러우면 몇 가닥만 포인트로 땋거나 벼 머리에 도전해보자. 길이와 스타일에 따라 가격은 100페소부터 시작한다.

5

추억을 새기다
헤나

화이트 비치에서 쉽게 찾아볼 수 있는 헤나는 1~2주면 지워져 부담 없이 도전해 볼 만하다. 몸에 새긴 추억은 여행이 끝나도 희미해지는 자국만큼 진한 여운으로 남을 것이다. 크기에 따라 가격이 달라지며 100페소부터 시작한다. 단, 마르는데 1~2시간이 걸리며, 옷에 묻을 시 잘 지워지지 않고 호텔 혹은 마사지 침구류에 묻힐 시 배상을 해야 하니 조심해야 한다.

6

이렇게 맛있을 줄은 몰랐다
노란 옥수수

바닷가를 거니는 사람들 손마다 노란 무언가가 들려있다. 자세히 보니 옥수수?! 화이트 비치 곳곳 길거리 부스에서 파는 지극히 평범해 보이는 이 옥수수는 순식간에 보라카이 인기 스낵으로 발돋움했다. 막 삶은 옥수수에 버터와 소금을 뿌려 알이 탄탄하고 단맛이 오래간다. 한국에 와서도 계속 생각나는 이 어메이징한 옥수수의 가격은 단돈 40~60페소.

하늘과 바다 모두 내 것, 즐길거리 백과사전

바다로 떠나는 피크닉

호핑 투어 Hopping Tour

아침에 시작해 점심 때 쯤 끝나거나, 오후에 시작해 석양을 보며 마무리하는 코스가 있다. 점심이 포함되어 있는데, 배 위에서 음식과 주류가 금지되면서부터는 호핑 전후로 연계된 식당에서 점심을 먹는다. 크리스탈 코브로 유명한 라우렐 섬을 가는 것이 일반적이었지만 재개장 후부터는 정치적인 이유로 금지되었다. 산호초가 아름다운 스노쿨링 포인트에서 스노쿨링을 즐기고, 바다 상태에 따라 푸카쉘 비치 혹은 발링하이 비치를 들르는 코스로 바뀌었다. 숨대롱이 달린 마스크를 쓰고 바다 위를 유유히 떠다니면서 보라카이의 아름다운 바다 속에 푹 빠져보자.

|Theme|

자유여행자들의 영원한 고민
호핑 투어! 한인 여행사 vs 현지 예약

한인 여행사를 통해 미리 예약하고 가자니 여행의 맛이 떨어지고, 막상 가서 하자니 언어의 장벽과 바가지가 두려운 그대를 위해 준비했다. 호핑 투어를 예약하는 방법은 세 가지! 각 장단점이 다르니 비교 후 자신과 가장 잘 맞는 것을 선택하자.

1 한인 여행사

많은 한인 여행사들이 호핑을 운영하고 있다. 코스는 비슷하지만 일몰 호핑, 스킨 다이빙 호핑, 단독 호핑 등 특색 있는 테마를 가지고 차별화를 두고 있다. 인터넷을 통해 후기를 읽고 자신에게 맞는 것을 선택할 수 있다는 것이 가장 큰 장점이다. 안전성이 높고 편하며 일반적으로 시푸드가 푸짐하게 차려진 바비큐가 점심으로 나온다. 1인 60~80달러로 가격대가 높은 편이며, 여행사 내 다른 상품과 함께 이용할 시 할인해주는 연계 프로그램이 많다.

하얀투어 cafe.naver.com/boracayhayan
보라카이 G cafe.naver.com/boracayg

2 현지 여행사

현지 여행사를 통하면 저렴한 가격으로 반나절을 알차게 보낼 수 있다. 비치 로드 곳곳에 있는 부스를 통해 예약할 수 있으며, 가격이 정해져 있어 흥정의 스트레스에서 벗어날 수 있다. 영어를 못해 고민하는 사람이 많은데 사실 호핑을 즐기는데 영어는 그다지 문제가 되지 않는다. 해변가에서 '아일랜드 호핑 1,000페소' 사인을 쉽게 찾을 수 있다. 당일 오전이나 안전하게 전날 예약하면 되며, 투어는 오전 10시에 시작하여 오후 4시쯤 끝난다. 투어에 점심식사와 스노클링 기어가 포함되어 있다.

3 현지 개별 예약

해변의 호객꾼들을 통해 예약하는 방법이다. 언어의 장벽에 부딪치지만 잘 협상한 후에 밀려오는 뿌듯함이 없다. 방카 보트를 빌리는 기준으로 가격이 측정되므로 사람이 많을수록 인당 가격은 낮아진다. 한인 여행사와 현지 여행사 이용 시 점심식사와 스노클링 장비가 포함된 것이 일반적이다. 하지만, 개별적으로 예약 시 본인이 준비해 가야 한다. 아니면 렌탈 추가 요금이 발생할 수 있다. 함께한 사람들과 프라이빗하게 일정을 마음대로 잡을 수 있는 것이 큰 메리트. 연인이라면 둘만의 시간을 즐길 수 있다. 바비큐가 먹고 싶다면 개별적으로 음식을 준비해야 한다. 원할 시 방카 보트 운전자와 함께 시장에서 해산물과 필요한 음식 장을 볼 수 있다. 당일 날 호객꾼과 진행해도 되고 전날 미리 약속해도 된다. 호객꾼의 이름과 얼굴 사진을 찍어두면 좋다. 비용은 반드시 끝나고 지불한다. 방카 보트 비용과 팁 외에 추가 비용이 드는 것을 확실히 하는 것이 좋다. 보통 8인승 방카 보트는 12,000페소 정도. 패러세일링, 선셋 파라우 등과 연계하면 더 저렴해진다.

아드레날린 대방출

아리엘스 포인트 Ariel's Point

보라카이에도 스릴 넘치는 투어가 있다? 없다? 호핑 투어가 식상하게 느껴진다면 절벽에서 바다로 뛰어드는 클리프 다이빙에 도전해보자. 천연 암벽에 마련된 3m, 8m, 15m 다이빙대는 보기만 해도 아찔하다. '뛰어내리는 것뿐이야?'라고 얕보면 안 된다. 막상 올라가면 3m라도 다리가 후들후들 떨린다. 15m 다이빙대에 서면 주위에서 환호하며 응원해준다. 뛰어 내릴까 말까 갈팡질팡 고민하는 사람들을 보는 것도 재미있다. 원래는 서양인들 사이에 유명한 액티비티였지만 입소문을 타고 동양인 여행자들도 조금씩 즐기고 있다. 두 눈 꽉, 두 주먹 불끈! 점프! 온몸이 공중에 붕 뜨는 자유로움은 상상이상의 짜릿함을 선사하며 스트레스까지 날려버린다.

Data **지도** 059p-C
가는 법 스테이션 1 메인 로드 오바마그릴과 파라우 비치 클럽 사이에 위치. 아리엘스하우스와 보라카이 비치 클럽은 마주보고 있음
전화 036-288-6770
가격 1인 2,800페소
홈페이지 www.arielspoint.com

Tip **예약 방법**

스테이션 1에 있는 아리엘 하우스에서 티켓을 살 수 있으며 온라인으로도 예매 가능하다. 가격은 2,800페소로 왕복 방카, 입장료, 점심식사, 카약, 스노쿨링, 무제한 술과 음료가 포함되어 있다. 재개장 후 허용 인원이 줄었으니 미리 예약하는 것이 좋다.

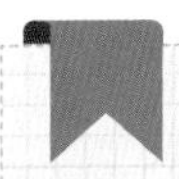

Traveler's Diary

11:30 아리엘스 포인트로 출발

아리엘스 하우스에 모여 방카 보트를 타고 목적지로 향한다. 타자마자 맥주를 나눠주고 신나는 음악이 흘러나오며 파티가 시작된다. 약 40분 후 아리엘스 포인트 도착!

12:30 도착과 동시 다이빙 도전

15m의 위엄 앞에 살짝 기가 죽는 듯 하더니 이내 하나, 둘 도전하기 시작한다. 낮은 높이부터 시작해 점점 높이를 높여 도전! 소리 지르며 박수 치다 보면 금세 주위 사람들과 친구가 된다. 무제한 제공되는 맥주를 손에 들고 '즐거운 여행을 위해 건배!'

14:00 런치 타임

신나게 뛰어내린 후 먹는 바비큐 맛을 어디에 비교할 수 있을까. 뷔페이니 먹고 싶은 만큼 먹을 수 있다. 그 후에는 카약을 타고 투명한 바다 위를 노 저어 다니기도 하고 스노클링을 즐겨도 좋다. 이제껏 망설이다가 밥심, 술심(?!)에 뛰어내리는 사람들을 응원하는 재미도 쏠쏠하다.

17:00 백 투 화이트 비치

다시 방카 보트를 타고 화이트 비치로 돌아온다. 돌아오는 길에도 신나는 음악과 맥주는 계속 된다. 달라진 것은 그새 친해진 친구들이 생겨 더 즐겁다는 것.

우아하고 유쾌하게~

선셋 파티 크루즈 Sunset Party Cruise

드디어 보라카이의 아름다운 일몰을 더욱 핫하게 즐길 수 있는 액티비티가 등장했다. 해가 뉘엿해질 무렵 럭셔리 크루즈를 타고 바다로 나가 선상파티를 즐겨보자. 흥 폭발하는 DJ의 신나는 선곡과 함께 칵테일이 무제한 제공된다. 푸짐한 열대과일은 덤! 다양한 국적의 친구들이 함께하며 흥 넘치는 사람 한둘 있으면 어김없이 댄스파티가 벌어진다.

선셋 세일링과 달리 젖을 일이 없어 예쁜 원피스를 입고 인생사진을 건질 수 있다. 노을 질 무렵 뱃머리에서 사진을 찍으면 타이타닉 뺨치는 작품이 탄생하니 놓치지 말 것! 오후 4시 30분부터 2시간 동안 운행한다. 크루즈 내에 깨끗한 화장실이 있으니 걱정하지 않아도 된다.

어머 이건 꼭 해야 해

선셋 세일링 Sunset Sailing

돛단배 파라우를 타고 황금빛과 보라빛이 어우러지는 장관 속으로 들어가는 경험은 보라카이에서 꼭 해 봐야 할 액티비티 1순위. 파라우는 엔진 없이 오직 바람의 힘으로만 나가는 자연 친화적인 배로 양쪽 날개에 연결된 그물에 앉아 세일링을 즐길 수 있다. 살랑살랑 바람을 즐기다가 파도가 치면 갑작스레 물세례를 당하기도 하는 재미가 숨어 있다.

화이트 비치의 호객꾼들을 통해 이용하는 것이 일반적이며 파라우 한 대당 2명 기준 1,500페소 정도다. 다른 사람들과 합승시키는 경우도 있으니 커플이나 일행끼리만 타는 것을 원한다면 흥정할 때 명확하게 말하자. 30분 정도 운행하며 5시 30분이 마지막 타임이다.

Tip **선셋 크루즈 vs 선셋 세일링**

다른 매력을 갖추고 있어 여건이 되면 둘 다 해보는 것도 좋겠지만, 하나만 선택하라면 크루즈를 추천한다. 과거 보라카이에서 단 하나의 액티비티만 허용된다면 주저 없이 선셋 세일링을 꼽았다. 하지만 재개장 후 가격이 2배 넘게 오른 데다, 선셋 세일링 시간이 제한되면서 노을 질 때 딱 맞춰 나갈 수 있을지도 복불복이 되었다. 중국인 관광객들까지 합세해, 긴 줄을 기다려도 그 날 탈 수 있을지 장담할 수 없는 상황이라 여행사들도 골머리를 앓고 있다.

평생 잊지 못할 경험

스쿠버 다이빙 Scuba Diving

스쿠버 다이빙은 산소통을 메고 아름다운 바다 속을 탐험하는 액티비티다. 배를 타고 30분 정도 나가면 초급자부터 상급자까지 함께 즐기기 좋은 다이빙 포인트가 많다. 깨끗한 시야를 확보할 수 있어 다양한 물고기와 산호들이 춤추는 모습을 볼 수 있다. 수심 30m 가량 깊은 곳으로 내려가면 난파선과 추락한 비행기를 볼 수 있는 다이빙 포인트도 있다. 경험이 없더라도 수영을 못하더라도 체험 다이빙 프로그램을 통해 바다 속을 체험해 볼 수 있다. 교육까지 3시간 정도 소요되며 가격은 3,000페소 안팎.

바다와 하늘을 동시에 즐기는

카이트 서핑 Kite Surfing

카이트 서핑은 패러글라이딩과 웨이크보드를 결합한 것으로, 대형 연을 띄우고 이를 조종해 물 위를 달리는 익스트림 스포츠다. 한국에선 아직 낯설지만 2016년 브라질 올림픽 시범종목으로 채택될 만큼 세계적인 인기를 끌고 있다. 가장 큰 매력은 서핑을 즐기면서 하늘을 날 수도 있다는 것. 연이 뜨는 힘을 잘 이용하면 10m 이상 날 수 있다. 패러글라이딩의 바람 조종 기술과 서핑을 동시에 할 줄 알아야 하는 고난이도 기술로 교육은 필수이며, 초보자는 익히는데 3~5일 정도 걸린다.

두둥실 떠서 바라보는 보라카이

패러세일링 Parasailing

파라우만큼 많이 볼 수 있는 것이 패러세일링이다. 볼 때는 모른다. 둥실둥실 떠있기만 한 낙하산이 얼마나 손에 땀을 쥐게 하는지. 조금씩 높이 올라갈 때마다 자신도 모르게 줄을 꽉 잡게 되지만 사실 등받이가 있어 두 손을 놓아도 괜찮다. 건너편 블라복 비치까지 훤히 보이며 섬 전체를 조망할 수 있다. 바람이 불면 낙하산이 흔들리면서 드는 긴장감이 묘하게 매력적이다. 고프로나 핸드폰 카메라를 가지고 탈 수 있다. 2~3인용도 있어 연인, 가족이 즐거운 추억을 만들 수 있다. 마지막에 풍덩 물에 담가주는 서비스까지. 금액은 싱글 2,000페소, 2~3인 1,500페소다.

|Theme|

자유여행자들의 영원한 고민 어떻게 하면 잘 예약했다는 소리를 들을까?

보라카이에 가서 무엇을 할지 리스트는 다 나왔다. 이제 남은 건 잘 예약하는 것. 액티비티 예약은 한인 여행사나 현지 여행사를 통하거나, 현지에서 개별적으로 하는 방법이 있다. 후기를 보면 누구는 한인 여행사에서, 누구는 즉흥적으로 그 자리에서 했다고 한다. 한인 여행사는 무조건 비싸고 개별 예약은 무조건 후지다? 액티비티 별로 일반적이고 만족도 높은 방법을 소개한다.

선셋 파티 크루즈 한인 업체 추천!

'보라고'라는 한인 업체에서 주관하고 있다. 수상구조 자격증을 갖춘 직원들이 세 명이나 함께 탑승할 만큼 안전에 신경을 쓰고 있다.
스테이션 1 아미 네이비 옆 부스에서 직접 예약을 할 수 있다. 또한 카카오톡으로 문의가 가능해 편리하다.

보라고 카카오톡 borago

스쿠버 다이빙 한인 다이빙 업체 추천!

오픈 워터 다이버 자격증을 보유자라면 한인, 현지 상관없이 원하는 다이빙 업체를 고르면 되지만 체험다이빙은 다르다. 간단한 교육 후 체험다이빙을 시작하는데 아무래도 한국인 강사가 있는 편이 심적 안정감을 높여주고 혹시 문제가 생겼을 시 의사소통이 쉽다. 또한 많은 한인 업체들이 수중카메라로 사진을 찍어주는 서비스를 제공하여 추억까지 남길 수 있다는 것도 큰 장점이다. 한인 여행사 호핑을 이용할 예정이라면 두 개를 묶어 할인해주는 패키지도 찾아보자.

블루핀 다이버스 www.bluefinboracay.com
로얄 다이브 cafe.naver.com/royaldive

선셋 세일링, 패러세일링

현지 개별 예약 추천!

직접 호객꾼들을 통해 잘 흥정하여 하는 것이 훨씬 싸다. 같은 사람에게 여러 개를 예약하면 더 싸게 해준다. 흥정이 싫다면 스테이션 3 초입에 에이전시들이 모여 있으니 가서 예약할 수 있다. 정찰제라며 금액 표를 들이밀지만 살짝 흥정해주는 건 비밀.

카이트 서핑 현지 업체 이용 추천!

블라복 비치 근처로 카이트 서핑 스쿨들이 모여 있다. 가격과 서비스는 비슷비슷하다. 2시간 체험 코스는 3,000페소, 초보자 교육 코스는 19,000페소로 2~3일에 거쳐 9시간 동안 진행된다. 아직 한국인들에겐 낯선 스포츠라 한인 스쿨은 찾아보기 힘들다. 홈페이지 혹은 현장 예약 모두 환영.

이슬라 카이트서핑 www.islakitesurfing.com
행인 카이트센터&리조트 www.kite-asia.com/

보라카이에도 블루 라군이 있다

말룸파티 블루 라군 Malumpati Blue Lagoon

보라카이에 바다만 있는 줄 알았다면 오산! 화이트 비치에서 약 1시간 정도 차를 타고 가다 보면 숲으로 둘러싸여 있는 비밀스러운 샘이 나온다. 영롱한 에메랄드 물빛이 라오스의 블루 라군 부럽지 않다. 산에서 흘러나오는 맑은 물로 만들어진 천연 수영장으로 넓고 잔잔해 물놀이하기 좋다. 다이빙대와 뗏목, 튜브가 마련되어 있다. 말룸파티의 하이라이트는 튜빙. 상류로 거슬러 올라가 튜브를 타고 물살 따라 내려오는 액티비티로 아름다운 자연에 흠뻑 빠질 것이다. 현지 스태프가 1:1로 붙어 케어해주며, 코스가 익스트림 하지 않아 남녀노소 누구나 즐길 수 있다.

튜빙 하며 빌린 튜브는 계속 이용할 수 있다. 말룸파티 주위로는 오두막 테이블과 매점, 화장실과 샤워실이 마련되어 있다. 원래 현지인들이 자주 찾는 명소였지만 입소문을 타면서 점점 핫한 여행지가 되어가는 중이다. 주말에 가면 피크닉 나온 필리핀 가족들을 많이 볼 수 있다. 화이트 비치와 칼리보 국제공항 사이에 위치한다. 배 타고 산 넘고 여정이 복잡하니 마지막 날 가는 것을 추천. 한인 여행사에서는 진행하는 말룸파티와 칼리보 국제공항 샌딩 패키지를 이용하면 편리하다.

Data **지도** 057p-F 지도 밖
가는 법 파나이 섬 판단지역에 위치. 칵반 선착장에서 세레스 버스 이용 시 판단에서 하차 **전화** 0906-423-5635 **운영 시간** 07:00~18:00
가격 입장료 40페소, 튜빙 250페소

Tip **말룸파티 샌딩 패키지**
하얀투어 1인 75달러,
카카오톡 boracayhayan
홈페이지 cafe.naver.com boracayhayan

Traveler's Diary

마무리까지 끝내주게!

여행 마지막 날, 말룸파티 블루라군 + 에어포트 라운지 패키지

09:00 말룸파티 블루라군으로 출발~

호텔에서 픽업 후 말룸파티로 출발! 칵반 항으로 가서 배를 타고 보라카이 섬을 떠나 칼리보 공항이 있는 파나이 섬으로 간다.

11:00 ATV로 몸 풀기

말룸파티 도착 후 첫 액티비티는 ATV! 사륜 오토바이를 타고 울퉁불퉁 오프로드를 달린다. 흙먼지 날리며 신나게 달리다 보니 물놀이 할 준비 110%!

12:00 진정한 먹방 타임

금강산도 식후경~ 물놀이에 빠질 수 없는 삼겹살부터 치킨, 오징어 튀김 등이 쏟아져 나온다. 빵빵한 배를 두드리며 달콤한 망고로 입가심을 한다. 맥주까지 무제한이니, 이곳이 바로 지상낙원이다.

13:00 말룸파티의 하이라이트, 튜빙

약 15분 정도 숲길을 따라 상류로 올라간다. 걷는 길이 힘들지 않고 오히려 상쾌하다. 코코넛 나무 아래 누워 찍는 인생 사진은 덤! 스태프와 짝꿍이 되어 튜브를 타고 물살을 따라 내려간다. 울퉁불퉁한 바위 사이를 따라 스릴 만점이다.

14:00 본격적인 물놀이

맘껏 블루라군을 즐기는 시간이다. 2m와 4m 높이의 다이빙 대가 있으니 도전해보자. 높아보이지 않아도 막상 서면 다리가 덜덜 떨릴 것이다. 수영을 하고 튜브를 끼고 둥실둥실 신선놀음을 즐긴다.

16:00 2차 먹방

물놀이를 하다 보면 배가 금방 꺼진다. 출출해질 차 맛있는 냄새가 풍겨온다. 한국인의 소울 푸드, 라면 먹을 시간! 호로록 호로록, 얼큰한 국물이 꿀맛이다.

17:30 공항 출발

이제 공항으로 떠날 시간. 샤워실이 있어 간단하게 샤워를 할 수 있다. 찬물만 나오니 참고하자.

18:30 에어포트 라운지 100배 즐기기

공항 앞 에어포트 라운지에 도착. 말룸파티와 샌딩을 함께 신청 시 VIP 쿠폰이 제공된다. 악마의 잼으로 유명한 코코넛 잼과 다양한 현지 기념품을 살 수 있는 기프트 숍을 구경하다 보니 어느새 두 손이 무겁다. 라면과 볶음밥 등 한식을 파는 식당도 함께 있다. 따듯한 물로 샤워를 하고, 발 마사지를 받으며 푹 쉬다보면 어느 새 비행기 시간이 가까워져 온다. 비행 수속 시간에 맞춰 공항에 들어간다. 스태프들이 수속을 도와주어 훨씬 빠르고 편리하다.

블루 라군

에어포트 라운지

열심히 달려온 나를 위한 럭셔리 스파

풀 빌라에서 누리는 호사

포세이돈 스파 Poseidon Spa

일명 '보라카이 임성은 스파'. 1990년대를 풍미한 영턱스클럽 출신 가수 임성은 씨가 운영하는 곳으로 모든 마사지룸이 단독 빌라로 되어 있는 고급 스파다. 빌라마다 프라이빗 수영장과 자쿠지가 갖춰져 있는 것이 포세이돈 스파의 가장 큰 메리트! 먼저 수영장과 자쿠지에서 30분간 자유시간을 보낸 후 테라피스트가 입장한다. 자체 개발한 노니액과 흑설탕이 함유된 스크럽제를 이용해 보디 스크럽을 하고 이어서 마사지가 진행된다.

몸은 코코넛 오일로, 얼굴은 태반 크림을 이용한다. 하루 딱 세 타임만 운영하는데 그중 오후 4시 30분 타임을 추천한다. 낮과 밤의 각기 다른 포세이돈 스파의 매력을 모두 느낄 수 있기 때문. 새파란 하늘이 펼쳐진 수영장을 즐기고, 마사지를 받는 동안 해가 서서히 지면서 은은한 분위기가 깔린다. 마사지 후에는 형형색색 조명이 밝혀진 포세이돈 스파의 외관을 감상할 수 있다. 웅장함이 느껴지는 포세이돈 스파에 들어서는 순간 테라피스트들이 나란히 줄지어 인사를 하고, 마사지를 시작하기 전 지정된 테라피스트가 무릎을 굽히고 손등에 이마를 가져다대며 존중을 표한다. 이런 디테일 하나하나에 마치 외국 저택에 초대받은 영화 속 주인공이 된 듯하다. 누드 마사지로 허니무너들의 'must to do' 리스트에 꼭 들어가야 할 스파(?!). 물론 중요 부분은 알아서 가려준다. 예약제로 운영되며 홈페이지나 카카오톡을 통해 예약하면 된다.

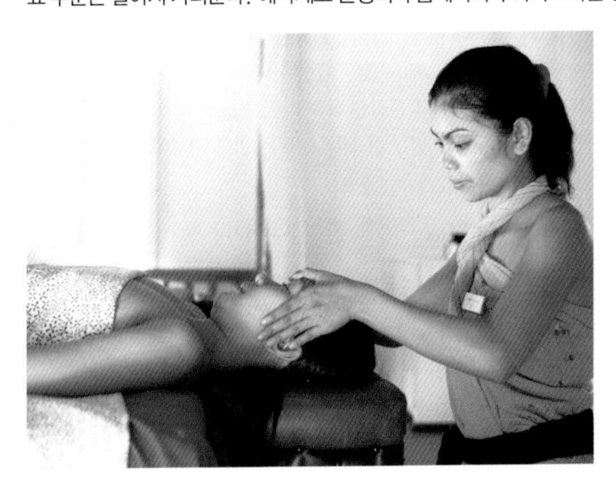

Data **지도** 057p-C
가는 법 메인 로드에서 루호산 방향. 디몰까지 셔틀차량 운행
전화 한국 070-8268-8880, 현지 036-288-3616, 카카오톡 poseidonspa
운영 시간 13:30, 16:30, 20:00
가격 1인(150분) 150달러
홈페이지 www.spaboracay.com

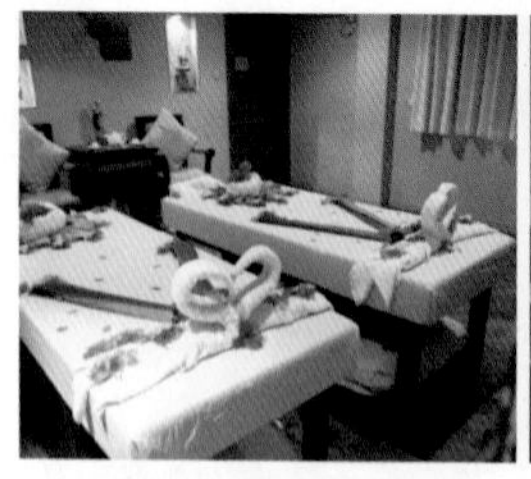

보라카이도 허니 열풍

헬리오스 스파 Helios Spa

헬리오스 스파를 한 마디로 표현하자면 '정성스럽다.'이다. 헬리오스 스파가 자랑하는 코코허니 스톤 마사지는 럭셔리 마사지의 종합선물세트 격이다. 먼저 족욕 후 당일 갈아낸 코코넛에 노니가루를 섞어 전신 스크럽을 한다. 스크럽 후에는 꿀을 온몸에 발라 흡수시키고 코코넛 밀크탕에 몸을 담근다. 코코넛 10개를 끓여 넣은 코코넛 밀크탕에 몸을 담그면 피부가 부들부들해지는 것을 바로 느낄 수 있다. 하이라이트인 마사지는 몸에 독소를 빼주는 따뜻한 라바 스톤을 이용하여 뭉친 근육을 풀어준다. 마지막은 태반 마사지로 마무리까지 야무지다. 큼지막한 생화를 아낌없이 뿌려놓은 인테리어와 마사지 중간에 제공되는 망고케이크에 여심이 제대로 저격당했다. 커플은 물론이고, 엄마와 딸, 여자 친구들끼리 알콩달콩 즐거운 시간을 보내기 위해 많이 찾는다. 예약은 필수!

Data **지도** 057p-F
가는 법 스테이션 3 보라카이 힐 리조트에 위치. 디몰까지 셔틀차량 운행
전화 036-288-3315,
카카오톡 energy4ever
운영 시간 13:00, 17:30, 20:00
가격 코코허니 스톤 마사지(180분) 120달러 **홈페이지** blog.naver.com/helios_spa

Tip 홀리데이 쿠폰 소지 시 피부 정화작용에 탁월한 페이셜 금팩이 서비스로 제공되니 잊지 말고 챙겨가도록!

내 몸이 좋아하는

아브람스 스파 Abrams Spa

게르마늄, 옥, 인태반, 골드 등 건강한 재료는 다 모였다. 거기에 경력 15년 이상의 테라피스트들의 손길이 만나 몸에 활기를 불어넣는다. 가장 추천하는 코스는 게르마늄 쉘 마사지. 게르마늄 가루가 든 천연 조개껍질로 마사지를 해주는데 혈액순환과 독소 배출에 탁월한 효과가 있다. 라벤더, 페퍼민트, 자스민, 로즈, 삼파귀타 5가지 오일 중 선택할 수 있으며, 마사지 받는 동안 얼굴에 콜라겐 팩과 아이 마스크 팩을 얹어준다. 손이 보들보들해지는 파라핀 왁스 서비스까지 포함되어 있는 알찬 코스이다. 부담 없는 가격에 시설과 실력은 빠지지 않아 칭찬 또 칭찬, 별 다섯 개 주고 싶은 곳이다.

Data **지도** 063p-G
가는 법 E몰 버짓 마트 맞은편
전화 036-288-3194
운영 시간 13:00, 15:00, 17:00, 19:00
가격 게르마늄 쉘 마사지 120분 $55
홈페이지 www.boracayg.com
카카오톡 abramsspa

먹지 마세요! 피부에 양보하세요~

림 스파 Lim Spa

디몰과 가까워 한인 럭셔리 스파 중 접근성이 가장 뛰어나다. 수풀 림에서 따온 이름처럼 입구부터 숲 느낌을 주는 친환경적인 인테리어는 공간에 들어서는 순간부터 힐링이 시작된다. 가장 추천하는 마사지는 림 카카오 스파. 콜라겐이 함유된 카카오는 피부 영양에 효과적인 것은 물론 엔도르핀 분비를 촉진시켜 스트레스와 긴장 완화에도 도움이 된다. 자쿠지에서 반신욕 즐긴 후 카카오를 온몸에 바르는 사치를 경험할 수 있다.

카카오 스크럽 후 유칼립투스나 라벤더 오일로 마사지가 시작되는데 정성스런 손길에 마음까지 녹아내린다. 한국인이 좋아하는 지압점을 집중 공략, 마침내 오랜 친구였던 어깨 위 곰 한 마리와 드디어 이별을 고하는 시간이다.

Tip 홀리데이 쿠폰 소지 시 노니비누 같은 보라카이 특산품을 선물로 증정한다. 무엇이 될지는 비밀. 인심 좋은 사장님에게 달렸다.

Data **지도** 060p-B
가는 법 버짓 마트 옆 BPI 골목 블라복 비치 방향으로 약 70m 직진, 메리하트 스파 옆
주소 Road 1-A Ext, Bulabog, Boracay
전화 036-288-2188
운영 시간 13:00~23:00 (사전 예약 시 오전 9시부터 가능, 예약 없이 워크인 가능)
가격 림 카카오 스파(150분) 100달러, 림 시그니처 마사지(120분) 80달러

럭셔리 한인 스파 이용 꿀팁

- 포세이돈 스파, 헬리오스 스파, 림 스파 세 곳 모두 샤워시설과 무료 세탁 서비스를 제공하니 물놀이 후 가도 보송보송하게 돌아올 수 있다.
- 아이와 동행 시 포세이돈 스파에서는 마사지를 받는 동안 아이가 바로 옆 수영장에서 놀 수 있도록 하였다. 같은 공간에 있기에 마음이 편안하다는 장점이 있다. 보모 서비스는 유료다. 2시간 200페소.
- 헬리오스 스파는 정원에 아이들이 놀기 좋은 놀이방과 수영장이 있으며, 전문 교육을 받은 보모가 돌봐주는 서비스를 무료로 이용할 수 있다.
- 자유여행 사이트를 통해 예약하면 가격 할인을 받을 수 있다. 자체적으로 하는 이벤트가 있을 시에는 개별 예약이 더 싸기도 하니 잘 비교해보고 예약하자.
- 패키지여행 시에는 자유여행 사이트를 이용하거나 개별 방문하는 것은 상도덕에 위배되므로 이용을 제한하고 있다.

마사지 그 이상

벨라 이사 살롱&스파 Bella Isa Salon&Spa

한국인들에겐 잘 알려지지 않았지만 현지에선 이름난 스파다. 보라카이에 모래알만큼 많은 스파 중 오픈한 지 1년 만에 필리핀 관광 사이트에서 넘버 원 스파로 선정되었고, 4년 후인 2014년 트립 어드바이저에서 보라카이 스파 부문 1위를 차지했다. 가장 인기 있는 패키지는 단연 킹&퀸 커플 패키지. 이른 오후부터 시작해 해가 지고야 끝나는 무려 7시간짜리 풀코스 보디 트리트먼트다. 보디 스크럽을 시작으로 머리부터 발 끝까지 이어지는 테라피의 향연이 끝나면 파라우를 타고 바다로 나가 일몰을 감상, 해변에서의 로맨틱한 촛불 디너로 끝이 난다. 사랑하는 사람과 색다른 추억을 만들고 싶다면 강력 추천.

Data **지도** 063p-L
가는 법 스테이션 3 비치 로드 빌라 카밀라 비치 리조트 옆
전화 036-288-1381
운영 시간 10:30~21:00
가격 킹&퀸 커플 패키지(7시간) 1인당 7,750페소, 스웨디시 마사지(60분) 1,370페소
홈페이지 www.bellaisaboracay.com

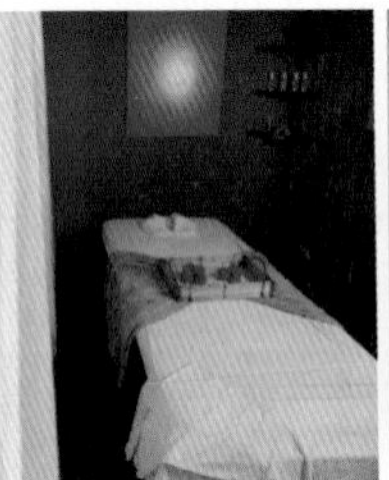

세심한 서비스가 일품

만다린 스파 Mandarin Spa

화이트 비치를 바라보고 있는 스파 중 가장 럭셔리한 곳이다. 만다린 아일랜드 리조트에 속해있는 만다린 스파는 샤워와 사우나 시설을 갖추고 있으며, 바다를 바라보며 페이셜과 발 마사지를 즐길 수 있다. 마사지에 사용할 오일의 향을 맡아보고 직접 고를 수 있으며, 인기순위 1위는 달콤한 꽃향기를 머금은 일랑일랑. 피부로 스며드는 아로마 오일이 묵은 피로감을 날리는 건 물론 촉촉한 보습까지 선사한다. 따뜻한 바나나 잎을 몸에 올려주는 필리피노 전통 마사지인 힐롯 마사지와 망고버터 페이셜이 유명하다.

Data **지도** 061p-L
가는 법 스테이션 2비치 로드 돈 비토 옆
전화 036-288-1381
운영 시간 10:00~23:00
가격 힐롯 마사지(60분) 1,800페소, 망고버터 페이셜(75분) 1,100페소
홈페이지 www.boracaymandarin.com/spa.php

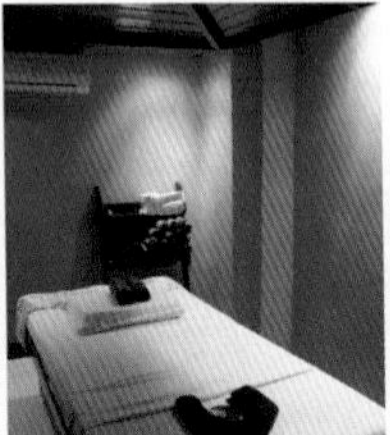

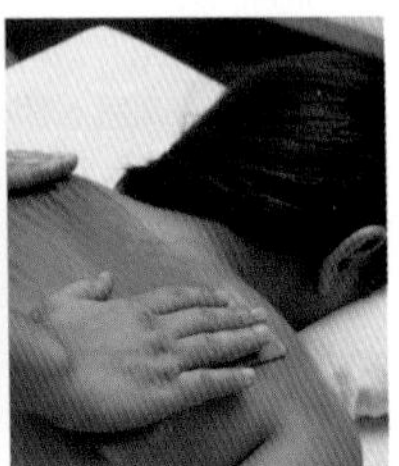

착한 가격은 높은 만족도, 매일매일 받아도 좋은 마사지

다시 찾게 되는

메리하트 스파 Merryheart Spa

한국인이 운영하는 만큼 깔끔함을 자랑한다. 럭셔리 스파와 저렴한 마사지 가게들의 중간급으로 합리적인 가격에 만족스러운 마사지를 받을 수 있다. 독립된 룸에서 마사지를 진행하며 마음에 드는 테라피스트가 있다면 예약할 때 지정이 가능하다. '마사지는 복불복이다.' 하는 말이 있을 정도로 같은 곳을 방문하였다 하더라도 만족도가 같기는 쉽지 않기에 지정 테라피스트가 주는 메리트는 크다. 3년 이상의 경력을 가진 테라피스트들이 한국인의 성향을 잘 파악하고 있어 재방문율이 높다.
만약 서비스가 만족스럽지 못하다면 10분 이내에 한해 전액환불 또는 테라피스트 교체를 요청할 수 있다. 보라카이 로드 숍 중 가장 관리가 잘된 곳이라 해도 과언이 아니다. 진주크림 혹은 태반크림을 이용한 럭셔리 마사지도 착한 가격에 가능하니 애정할 수 밖에!

Data **지도** 060p-B **가는 법** 버짓 마트 옆 BPI 골목 블라복 비치 방향으로 약 70m 직진
주소 Rord 1-A Ext, Bulabog, Boracay **전화** 036-288-2575 **운영 시간** 12:30~21:30
가격 아로마 마사지(60분) 15달러, 진주크림 마사지(90분) 25달러 **홈페이지** www.iloveboracay.co.kr

Tip **마사지 이용 백서**
럭셔리 한인 마사지는 코스가 정해져 있는 것이 일반적이지만 로컬 숍들은 그렇지 않다. 다양한 스타일을 가진 필리핀 마사지. 마사지 종류부터 알고가자. 기죽지 않게!

❶ **오일 마사지**Oil Massage 보디 오일을 사용하여 부드럽게 근육을 풀어주는 마사지. 스웨디시 마사지Swedish Massage라고도 부른다. 여기에 약용성분과 향기가 있는 오일을 사용할 시 아로마테라피 마사지가 된다.
❷ **시아추 마사지**Shiatu Massage 오일을 사용하지 않고 꾹꾹 눌러주는 일본식 지압 마사지. 타이 마사지와 비슷하나 스트레칭이 포함되어 있지 않다. 드라이 마시지라고도 한다.
❸ **핫 스톤 마사지**Hot Stone Massage 따뜻한 라바 스톤으로 뭉친 혈을 풀어주는 마사지. 혈액순환과 몸 속 노폐물 제거에 효과적이다.
❹ **힐롯 마사지**Hilot Massage 예부터 내려오는 고대의 치료 방법을 응용한 필리핀 전통마사지. 따뜻한 코코넛 오일과 바나나 잎을 이용해 뭉친 근육과 피로를 풀어준다.
❺ **풋 리플렉소로지**Foot Reflexology 발 마사지. 발을 눌러줌으로서 신체 기관과 내장에 자극을 주는 치료법.
❻ **페이셜**Facial 얼굴 피부 관리. 딥 클렌징, 스크럽, 보습이 포함되어 있다.
❼ **보디 스크럽**Body Scrub 천연재료를 이용하여 때를 밀 듯 몸의 묵은 각질을 벗겨준다.

팁은 얼마나 줘야할까? 마사지 후 팁을 주는 것이 예의다. 1시간짜리 저렴이 마사지를 받았다면 50페소 이상, 럭셔리 스파를 받았다면 100페소 이상 주는 것이 일반 적이다.

화이트 비치에서 찾은 럭셔리

망고 스파 Manggo Spa

디몰에서 스테이션 3 방향으로 조금만 걸으면 망고 스파로 올라오는 계단이 있다. 얼핏 보면 놓치기 쉬운 이 입구를 따라 올라오면 깜짝 놀란다. 화이트 비치의 저렴한 마사지 숍 중 이렇게 고급스러운 인테리어를 한 곳은 찾아보기 힘들기 때문. 일반적으로 스웨디시나 시아추로 구성된 다른 숍과는 다르게 아로마, 스톤, 허발, 풋 마사지로 구성된 차별화된 메뉴가 돋보인다. 아로마 마사지는 유칼립투스, 라벤더, 그린 스파 중 선택한 오일로 부드럽게 마사지를 진행한다.
스톤 마사지는 따뜻한 돌을 이용하여 몸의 긴장과 함께 뭉친 부분을 집중적으로 풀어준다. 허발 마사지는 몸에 좋은 생강, 레몬그라스, 강황 등을 넣고 찐 따뜻한 허브 볼을 이용하여 혈액순환을 돕고 생기를 불어 넣어준다. 개별 룸으로 되어 있다.

Data **지도** 061p-K
가는 법 스테이션 2 비치 로드 파라디소 그릴 옆
전화 0928-869-0260
운영 시간 11:00~24:00
가격 아로마 마사지(60분) 599페소, 스톤 마사지(120분) 1,800페소

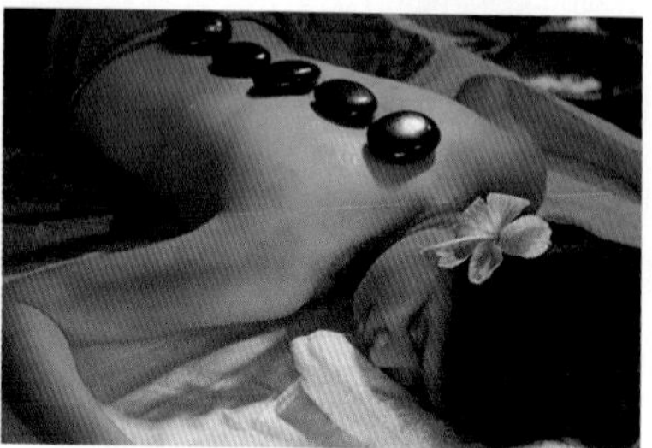

마사지 계의 히든 챔피언

야수라기 릴렉세이션 스파 Yasuragi Relaxation Spa

현지 마사지 숍의 강자다. 하루 전에 예약하지 않으면 원하는 시간대에 마사지를 받기 힘들다. 예약은 직접 찾아가 돈을 지불해야지만 완료된다. 영수증을 반드시 챙기도록 하자. 기본은 야수라기 마사지로 오일을 사용하여 부드럽고도 시원하게 눌러준다. 스페셜 프로그램으로는 바이드로Vidro와 스톤 마사지가 있다.
바이드로는 부황과 마사지를 혼합한 것으로 혈액순환에 도움을 준다. 미리 예약하면 40% 할인받을 수 있다. 1~2인실 개별 룸으로 이루어져 있다. 자쿠지와 사우나, 샤워실을 갖추고 있으며, 원할 시 샤워가 가능하다. 50페소의 타월 이용료가 있다. 마사지 후 화이트 비치가 보이는 2층 쉼터에서 시원한 차를 준비해준다.

Data **지도** 063p-L
가는 법 스테이션 3 비치 로드, 보라카이 샌즈 호텔에서 도보 10분
전화 036-288-5320
운영 시간 10:00~22:00
가격 야수라기 마사지 1,000페소, 스톤 마사지 1,800페소
홈페이지 facebook.com/YasuragRelaxationSpaBoracay

저렴하게 즐기는 현지 마사지의 대표주자

팔라사 스파 Palassa Spa

화이트 비치에 가장 많이 보이는 마사지 간판이다. 비치와 메인 로드에서 파란색 유니폼을 입은 호객꾼들을 쉽게 볼 수 있으며, 지정가격이 쓰인 메뉴판을 들고 있지만 흥정을 통해 할인을 받도록 하자. 통상 가장 많이 찾는 스웨디시 마사지, 시아추 마사지는 1시간에 350페소다. 시설은 깔끔한 편이지만 개별 룸이 아니라 프라이버시가 지켜지지 않는다는 단점이 있다.

Data **지도** 060p-F&J, 062p-F
가는 법 스테이션 1 비치 로드 티브라즈 건물 2층. 스테이션 2 메인 로드 디몰 버짓 마트에서 스테이션 3 방향으로 1분. 스테이션 3 메인 로드 크라운 리젠시 호텔 옆
전화 036-288-2047
운영 시간 09:30~24:00
가격 스웨디시 마사지(60분) 350페소

화이트 비치에서 가장 싼 마사지

빅토르 오르테가 살롱&스파 Victor Ortega Salon&Spa

한 시간 오일 마사지에 250페소라는 파격적인 가격을 제시한다. 1층에는 카운터와 미용실이 있고, 2층으로 올라가면 널찍한 공간에 여러 개의 마사지 베드를 놔두고 커튼으로 칸막이를 쳐놓았다. 침대들이 다닥다닥 붙어있어 맞은편 커튼이 젖혀지는 사고가 발생하기도 한다. 가격대비 높은 효용성을 지녀 머무는 동안 다른 마사지들을 돌아가며 받아보는 작은 사치도 가능하다. 남자 마사지사의 비율이 높은 편이니 여자 테라피스트를 원할 시 카운터에 미리 이야기하는 것이 좋다.

Data **지도** 060p-I
가는 법 스테이션 1 메인 로드 아스토리아 리조트 맞은편
전화 036-288-2044
운영 시간 08:00~22:00
가격 스웨디시 마사지(60분) 250페소, 스톤 마사지(60분) 950페소

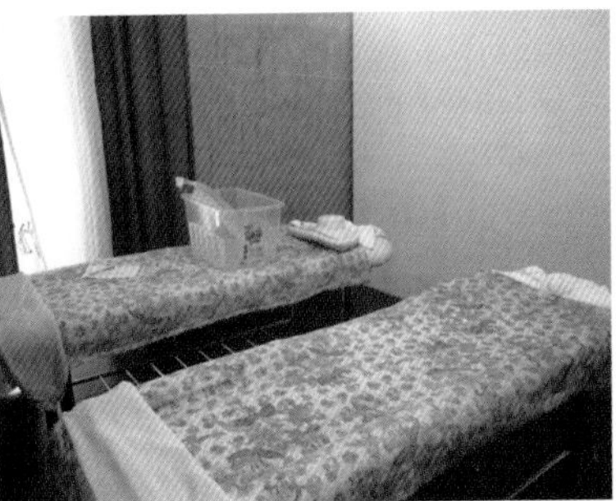

|Theme|

혹사당하는 내 발을 위한 발 마사지 BEST 3

1 한국으로 데려가고 싶은 아일랜드 풋 스파 Island Foot Spa

평범한 발 마사지가 아니다. 마사지에 앞서 스크럽으로 발의 묵은 각질을 제거한 후 지압 스톤을 이용하여 제대로 눌러준다. 손을 이용하여 발을 포함해 종아리와 허벅지까지 풀어준다. 하이힐로부터 받던 고통과 컴퓨터 앞에 앉아서 일하느라 달고 살던 붓기가 테라피스트의 손끝에서 녹아내린다. 발 마사지가 끝나면 손과 목, 어깨 마사지까지 해주어 전신을 다 받은 느낌이다. '짱 시원해~'가 절로 나오는 마사지 실력과 친절한 서비스로 현지인들과 외국 관광객들 사이에도 인기가 많다. 상큼한 외관에 아기자기한 내부가 돋보이며 저렴한 가격으로 페디큐어도 받을 수 있다.

Data **지도** 060p-I
가는 법 스테이션 1 비치 로드 하와이안 바비큐 바로 옆 **전화** 036-260-2302
운영 시간 10:00~23:00
가격 풋 마사지(60분) 500페소

2 노을을 바라보며 발 마사지를 칸 스파 Khan Spa

칸 스파 최고의 매력은 바다를 보며 발 마사지를 받을 수 있다는 것이다. 통유리로 되어있어 들어서는 순간 환하고 쾌적하다. 신나게 물놀이를 즐기다가 오후 5시 쯤 발 마사지를 받으면 뉘엿뉘엿 저무는 해를 감상할 수 있다. 따뜻한 물에 발을 담근 후 꾹꾹 눌러주는 발 마사지에 몸을 맡기면 피로가 풀리면서 어느 샌가 스르륵 졸고 있는 자신을 발견할 것이다. 안쪽에 있는 룸에서 전신 마사지도 가능하다. 게리스 그릴, 하와이안 바비큐와 같은 인기 맛집이 가까워 식사 전후로 받기 좋다.

Data **지도** 060p-I **가는 법** 스테이션 1 비치 로드 레알마리스 리조트 우측 건물 2층 **전화** 036-288-2440
운영 시간 10:00~21:00
가격 풋 마사지(60분) 500페소, 시아추 마사지(60분) 600페소

3 내가 찾던 그 곳! 헬로 마이 풋 스파 Hello My Foot Spa

한국인의 눈높이에 맞출 만한 발 마사지 전용 숍이 드디어 보라카이에 상륙했다. 미모의 여주인이 운영하는 곳으로 분홍분홍한 인테리어가 제대로 취향저격이다. 푹신한 핑크색 쇼파에 누워 받는 마사지에 이차 감동이 밀려온다. 눈에 띄는 마사지는 쉘Shell 마사지. 따듯하게 데운 천연 조개껍데기를 이용하여 다리의 피로를 사르르 녹여주니 이런 호사가 따로 없다. 발 마사지가 끝나면 손과 목, 어깨 마사지까지 해주어 전신을 다 받은 느낌이다. 풋 스크럽도 있어 세트로 받으면 부들부들함이 두 배가 된다. 발 마사지를 싫어하는 사람을 위한 머리, 등, 어깨, 손 마사지도 가능하다.

Data **지도** 060p-B
가는 법 버짓 마트 옆 BPI 골목 블라복 비치 방향으로 약 100m 직진
전화 0916-774-9827
운영 시간 13:00~22:00
가격 발 마사지 500페소, 쉘 마사지 700페소 **카카오톡** hellofootspa

보라카이의 밤은 낮보다 뜨겁다! 나이트 라이프

보라카이에 등장한 슈퍼 클럽

클럽 갤럭시 Club Galaxy

마닐라에나 있을 법한 세련된 클럽이 보라카이에 들어섰다. 2016년 12월에 탄생한 신생 클럽으로 철통 보안을 자랑한다. 2층으로 나눠져 있으며, 최대 2,500명을 수용할 수 있을 정도로 규모가 크다. 화려한 조명과 전광판, 스테이지 주위 많은 테이블이 한국 나이트클럽을 연상시킨다. 블라복 비치와 연결되어 있어 뒤쪽으로 야외 비치 클럽도 형성될 예정이다. 훌륭한 사운드 시스템은 기본, 솜씨 좋은 DJ와 MC 섭외에 공을 들인 만큼 음악의 수준 역시 기대해도 좋다.
테이블 위에는 금액이 적혀있는데 위치별로 가격이 다르다. 컨슈머블Consumable 시스템으로 자릿세가 아니라 미리 그 금액을 지불하고 그만큼의 술과 안주를 시킬 수 있는 선불제 개념이다. 양주 혹은 샴페인을 병째 시키면 불 쇼를 보여준다. 피자와 치킨 등 다양한 요리를 판매하는데 클럽 음식은 기대하지 말자는 편견을 깰 만큼 맛있다. 피크 타임은 밤 12~2시. 특별한 복장 규제는 없지만 분위기상 조금은 차려입고 오는 추세다. 메시지와 이름을 적어서 바텐더에게 전달해주면 DJ가 전광판에 띄워준다. 고백 혹은 생일 축하 이벤트 등으로 이용하면 분위기 업!

Data **지도** 062p-A
가는 법 블라복 비치, 디몰 버짓 마트 앞에서 셔틀버스 상시 대기. 트라이시클 이용 시 편도 100페소
전화 036-288-9171
운영 시간 20:00~05:00
가격 컨슈머블 테이블 500~15,000페소

Tip 내가 춤추는 곳이 곧 무대가 된다. 커다란 스테이지, 화려한 조명은 없지만 흥만큼은 최고인 보라카이. 한국에서 클럽을 다니지 않는 사람이라도 한 번쯤은 꼭 가보길 권한다. 세계 각지에서 온 사람들이 모여 나이, 격식에 연연하지 않고 툭 터놓고 즐기는 곳이니 사람구경만 해도 즐겁다.

이 밤의 끝을 잡고

서머 플레이스 Summer Place

보라카이 밤의 끝은 서머 플레이스라는 이야기가 있을 정도로 밤이 깊어질수록 뜨거워지는 클럽이다. 쿵쿵 울리는 음악 소리에 입장하는 순간부터 심장이 두근거린다. 술을 잘 마신다면 칵테일 6잔을 스트레이트로 마시는 '섹스 슈터스'에 도전하여 본인의 이름이 새겨진 티셔츠를 받는 것도 특별한 추억이 될 것이다. 다양한 국적의 사람들과 신나게 춤을 추고, 지치면 해변에 놓인 플라스틱 테이블에 앉아 바닷바람에 잠시 열기를 식히다 보면 어느새 보라카이의 밤이 끝나간다.

Tip 지저분한 화장실이 마이너스. 5페소 입장료도 받으니 동전을 준비해가자.

Data **지도** 061p-K
가는 법 스테이션 2, 비치 로드 디몰에서 스테이션 3 방향으로 도보 5분
전화 036-288-3144
운영 시간 08:30~05:00
가격 주말이나 사람이 많을 시 입장료 300페소, 맥주 120페소, 칵테일 150~200페소

보라카이 클럽의 양대산맥

파라우 비치 클럽 Paraw Beach Club

밤 11시가 넘어 피크타임이 시작된다. 내부가 널찍하고 천장이 높다. 일반 나이트클럽 느낌이 물씬 풍기는 곳으로 한국인의 비율이 높고 중간중간 한국 노래도 종종 흘러 나온다. 춤을 못 춘다고 쭈뼛거리던 사람이라도 잘 추고 못 추고를 떠나 흥에 몸을 맡긴 사람들을 보고 있으면 자연스레 그루브를 타게 된다. 복층 구조로 1층에 바와 무대가 있고, 2층은 맥주 한잔하며 이야기를 나눌 수 있게 되어있다. 화이트 비치와 연결되어 있어 놀다 지치면 해변가에 비치된 푹신한 빈백에 털썩 널브러져 쉴 수 있는 것도 매력 포인트.

Data **지도** 059p-C
가는 법 스테이션 1 코코망가스 맞은편
전화 036-288-6151
운영 시간 15:00~03:00
가격 칵테일 150페소~

낮과 밤의 두 얼굴

에픽 Epic

낮에는 모던하게, 밤에는 화려하게! 디몰 입구에 위치한 에픽은 낮에는 레스토랑으로 운영하다가 밤이 되면 클럽으로 변신한다. 보라카이에서 가장 세련미 넘치는 곳이다. 특히 여자 마음 제대로 사로잡는 넓고 깨끗한 화장실을 가지고 있다. 모던한 인테리어와 다양한 메뉴, 푸짐한 음식으로 여행자들을 사로잡아 언제가도 붐빈다.
낮 12시부터 밤 10시까지 통 큰 해피 아워. 이 긴 시간동안 로컬 맥주와 칵테일을 1+1에 즐길 수 있다. 밤 11시가 넘어가면 서서히 에픽의 밤이 시작된다. 신나는 음악 가운데 눈치 보던 사람들이 하나둘씩 흔들기 시작하면 너나 할 것 없이 댄스 삼매경에 빠진다. 새하얗게 밤을 불태운 다음 날, 그 후유증을 달래줄 올데이 브런치까지 먹으면 에픽 완전 정복 끝.

Data 지도 061p-K
가는 법 스테이션 2 비치 로드 디몰 입구
전화 036-288-1477
운영 시간 11:00~04:00
가격 입장료 300~500페소 (낮 12시 전 입장 시 무료), 산미구엘 80페소, 브런치 250페소~
홈페이지 www.epicboracay.com

분위기 깡패~

옴 바 Om Bar

보라카이의 터줏대감이었던 주스 바가 문을 닫았다. 아쉬움도 잠시, 훨씬 더 세련된 분위기의 옴 바로 다시 태어났다. 커다란 호리병 모양의 조명과 색색의 빈백 쿠션으로 이국적인 분위기를 한껏 업시켰다. 밤이 깊어지면 DJ가 등장하면서 더욱 핫해진다. 내부에 춤을 출 수 있는 공간이 따로 있다. 와일드한 밤을 원한다면 바텐더에게 플래이밍 샷Flaming Shots을 부탁해보자. 말 그대로 불붙은 잔을 원샷하게 될 것. 해변의 낭만과 여유, 재미와 파티 모두 갖춘 공간이다.

Data 지도 062p-I
가는 법 스테이션 2, 비치로드, 리젠시 리조트 조금 지나 위치
전화 036-288-4474 **운영 시간** 16:00~03:00 **가격** 입장료 200페소, 칵테일 120페소~ **홈페이지** facebook.com/OmBarBoracay

SPECIAL Page

지구별 여행객들과 친구가 될 수 있는 '펍 크롤'

밤에 화이트 비치를 걷다보면 노란 티셔츠를 맞춰 입은 왁자지껄한 그룹을 쉽게 마주칠 수 있다. 바로 보라카이 펍 크롤Boracay Pub Crawl을 다니는 사람들이다. 펍 크롤은 우리나라에는 아직 생소한 개념으로 쉽게 말하면 펍 투어이다. 저녁 8시부터 시작하여 4~5군데의 유명 펍과 클럽을 돌아다닌다. 정식 투어는 새벽 1시쯤 끝이 나지만 이미 친해질 대로 친해진 사람들끼리 신나게 밤을 불태운다. 영어를 못해도 상관없다. 어디에서 왔는지, 몇 살인지 아무것도 묻지 않아도 친구가 될 수 있는 것이 펍 크롤의 가장 큰 매력이니까.

HOW TO BOOK

스테이션 2 아리아와 티토스 레스토랑 사이에 작은 부스가 있다. 저녁 시간에는 이 앞과 디몰 근처에서 노란 티셔츠를 입고 호객 행위를 하니 쉽게 찾을 수 있다. 예약을 하면 노란 티셔츠와 팔찌, 작은 컵이 달린 목걸이를 준다. 보통 월요일, 수요일, 토요일 일주일에 3번 진행되고 성수기에는 주말도 진행된다.
참가비는 1인 990페소이다. 일찍 예약하면 얼리버드 할인을 받을 수 있다. 보라카이 넘버 원 나이트 라이프인 만큼 얼리버드 할인을 원한다면 하루나 이틀 전 예약은 필수다. 얼리버드 여자는 690페소, 남자는 790페소이다.

펍 크롤 홈페이지 www.pubcrawl.ph

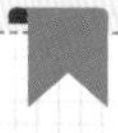

Traveler's Diary

20:00 밤의 시작
스테이션 4에서 집합. 가벼운 오리엔테이션 후 함께 할 사람들과 인사를 나눈다. 나눠준 티셔츠를 개성 넘치게 리폼해서 입고 온 멋쟁이들이 많다.

21:00 본격적인 펍 크롤 시작
해변으로 이동해 첫 번째 펍으로 향한다. 매번 벌칙 게임을 한다. 이번에는 펍 크롤 동안 왼손으로만 술 마시기다. 오른 손으로 마시는 사람을 발견하면 사람들이 둘러싸고 '원샷'을 외친다. 펍을 옮길 때마다 목에 걸린 작은 컵에 웰컴 드링크를 따라준다. 한 시간마다 장소를 옮기며 호루라기 소리가 들리면 모두 밖에서 해쳐 모엿!

23:00 신나게 더 신나게
모두 얼큰하게 취했다. 어찌나 신나게 놀던지 지나가던 사람들도 펍 크롤에 조인하기 시작한다.

01:00 끝 아닌 시작
마지막 펍이다. 정식 투어는 끝났지만 누구 하나 갈 생각을 하지 않는다. 페이스북 주소를 주고받으며 언젠가 여행길에서 다시 만날 날을 기약한다.

EAT

꼭꼭 숨겨두고 싶은 여행작가의 맛집

별 5개가 아깝지 않은

더 피그 아웃 비스트로 The Pig Out Bistro

보라카이에 사는 사람들 사이 관광객에게 알려지지 않았으면 하는 레스토랑 1위가 바로 피그 아웃일 것이다. 하지만 입맛은 정직한 법. 세계적인 여행 리뷰 사이트 트립 어드바이저 보라카이 레스토랑 1위로 등극하더니 서양 여행자들에 이어 국내에서도 빠른 속도로 입소문을 타고 있다. 해변가도 아니고 시끄러운 메인 도로 위 테이블이 10개도 채 되지 않은 작은 레스토랑이 이토록 열풍인 이유는 바로 수준급의 요리와 서비스 때문이다. 신선한 재료로 만드는 유러피안 쿠진을 선보인다.

시그니처 메뉴는 시푸드 플래터. 각종 굴 요리와 세비체, 새우, 문어 등이 한 상 가득 펼쳐지며 압도적인 비주얼을 자랑한다. 스테이크 또한 예술이다. 큼직하게 썰린 미국산 척아이 비프 위에 프랑스 베어네이즈 소스를 굳힌 버터가 올라가 있다. 버터가 녹으면서 육즙과 만나 폭발적인 맛을 자랑한다. 매시 포테이토를 추가 주문해 함께 먹는 것도 추천한다. 버거와 굴 요리도 인기가 많다. 접시 하나하나까지 신경 쓴 플레이팅 덕분에 사진 찍는 보람이 있는 레스토랑이기도 하다.

Data **지도** 060p-I **가는 법** 스테이션 1. 메인 로드 조니 부티크 호텔 1층 **전화** 036-288-9089 **운영 시간** 07:00~23:00
가격 스테이크 368페소, 시푸드 플래터 1,398페소

Tip 지상 낙원 섬에서 맛보는 다양한 요리들. 하루 5끼씩 먹어도 더 못 먹어 미련이 남을 만큼 맛집이 많은 보라카이에서만큼은 다이어트에 대한 미련을 버리고 먹방의 최고점을 찍어보자. 단, 전체적으로 간이 센 편이니 짠 걸 싫어하는 사람이라면 주문 시 말하자. "easy on the salt, please."

나만 알고 싶은
카페 마루자 Cafe Maruja

백점짜리 오션 뷰를 자랑하는 카페이다. 아직 잘 알려지지 않아서 한적하게 즐길 수 있어 더욱 매력적이다. 북적거리는 스테이션 2에서 벗어나 스테이션 3에 위치하고 있다. 에어컨이 나오는 실내 좌석과 야외석이 있는데 카페 마루자의 명당 자리는 야외석이다. 평상 같은 곳에 좌식 테이블이 놓아져 있는데 바다를 바로 마주하고 있다. 푹신한 쿠션에 누운 듯 앉아 화이트 비치를 눈에 담다 보면 시간을 잊는다. 누텔라를 듬뿍 넣어 만든 디저트가 유명하다. 누텔라 케익과 와플, 크레이프 등 여행 중 떨어진 당은 이곳에서 충전하면 된다. 스무디 볼과 피자도 맛있다. 낮에는 커피와 디저트로, 해질 무렵에는 산미구엘과 피자로 보라카이의 낭만을 누려보자.

Data **지도** 063p-K **가는 법** 스테이션 3, 카사필라 리조트 옆 **전화** 036-288-3202
운영 시간 08:00~00:00 **가격** 아메리카노 180페소, 너텔라 크레이프 220페소

로맨틱한 밤을 원한다면
더 루프 레스트로 바 The Ruf Restro Bar

블로그 후기도 찾기 힘든 곳이지만 늘 사람들로 북적인다. 그만큼 나만 알고 싶어 꽁꽁 숨겨두는 특별한 장소라는 것! 페라 호텔 옥상에 위치한 루프 톱 바로 시원한 오션 뷰를 가진 것은 아니지만 환상적인 석양을 볼 수 있는 곳이다. 칵테일 한 모금하며 아름답기로 소문난 보라카이 노을 속으로 젖어 들어 보자. 오후 5시부터 8시까지 1+1 해피 아워를 진행한다. 음식까지 맛있어 사랑할 수밖에 없는 레스토랑이다.
추천 메뉴는 세 가지 다른 방법으로 요리한 치킨 윙을 맛볼 수 있는 베스트 윙스 오브 마이 라이프best wings of my life. 단짠단짠 매콤한 것이 맥주 안주로 그만이다. 파스타와 베이비 백립도 인기다. 밤이 오면 은은한 조명이 들어오면서 더욱 로맨틱해진다. 친절한 서비스와 착한 가격까지 칭찬받아 마땅한 레스토랑이다.

Data **지도** 060p-B **가는 법** 버짓 마트 옆 BPI골목 블라복 비치 방향, 문치스 레스토랑 옆 골목으로 도보 2분
전화 036-288-1177 **운영 시간** 17:00~23:00 **가격** 베스트 윙스 오브 마이 라이프 550페소, 베이비 백립 395페소~
홈페이지 www.ferrahotel.com

분위기, 맛 모두 잡은

차차스 비치 카페 Chacha's Beach Cafe

감각적이기로 소문난 리조트 코스트 보라카이에서 운영하는 레스토랑이다. 화이트 비치와 잘 어울리는 오렌지색 간판과 파라솔로 청량한 분위기를 자아낸다. 고급스러운 인테리어와 에어컨을 갖춘 실내와 바다를 바라보며 음식을 즐길 수 있는 야외 좌석이 있다. 가볍게 먹기 좋은 타코와 스프링롤, 사테 꼬치 구이부터 피자, 스테이크까지 다양한 국가의 요리를 취급한다. 음식 수준도 괜찮아 만족도 역시 높은 편이다. 해산물을 좋아한다면 씨푸드 쉑seafood shack에 도전해보자. 새우, 게, 가리비, 굴 등이 타워처럼 쌓여서 나온다. 매일 아침 6시부터 10시 반까지 조식 뷔페가 열리며, 투숙객이 아니라도 조인 가능하다. 금액은 645페소.

Data **지도** 062p-I **가는 법** 스테이션 3, 코스트 보라카이 1층 **전화** 036-288-2634
운영 시간 06:00~23:00 **가격** 치킨 타코 250페소, 씨푸드 쉑 1795페소 **홈페이지** www.coastboracay.com

건강하게 시작하는 하루

노니스 Nonies

휴가 중에도 디톡스는 필요한 법! 휴가 중 과식과 과음에 지친 몸에 작은 선물을 주는 곳이다. 채식주의자들이 많은 서양 여행자들 사이에서 입소문이 난 곳이었는데 여행 TV 프로그램 '배틀트립'에 나오면서 국내에서도 제법 유명해졌다. 대량생산 방식을 사용하지 않는 가족 운영 중심의 지역 농가에서 재료를 공수하며, 메뉴에 나오는 빵과 소스들을 직접 만드는 착한 식당이다.

메뉴가 다양한데 사진이 함께 있는 아이패드가 있어 어렵지 않게 고를 수 있다. 신선한 과일과 곡물이 듬뿍 올라간 스무디 볼과 파인애플 판단 팬케이크, 곡물 밥이 함께 나오는 BBQ 포크가 한국인의 입맛에 잘 맞는 편이다. TV에 나온 김치 누들 스프는 호불호가 갈린다. 건강한 조합의 스무디도 꼭 마셔볼 것!

Data **지도** 062p-F **가는 법** 스테이션 3, 휴 리조트 내 스테이션 X에 위치 **전화** 0912-394-8948
운영 시간 07:00~22:00 **가격** 베리 치아 스무디 볼 300페소, 파인애플 판단 팬케이크 320페소
홈페이지 www.nonies.com.ph

한가로이 나에게 집중할 수 있는
세븐스 노트 카페 7th Note Cafe

세븐 스톤즈 리조트 내에 있는 카페이다. 화이트 비치보다 훨씬 한적한 블라복 비치에 위치해 있는 데다 해변가가 아닌 리조트 안쪽에 위치해 조용하게 시간을 보내기 좋다. 바쁜 일상을 탈출해 휴가를 왔는데 오히려 더 정신없고 숨 가쁘게 느껴진다면 이곳에서 쉼표를 찍어보자. 잔잔한 재즈 선율을 들으며 책을 읽거나 일기를 쓰다 보면 마음까지 충만해질 것. 커피 한 잔 시켜놓고 하루 종일 있어도 눈치 주는 이 하나 없다. 샌드위치와 파스타, 피자 등 음식도 주문 가능하다. 요리 수준도 일품이다. 저녁 시간에는 요일별로 스페셜을 진행하니 페이스북 페이지를 참조하자.

Data **지도** 060p-B
가는 법 블라복 비치, 디몰 버짓 마트에서 도보 5분
전화 036-288-1601
운영 시간 07:00~22:00
가격 아메리카노 55페소, 샌드위치 290페소~
홈페이지 facebook.com/7thNoteCafe

서퍼들의 맛집
해피 홈 Happy Home

사랑스러운 필리피노 가족이 운영하는 작은 식당이다. 블라복 비치 안쪽 골목에 꼭꼭 숨겨져 있다. 블라복 비치의 피크 시즌에 카이트 서핑을 즐기는 서퍼들로 북적이는 건기에만 운영하다. 장기간 여행하는 서양인이 많이 찾는 탓에 히피스러움이 가득 묻어있다. 식당 내 재밌는 벽화들 역시 여행자들의 작품이다. 인기 메뉴는 커리와 파스타. 매콤한 음식이 당긴다면 칠리 치킨을 추천한다. 가격은 싸고 양이 푸짐해 하루 종일 서핑하느라 배고픈 서퍼들의 애정 식당으로 등극했다.

Data **지도** 061p-C
가는 법 블라복 비치, 레반틴 리조트를 지나 작은 골목으로 우회전
운영 시간 07:00~20:00
가격 커리 130페소~, 파스타 150페소~

후회없는 선택! 보라카이 맛집 베스트

사르르 녹는 달콤함
하와이안 바비큐 Hawaiian Bar-B-Que

보라카이 다녀온 한국인 중 하와이안 바비큐 안 먹고 온 사람을 찾기 힘들 만큼 보라카이 대표 맛집이다. 달짝지근한 소스로 구워 파인애플을 곁들여 먹는 '하와이안 베이비 백립'이 대표 메뉴. 큼지막한 립을 한 입 베어 물면 달콤한 맛이 입안에 퍼진다. 고기가 어찌나 야들야들한지 '입에서 녹는다~ 녹아~'라는 말이 절로 나온다. 타워처럼 높게 쌓아져서 나오는 어니언링과 코코넛 넣어 튀긴 코코넛 슈림프도 곁들이면 좋은 사이드 메뉴. 늘 문전성시를 이루는 곳답게 웨이팅은 기본, 사람이 많을 시 서비스를 기대하기 어렵다.

Data **지도** 060p-I **가는 법** 스테이션 1. 비치 로드 디몰에서 스테이션 1 방향으로 직진 후 스타벅스 지나 아일랜드 풋 스파 옆 **전화** 036-288-2246 **운영 시간** 10:00~23:00 **가격** 베이비 백립 380페소

줄서서 먹는다는 그 집
아이 러브 바비큐 I Love BBQ

하와이안 바비큐 오너가 운영하는 다른 바비큐 집. 디몰 안에 있어 접근성이 좋고 하와이안 바비큐보다 더 쾌적하다. 해변 쪽 좌석이 없는 만큼 특이한 장식들로 인테리어에 신경을 썼다. 역시나 베이비 백 립과 치킨 바비큐가 대표 메뉴. 달달하게 간이 밴 부드러운 고기를 함께 나오는 볶음밥과 먹으면 더 맛있다.
시푸드 샘플러는 생각보다 먹을 게 없다. 인기가 너무 많아져 단체손님이 늘어난 탓에 맛이 들쑥날쑥해 복불복이라는 평을 받고 있다. 저녁식사 시간은 예약을 하는 것이 좋으며, 오히려 피크타임보다 살짝 일찍 가는 것이 분위기나 맛을 위해서도 더 낫다. 손님의 절반 이상이 한국인 인이며, 다 같은 메뉴를 먹고 있다는 건 더더욱 안비밀.

Data **지도** 065p-I **가는 법** 스테이션 2 디몰 안 관람차 근처 **전화** 036-288-6980 **운영 시간** 10:00~23:00 **가격** 오리지널 하와이안 베이비 백립 395페소, 치킨 바비큐 280페소

탱글탱글 랍스터에 반하다

파라이소 바&그릴 랍스터 하우스 Paraiso Bar&Grill Lobster House

얼음이 가득한 진열대 위 팔딱팔딱거리는 해산물은 여행자들의 발걸음을 유혹한다. 원하는 재료를 고른 후 소스와 요리 방법을 정한다. 살이 많고 쫄깃한 랍스터구이와 갈릭버터 새우가 인기요리다. 오징어를 튀긴 칼라마리Calamaris와 칠리소스에 버무린 칠리 스퀴드Chilli Squid도 한국인의 입맛에 잘 맞는다. 보라카이 업타운 앞 비치에 마련된 야외 테이블에는 라이브 공연이 펼쳐진다. 즉석에서 요리된 신선한 해산물을 바다와 즐길 수 있다는 것, 보라카이에서 느낄 수 있는 가장 큰 즐거움이 아닐까.

Data **지도** 061p-K
가는 법 스테이션 2 비치 로드 보라카이 업타운 1층
전화 036-288-6363
운영 시간 07:00~23:00
가격 랍스터 100g 300페소~, 새우 220페소~

푸짐하고 다채롭게 즐기자

해룡왕 Ocean Live

친절 또 친절로 무장한 한국인 부부가 하는 해산물 전문 레스토랑이다. 생물을 직접 고르고 흥정하고, 식당으로 가서 또 조리비를 흥정해 먹는 모든 과정이 버거운 사람들에게 딱이다. 포화상태인 디 탈리파파를 분산하기 위해 만든 이 몰 내 수산시장 옆에 위치하며, 항상 싱싱한 재료 사용을 원칙으로 한다. 칠리 알리망오와 치즈 가리비 등 한국 사람들이 좋아하는 요리들로 구성된 세트메뉴가 있어 다양한 메뉴를 한 번에 즐길 수 있다.
다금바리 회와 매운탕 등 소주를 부르는 단품들도 준비되어 있다. 다른 곳에서 보기 힘든 랍스터 회와 타이거 새우 회도 맛볼 수 있다. 일찍 재료가 떨어지는 경우가 많으니 미리 예약하는 것이 좋다.

Data **지도** 063p-G
가는 법 스테이션 3, 이 몰 안쪽에 위치
전화 0915-227-3727
카카오톡 livecity
운영 시간 10:00~22:00
가격 2인 세트메뉴 2,500페소, 갈릭 버터 새우 750페소

가볍게 즐기는 참치 요리

호이, 팡아 Hoy, Panga

팡아는 필리핀어로 참치! 이름에서 알 수 있듯 참치 요리 전문점이다. 참치 턱살 구이와 뱃살 스테이크 등 다른 곳에서 보기 힘든 요리를 맛볼 수 있다. 튜나 볼은 깍둑썰기한 참치 살에 참기름과 라임을 넣어 버무린 음식이다. 하와이의 포케와 비슷하며, 상큼한 맛이 가볍게 즐기기 좋다. 참치 요리 외 브런치, 포크 바비큐, 새우 감바스 등 다양한 메뉴를 선보인다.
젊고 깔끔한 분위기가 인상적이며, 입구에 익살스런 표정의 필리핀 코미디언의 입간판이 있어 찾기 쉽다. 신선한 과일과 야채를 갈지 않고 착즙하여 만드는 주스 스테이션을 함께 갖추고 있다. 한 켠에 로컬 아티스트들이 만든 수제품을 파는데 디자인과 퀄리티가 괜찮다.

Data **지도** 061p-K **가는 법** 스테이션 2, 밤부 마켓 오른쪽
전화 0998-545-7516 **운영 시간** 07:00~24:00
가격 튜나 볼 350페소, 튜나 턱살구이 250페소~
홈페이지 instagram.com/hoypangaboracay

먹고 싶은 게 너무 많아 고민 또 고민

게리스 그릴 Gerry's Grill

세부와 마닐라에서 뜨거운 인기를 끌고 있는 필리핀 체인점. 해산물, 육류의 다채로운 바비큐 파티가 벌어지는 곳. 먹고 싶은 게 너무 많아 메뉴 고르는 데만 한참이 걸린다. 치즈를 얹고 오븐에 구운 가리비 버터구이, 달달한 소스를 발라 구운 포크 바비큐, 기름기를 쪽 뺀 삼겹살구이, 매콤달콤한 새우 감바스, 오동통한 튀김들, 대표메뉴 갑오징어 바비큐, 갑오징어보다 더 부드러운 주꾸미 바비큐, 시금치 요리 깐콩, 거기에 빠질 수 없는 갈릭 라이스까지. 그릴 요리가 가장 유명하며 크리스피 타파, 판 싯 등 필리핀 전통메뉴도 있다. 스테이션 1과 스테이션 2에 두 개 지점을 가지고 있다. 식사 시간에 가면 한 시간 이상의 웨이팅은 기본이다.

Data **지도** 060p-J **가는 법** 스테이션 1 비치 로드 스타벅스 건물 옆 2층 **전화** 036-288-1459
운영 시간 10:00~23:00 **가격** 오징어 바비큐 395페소, 포크 바비큐 165페소, 주꾸미 바비큐 295페소, 새우 감바스 335페소
홈페이지 www.gerrysgrill.com

Tip 이것저것 욕심내다보면 먹을 수 있는 양보다 더 푸짐하게 주문하기 십상이다. 필리핀에서 남은 음식을 싸가는 것은 전혀 이상한 것이 아니니 만약 음식이 남았다면 망설이지 말고 외치자. "Can I have these to go?"

필리핀 로컬음식 맛보기

아기돼지 통구이를 맛볼 수 있는

메사 Mesa

헤난 그룹에서 운영하는 고급 현지 레스토랑으로 모던한 분위기와 친절한 서비스를 자랑한다. 다양한 음식 가운데 당연 돋보이는 것은 레촌. 필리핀 결혼식과 잔치에 빠지지 않는 음식으로 아기돼지를 통째로 구워 먹는 필리핀 대표 전통요리다. 반 마리나 한 마리를 주문하면 돼지 통구이를 테이블로 가져와 해체해준다. 리얼한 돼지의 모습에 살짝 거부감이 들 수 있으나 겉은 바삭하고 속은 부드러운 레촌을 맛보는 순간 생각이 달라진다. 짧은 치마의 섹시한 유니폼을 입은 웨이트리스가 전병에 채소와 레촌을 넣어 돌돌 말아준다. 준비된 6가지 소스 중 골라 찍어먹으면 입에서 살살 녹는다. 원하면 절반은 쌈으로 먹고, 반은 칠리갈릭 소스에 볶아 먹을 수 있다.
바비큐 요리를 모아 놓은 샘플러 '이니하우 샘플러Inihaw Sampler'는 해산물과 육류가 고루 섞여있어 필리핀의 대표 바비큐들을 한자리에 맛볼 수 있다. 안에 수조를 갖추고 있으며, 싱싱한 시푸드 요리도 유명하다. 가격은 비싸지만 늘 여행자들로 북적거리므로 늦게 가면 재료가 떨어져서 원하는 메뉴를 못 먹는 경우도 종종 발생한다.

Data **지도** 062p-I **가는 법** 스테이션 2 비치 로드 보라카이 리젠시 비치 리조트 입구 **전화** 036-288-6111
운영 시간 11:00~23:00 **가격** 하프 레촌 2,400페소, 이니하우 샘플러 725페소

Tip 맛있는 음식이 많아도 너무 많은 보라카이. 몸은 하나인데 먹어봐야 할 음식은 넘쳐나다 보니 정작 필리핀 음식은 먹어보지도 못하고 돌아가는 경우가 수두룩하다. 익숙하지 않은 필리핀 로컬음식에 대한 망설임은 집어넣고 새로운 경험에 도전해보자. 색다른 맛에 눈을 뜨게 될 것이다.

필리핀 삼촌네

티토스 Titos

컬러풀한 인테리어가 돋보이는 티토스는 삼촌이라는 뜻이다. 아기자기한 소품과 색색의 의자들이 귀여워 들어서는 순간 너도 나도 카메라부터 꺼낸다. 거대한 크기의 카르보나라 피자로 유명해진 곳이다. 담백하고 얇은 도우로 만든 피자에 달걀 프라이가 올라가 있다. 노른자를 톡 터트려서 먹는 피자로 느끼한 것 좀 먹는다는 사람들 사이에는 꼭 먹어봐야 한다고 소문난 피자다. 많이 느끼한 편이니 자신의 식성을 고려해서 주문하자. 예쁜 인테리어와 크림피자라니 여자들이 사랑할 수밖에.
피자뿐 아니라 맛있는 필리핀 음식도 맛볼 수 있다. 간장소스의 아도보 치킨, 갑오징어구이, 구운 바나나 등 캐주얼한 현지식을 즐길 수 있으며 깔끔하고 정갈하게 나온다. 보라카이볶음밥이라는 눈이 즐거운 메뉴는 맛이 비주얼보다 못하니 갈릭 라이스나 다른 볶음밥을 시키는 게 낫다. 햇살이 환하게 들어오는 티토스에 앉아있노라면 필리핀 삼촌네 와서 맛있는 밥 한 끼 먹는 것 마냥 편안하게 늘어지는 기분이 든다. 몇 시간이고 기분 좋게 앉아있을 수 있는 필리핀 삼촌네다.

Data 지도 061p-K
가는 법 스테이션 2, 비치 로드 디몰에서 스테이션 1 방향으로 도보 1분, 팻츠 크릭 바Pat's Creak Bar 2층
전화 036-288-2369 **운영 시간** 10:00~02:00 **가격** 카르보나라 피자 450페소, 아도보 치킨 250페소

패밀리 레스토랑 분위기가 물씬

쿠야 제이 Kuya J

스테이션 2에 새로 생긴 대형 리조트 아잘리아 보라카이 내 위치한 레스토랑이다. 쿠야는 필리핀어로 아저씨라는 뜻이다. 친근한 이름과는 달리 세련된 인테리어에 우리나라 패밀리 레스토랑 뺨치는 메뉴판을 가지고 있다. 다양한 종류의 셀렉션을 자랑하니 평소에 먹어보고 싶었던 필리핀 요리가 있다면 도전해보자. 족발을 바삭하게 튀긴 크리스피 타파, 매콤한 참치 뱃살 요리 등 메뉴판을 보는데 한참이 걸릴 것이다.
인기 메뉴는 시즐링 감바스와 시식. 시식은 돼지 머릿살과 귀를 잘게 잘라 간장소스로 볶은 요리. 갈릭 라이스에 비벼 먹으면 짭조름하고 고소한 맛이 그만이다. 에어컨이 빵빵하고 화장실도 최상급으로 깨끗하다. 물놀이하다 시원한 과일 셰이크로 원기 보충하러 들리기도 좋다.

Data 지도 061p-H
가는 법 스테이션 2 비치 로드 아잘리아 보라카이 1층
전화 0949-889-2770
운영 시간 10:00~21:00
가격 시즐링 감바스 295페소, 아도봉 푸싯 270페소
홈페이지 www.kuyaj.ph

Our Heritage
파마나 레스토랑 Pamana Restaurant

100년이란 시간동안 3대에 걸쳐 필리핀의 맛을 알리고 지켜온 집이다. 딱 봐도 예사롭지 않은 레스토랑 파마나는 보라색 벽에 빼곡히 걸린 흑백 사진들이 그 역사를 증명하고 있다. 하와이안 바비큐, 아이 러브 바비큐와 같은 오너로 붐비는 하와이안 바비큐를 피해 파마나로 와 백립을 먹는 한국인들을 많이 볼 수 있다. 하지만 단순히 립만 먹기는 너무나 아까운 레스토랑이다. 메뉴판에 음식 리스트를 '우리의 유산Our Heritage'이라고 표현한 것처럼 오랜 시간 전해져 내려온 어디서도 맛볼 수 없는 필리핀 가정식을 맛볼 수 있는 곳이다.
파마나의 대표 메뉴는 오랜 시간 소뼈를 끓여서 만든 수프 불랄로. 우리나라 갈비탕과 비슷해서 입맛에 잘 맞는다. 블랄로를 주문하면 작은 컵에 육수를 담아 가져다 준다. 뭔가 했더니 간을 봐달라는 것이다. 취향에 맞게 간을 정하는 세심함이 감동적이다. 3가지 아도보 요리를 한 번에 맛볼 수 있는 쓰리 웨이스 아도보3 Ways Adobo 역시 베스트셀러.

Data **지도** 060p-J
가는 법 스테이션 2 비치 로드 마냐나 옆
전화 036-288-2674
운영 시간 10:00~22:00
가격 블랄로 S 305페소, L 535페소, 쓰리 웨이스 아도보 295페소

바비큐와 요리 모두 맛있는
마미타스 그릴 Mamita's Grill

화이트비치에서 필리핀스러운 바비큐 집을 찾는다면 마미타스 그릴이 정답. 스테이션 1 해변에 위치해 있는데 입구에 슈퍼맨 모형이 세워져 있어 찾기가 쉽다. 통째로 구운 새우와 오징어는 물론 달달한 소스를 바른 삼겹살과 닭꼬치 등 바비큐 인기 메뉴들을 모두 맛볼 수 있다. 이외에도 필리핀 전통 음식도 있다. 특히 마미타스 그릴의 갈릭 라이스와 불랄로는 두고두고 생각나는 맛이다.
불랄로는 필리핀식 갈비탕, 해장과 술안주를 동시에 책임진다. 판싯 누들과 방구스 구이 등 서민적인 음식도 있다. 노을 지는 저녁에는 잔잔한 라이브 음악을 들으며 식사를 할 수 있다. 인기가 많아서 음식 가격이 다소 올랐고 단체 관광객이 많이 늘어난 것이 아쉬운 식당이다.

Data **지도** 059p-D **가는 법** 스테이션 1, 비치 로드, 윌리스 록 가기 전 **전화** 036-288-2806
운영 시간 09:00~24:00 **가격** 불랄로 400페소, 판싯 230페소~

멋스럽고 저렴한 현지 식당
스모크 Smoke

저렴한 가격에 로컬과 서양 여행자들이 주로 찾는 곳이었으나 맛집으로 알려지며 지금은 한국인도 심심치 않게 볼 수 있게 되었다. 아주 깔끔한 편은 아니지만 오픈키친으로 요리하는 모습을 볼 수 있다. 필리핀 전통 면 요리 판싯에 시금치를 볶은 스파이시 갈릭 캉콩 곁들여 순식간에 한 그릇 뚝딱 한다면 당신은 필리핀 체질! 판싯은 고기와 채소를 함께 볶은 요리로 필리핀에서 가장 흔히 먹는 누들이다. 면의 종류에 따라 판싯 칸톤과 비혼으로 나뉜다. 칸톤은 스파게티 면 같은 에그 누들을, 비혼은 얇은 쌀국수를 이용한다.
요즘은 두 누들을 함께 요리하는 판싯 믹스가 대세. 밥 비벼 먹는 맛이 일품인 스파이스 갈릭 포크, 갈비탕과 비슷한 블랄로가 인기가 많다. 이것저것 시켜서 색다른 음식을 시도해보기에 이보다 좋은 곳은 없다. 최근 블라복 비치에 2호점을 오픈했다. 바다를 보며 먹을 수 있어 분위기가 훨씬 좋다. 디몰에서 무료 셔틀버스를 운영한다.

Data **지도** 065p-K **가는 법** 스테이션 2 디몰 안독스 건물 뒤 편. 2호점은 디몰 내 재래시장 안쪽 **전화** 036-288-6014 **운영 시간** 09:00~05:00
가격 판싯 칸톤&비혼 150페소, 스파이시 갈릭 캉콩 140페소

세계 각국의 요리들

보라카이 속 작은 이탈리아
아리아 Aria

보라카이에서 가장 인기가 많은 레스토랑이라고 해도 과언이 아니다. 이탈리안 오너가 직접 운영하는 이탈리안 레스토랑으로 담백한 화덕 피자와 맛있는 스파게티로 늘 문전성시를 이룬다. 메뉴는 굉장히 다양하지만 한글 메뉴판도 없고 사진도 거의 없어 결국 익숙한 이름의 하와이안 피자와 카르보나라를 주문하게 된다는 많은 이의 안타까운 사연을 담은 곳이기도 하다. 게다가 음식 이름은 전부 이탈리아어로 왜 이렇게 긴지. 풍기나 카프리쵸사 같이 전통 이탈리아 피자를 먹어보길 권한다.
가장 인기 있는 피자는 4가지 맛(파마산 햄, 시푸드, 안초비, 햄&버섯)을 한 번에 맛볼 수 있는 콰트로 스타지오니Quattro Stagioni. 도우에 토마토소스, 버섯, 햄, 치즈를 올린 후 돌돌 말아 구운 롤피자Rotolino Marchigiano Al Prosciutto Cotto 역시 색다른 맛을 경험할 수 있다. 파스타 역시 난생 처음 보는 것들 투성이. 파마산 햄과 아스파라거스가 들어간 타글리아텔레Tagliatelle Con Tartufo, Asparagie Prosciutto di Parma나 훈제연어와 화이트 와인 소스의 담백한 조합이 일품인 연어 스파게티Spagetti Salmone e Arancia, 느끼한 것을 좋아한다면 파마산 치즈가 듬뿍 뿌려진 카르보나라를 추천한다. 보라카이 최고의 노른자땅 화이트 비치 쪽 디몰 입구에 위치하였으며, 실내 레스토랑은 물론 모래사장에 마련된 야외 좌석까지 언제나 꽉꽉 차있다. 저녁엔 야외에서 먹는 게 더 분위기가 좋다. 옆에 아리아 젤라토 가게와 라바짜 원두커피 전문점 카페 델 솔까지 함께 운영하며 보라카이에 작은 이탈리아를 가져오는데 기여했다.

Data **지도** 065p-K **가는 법** 스테이션 2 비치 쪽 디몰 입구에 위치 **전화** 036-288-5573
운영 시간 11:00~01:00 **가격** 콰트로 스타지오니 540페소

지중해 요리를 맛보다

시마 Cyma

파란색과 하얀색이 어우러진 간판부터 산토리니를 연상시키는 지중해 요리 전문점이다. 작은 레스토랑이지만 꾸준한 인기로 현재 세부와 마닐라까지 진출했다. 대표메뉴는 그리스 케밥 수블리키아 수블라키. 고기 종류를 고르면 두툼한 고기와 채소 꼬치구이가 나온다. 연하게 구워진 고기를 함께 나오는 피타 빵에 싸서 요구르트 갈릭소스를 넣어 먹는 그리스 전통 음식으로 담백하다. 오일파스타와 갈릭 크랩이 함께 나오는 시마 로스티드 크랩은 여성들에게 특히 인기가 좋다.

이곳을 유명하게 만든 또 하나의 일등공신은 불타는 치즈다. 사가나키라는 치즈 요리를 시키면 보는 앞에서 치즈에 불을 붙여주는데 이때 모든 직원들이 큰 소리로 '오파Opa!'라고 외친다. 그 소리가 얼마나 큰지 시마 안의 사람들은 물론 옆 가게에서 밥 먹던 사람들까지 깜짝 놀랄 정도. 함께 나오는 빵을 쭉쭉 늘어나는 모차렐라 치즈에 찍어먹는 음식으로 고소하고 생각보다 느끼하지 않아 치즈광이 아니라도 맛있게 즐길 수 있다. 테이블이 많지 않아 식사 시간에 가려면 예약은 필수다.

Data **지도** 065p-H **가는 법** 스테이션 2 디몰 안 관람차 건물 뒤쪽에 위치한 발할라 옆 골목 **전화** 036-288-4283
운영 시간 11:00~23:00 **가격** 사가나키 203페소~, 비프 수블라키 465페소, 수블리키아 수블라키 375페소~

인도의 정취가 그립다면

트루 푸드 True Food

화이트 비치의 유일한 인디안 레스토랑으로 노란 조명과 천으로 장식된 인테리어가 이국적이다. 신발을 벗고 들어가 푹신한 쿠션에 앉아 먹는 좌식 레스토랑으로 다락방 같은 안락한 느낌을 주며, 2층은 바다와 석양을 바라보기 좋은 최고의 장소다. 전통 방식으로 요리한 매콤한 인도 커리와 화덕에서 막 구운 난의 환성적인 조합을 맛볼 수 있다. 다양한 커리와 밥, 난이 함께 담겨 나오는 런치 세트메뉴도 있다. 가격대가 높은 편이고 한국의 인도 음식점보다 향신료를 더 많이 쓰는 편이라 호불호가 갈린다.

Data **지도** 061p-K
가는 법 스테이션 2, 비치 로드 디몰에서 스테이션 3 방향으로 도보 3분
전화 036-288-3142
운영 시간 11:00~23:00
가격 탄두리 치킨 390페소, 치킨 마살라 커리 430페소

제대로 된 스테이크가 먹고 싶다면

발할라 Valhalla

발할라는 북유럽 최고의 신, 오딘이 사는 궁전의 이름이다. 뾰족한 지붕과 앞에 늠름하게 서있는 오딘의 동상에서 게르만족 바이킹 느낌이 제대로 난다. 가장 사랑받는 메뉴는 부드러운 텐더로인 스테이크와 육즙이 풍부한 립아이 스테이크. 으깬 감자, 샐러드와 함께 투박하게 담겨 나오는 두툼한 스테이크는 부드러우면서도 씹는 맛이 좋다.

스테이크에 그늘에 가려졌지만 베이비 백립도 굿! 매콤한 맛의 케이준 치킨 파스타는 자칫 느끼해질 수 있는 고기 맛을 잡아주기에 함께 시키기 좋은 메뉴 넘버 원이다. 파스타를 시킬 시 1인분 싱글Single과 2인분 더블Double로 선택할 수 있다. 저녁 시간에는 웨이팅이 있으니 피하고 싶다면 예약은 필수. 최근 크래프츠 오브 보라카이 4층 옥상에 2호점을 오픈했다.

Data **지도** 065p-H **가는 법** 스테이션 2 디몰 내 관람차 근처 **전화** 036-288-5979 **운영 시간** 11:00~23:00
가격 필레미뇽 스테이크 695페소, 스파이스 케이준 치킨 파스타 싱글 325페소

Writer's Pick!

스페인 어디까지 먹어봤니?

도스 메스티조스 Dos Mestizos

오랜 시간 스페인의 지배를 받아온 필리핀은 자연스레 스페인 요리가 발달되었다. 스테이션 2 작은 골목에 위치한 도스 메스티조스는 보라카이에서 최고로 맛있는 스페인 요리를 맛볼 수 있는 곳이다. 최상급 수식어 사용이 부담스럽지 않을 만큼 훌륭한 퀄리티를 선보인다. 20가지가 넘는 타파스를 갖추고 있다. 인기 메뉴는 올리브 오일과 갈릭으로 풍미를 살린 감바스 알 아히요Gambas al Ajillo. 함께 나오는 식전 빵과 환상의 궁합을 자랑한다.

그 외에도 스페인의 자랑 하몽 햄도 맛볼 수 있다. 메인 메뉴로는 에스파냐 전통 요리인 파에야를 추천한다. 프라이팬에 여러 가지 해산물과 채소를 볶다가 쌀과 육수를 넣어 익혀서 만드는데 볶음밥같은 비주얼이지만 밥이 찰진 게 포인트. 주문과 함께 요리하는 파에야는 조리 시간이 약 30~40분이 걸리니 참고하자.

Data **지도** 062p-F **가는 법** 스테이션 2, 화이트 비치 경찰서 골목에 위치 **전화** 036-288-55786
운영 시간 11:00~23:00 **가격** 새우 감바스 305페소, 파에야 820페소 **홈페이지** www.dosmestizos.com

매콤한 태국의 맛

타이 바질 Siam Chili

매일 기름진 바비큐만 먹다 보면 매콤한 음식이 당기기 마련. 디몰 입구에 있는 타이 바질은 태국 요리를 맛볼 수 있는 곳이다. 대표 요리 톰얌쿵은 신선로 같은 그릇에 담겨 나오는데 매콤시큼 맛이 오묘하게 매력적이다. 커리를 좋아한다면 마사만 커리에 주목해보자. 국내에는 잘 알려지진 않았지만 2011년 CNN에서 발표한 '세계에서 가장 맛있는 50대 요리'에서 1위를 차지했을 만큼 대단한 음식이다.
마사만 커리는 고추, 셜롯, 마늘, 레몬그라스, 클로브, 고수 등으로 만든 페이스트에 코코넛 밀크를 넣고 끓인 태국식 커리다. 든든한 한 끼를 책임지는 팟타이와 볶음밥도 준비되어 있다. 태국식 샐러드 솜탐과 얌운센을 곁들이는 당신은 진정한 타이 푸드 러버!

Data **지도** 064p-B **가는 법** 스테이션 2 디몰 내 버짓 마트 왼 편 입구에 위치 **전화** 036-288-2787
운영 시간 11:00~23:00 **가격** 치킨 팟타이 430페소, 마사만 커리 380페소~

100페소의 행복

나기사 커피 숍 Nagisa Coffee Shop

간판에는 커피숍이라고 쓰여 있지만 일본인 오너가 운영하는 일본 음식점이다. 일본 만화책과 소품이 필리핀 스타일 인테리어와 잘 어우러져 있다. 스시와 사시미, 라멘, 교자 등을 판매한다. 면류가 특히 맛있는데 라멘과 카레 우동, 탄탄면, 소바 등 종류도 다양하다. 김치도 함께 나온다. 큼직한 돈가스가 올라간 가츠동 또한 빼놓으면 서운하다. 일식당답게 메뉴에서도 아기자기한 디테일이 돋보인다. 감자샐러드, 교자, 연어롤 등 100페소짜리 미니 디시를 갖추고 있어 나눠먹기도 좋고 2차로도 부담이 없다.
저녁에는 바삭하게 튀긴 크로켓이나 오코노미야키에 맥주 한잔 하는 여행자들로 붐빈다. 스테이션 3 해변가에 위치해 착한 가격에 한적하니 풍경을 즐기며 식사를 할 수 있다. 음료만 주문해도 무방하다.

Data **지도** 063p-L **가는 법** 스테이션 3 비치 로드, 보라카이 샌즈 호텔에서 도보 10분 **전화** 036-288-5049
운영 시간 06:30~23:00 **가격** 탄탄면 280페소, 새우튀김 160페소

우리 입맛에 꼭 맞는 치킨 요리
스파이스버드 Spicebird

세계적인 치킨 요리 체인점 난도스와 비슷하다. 치킨을 고추와 각종 향신료로 만든 매콤한 피리피리소스에 24시간 동안 재워둔 후 그릴에 구워 4가지 다른 소스에 찍어먹는 것이다. 피리피리소스는 기본, 강렬하게 매운 핫버드소스와 풍미를 돋구어줄 갈릭라임소스, 깔끔한 살사 베르데 소스도 준비되어 있다. 치킨 외에도 돼지고기, 새우 중 선택할 수 있다. 매콤한 맛이 한국인의 입맛에 잘 맞으며 부담 없이 한 끼 먹기 좋다. 이 집 별미는 망고에 민트를 넣은 망고 민트 셰이크. 자칫 너무 달 수 있는 망고의 맛을 민트가 깔끔하게 잡아주며, 향긋함까지 남긴다.

Data **지도** 065p-H **가는 법** 스테이션 2 디몰 관람차 근처 골목 시마 옆 **전화** 036-288-4023
운영 시간 10:00~23:00 **가격** 피리피리 치킨 295페소~

언제 어디서 먹어도 맛있는 중국 음식
합 찬 Hap Chan

헤난 그룹에서 운영하는 중국 레스토랑이다. 탕수육과 비슷한 스위트&사워 포크Sweet and Sour Pork, 만둣국을 닮은 완탄 누들Wanton Noodle 등 의외로 우리나라 입맛에 잘 맞는 음식들이 많다. 블랙빈 소스로 맛을 낸 호판Sliced Beef Fied Hofan은 흡사 우리나라 자장면 맛과 비슷하다. 합 찬에 갔다면 딤섬은 꼭 먹어야 할 음식. 탱글탱글한 알새우가 들어간 하카우와 슈마이를 추천한다.

Data **지도** 062p-I **가는 법** 스테이션 2 비치 로드 보라카이 리젠시 비치 리조트 1층 **전화** 036-288-6111
운영 시간 10:00~23:00 **가격** 딤섬 45~100페소, 호판 누들 165페소 **홈페이지** www.hapchan.com.ph

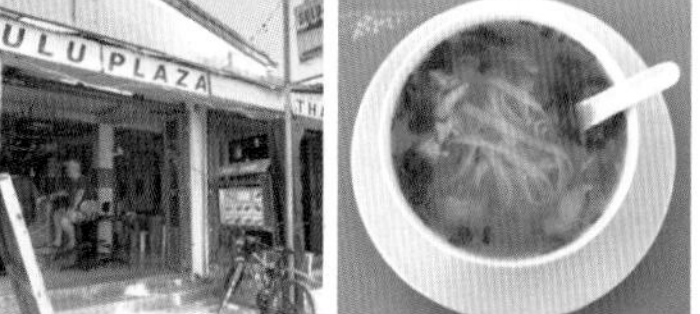

해장이 필요한 자~
술루 플라자 Sulu Plaza

쌀국수 맛집으로 입소문이 난 집이다. 태국 음식 전문점으로 팟타이, 그린 커리, 볶음밥 등을 맛볼 수 있다. 한국인들의 최애 메뉴는 치킨 누들 스프! 닭 육수 베이스의 쌀국수로 시원한 맛이 일품이다. 맵게 해달라고 하면 맵게 해준다. 필리핀 매운 고추 라부요를 넣어 먹으면 칼칼한 것이 해장이 절로 되는 맛이랄까. 한국 사람 입맛을 미리 알고 고수를 넣어주지 않으니 원할 시 따로 이야기해야 한다.

Data **지도** 063p-K **가는 법** 스테이션 3, 비치로드, 디몰에서 도보 15분 **전화** 036-288-3400
운영 시간 07:00~23:00
가격 치킨 누들 스프 280페소, 새우 볶음밥 180페소

물놀이 후 당기는 음식 BEST 3

피자

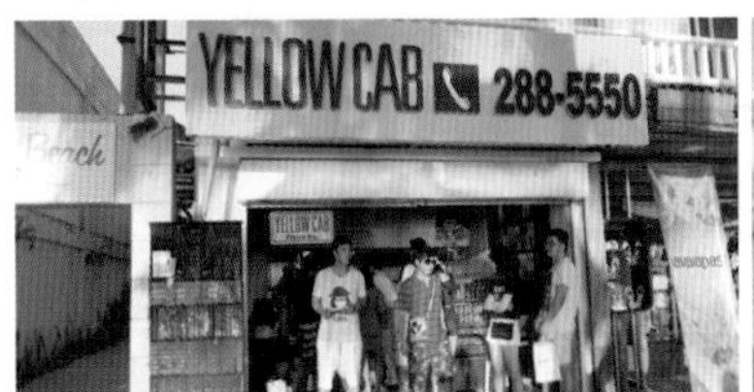

택시 회사 아닙니다!

옐로 캡 Yellow Cab

언제 먹어도 맛있는 피자지만 바다에서 먹는 피자는 말로 표현할 수가 없다. 거기에 톡 쏘는 콜라나 산미구엘을 벌컥벌컥 들이켰을 때의 청량감이란! 상큼한 노란색 간판이 돋보이는 옐로 캡은 미국식 피자를 맛볼 수 있는 필리핀의 유명한 체인점이다. 세 가지 사이즈가 있으며, 가장 큰 뉴요커 사이즈는 8명을 먹을 수 있을 정도. 한국인들이 가장 많이 찾는 메뉴는 달달한 파인애플이 들어간 하와이안 피자.
바비큐소스가 베이스인 바비큐 치킨 역시 인기가 높다. 얇은 도우 위에 치즈와 토핑을 아낌없이 넣은 것이 맛의 비결. 피자의 단짝친구 핫 윙도 맛있으니 사이드 메뉴도 눈여겨보자. 스테이션 1과 3에 두 군데 매장이 있는데 스테이션 3이 더 크고 사람이 적어 쾌적하게 먹을 수 있다. 배달도 가능하다.

Data **지도** 060p-I, 063p-K **가는 법** 스테이션 1 비치 로드 스타벅스에서 조금 더 올라오면 있음. 스테이션 3 비치 로드 골드 피닉스 리조트 옆 **전화** 036-288-5550 **운영 시간** 10:00~24:00 **가격** 하와이안 피자 레귤러 335페소, 미트 러버 380페소, 핫 윙 265페소 **홈페이지** www.yellowcabpizza.com

이탈리아 장인이 한땀한땀

아플라야 더 비치 바&이탈리안 레스토랑 Aplaya the Beach Bar&Italian Restaurant

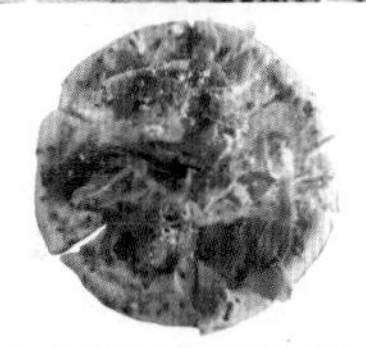

토스카나 출신의 셰프가 운영하며, 이탈리아에서 직접 공수한 신선한 재료로 만든다. 화이트소스 베이스에 파르마 햄이 듬뿍 올라간 '아플라야'는 꼭 먹어봐야 할 추천 피자다. 파스타 역시 평범하지 않다. 직접 면을 뽑는 홈메이드 파스타를 맛볼 수 있으니 놓치지 말 것! 저녁에는 분위기 좋은 칵테일 바로 변신한다.
색색의 조명이 켜지고 DJ가 등장한다. 민트를 아낌없이 넣은 모히토와 생강과 파인애플 맛이 조화로운 아플라야 시그니처 칵테일로 흥을 돋아보자. 여럿이서 갔다면 피처로 주문하면 좋다. 친구들과 둘러앉아 느긋하게 물담배를 피는 사람들도 흔히 볼 수 있다. 물과 술 베이스 중 선택 후 과일 맛을 추가하면 된다. 무료로 리필 가능하다.

Data **지도** 060p-J **가는 법** 스테이션 1, 비치로드, 보라카이 비치 리조트 옆
전화 036-288-2851 **운영 시간** 09:00~01:00
가격 아플라야 피자 640페소~, 칵테일 185페소~
홈페이지 facebook.com/aplayaboracay

Tip 테마가 있는 비치 파티 이벤트가 자주 열리니 페이스북 아플라야 페이지 첵 잇 아웃.

버거

이국적인 정취가 가득한

파라우 비치 클럽 Paraw Beach Club

물놀이 하다 보면 육즙 뚝뚝 흐르는 버거가 당기기 마련! 파라우 비치 클럽 에 갈 시간이다. 보라카이 대표 클럽으로 유명하지만 낮에 오면 180도 다른 분위기를 느낄 수 있다. 바다를 마주보도록 테이블이 되어 있으며, 실내에도 모래가 깔려 있어 휴양지 감성을 제대로 살린다. 대부분 서양인 여행자들 위주로, 왁자지껄한 밤과는 달리 여유가 넘친다. 재개장 기간 동안 메뉴들도 손을 보면서 음식까지 업그레이드 되었다. 주시 루시 버거는 비주얼은 살짝 초라해도, 부드러운 빵과 뚝뚝 흐르는 치즈, 촉촉한 패티의 조화가 엄지 척이다.

샌드위치와 피자 등도 판매한다. 다양한 종류의 열대과일 쉐이크와 칵테일도 갖추고 있다. 모히토의 종류도 6가지나 되니 다른 곳에서 보기 힘든 칼라만시 모히토나 망고 모히토를 시도해보자.

Data **지도** 059p-C **가는 법** 스테이션 1, 디 몰에서 해변을 따라 도보 10분
전화 036-288-6151 **운영 시간** 09:00~03:00
가격 주시 루시 버거 280페소, 칵테일 195페소~

버거냐 브리토냐 그것이 문제로다

아미 네이비 Army Navy

육군해군이라는 무시무시한 이름으로 '배고프게 들어와서 행복하게 나가라Come in Hungry, Walk out Happy' 미션을 수행 중이다. 버거와 브리토가 주 메뉴. 버거에 들어가는 패티는 1장부터 3장까지 가능하며 토핑도 추가로 더 넣을 수 있다.

입이 찢어질 만큼 큰 버거를 순식간에 해치우는 외국인들을 볼 수 있다. 빅맥과 흡사한 맛의 패티, 육즙이 베어든 빵, 아삭거리는 양상추와 토마토의 궁합이 예술이다. 스테이크 브리토에 특제 소스를 듬뿍 얹어 먹으면 어쩐지 건강하고 푸짐하게 먹은 느낌이다. 모차렐라 치즈가 듬뿍 들어 있는 토르띠야를 살사소스에 찍어먹는 치즈 퀘사디아는 치즈를 좋아한다면 꼭 먹어봐야하는 메뉴.

Data **지도** 060p-J
가는 법 스테이션 1 비치 로드
레알 마리스 보라카이 비치 리조트 옆
전화 036-288-2301
운영 시간 07:00~23:00
가격 더블버거 230페소,
치즈 퀘사디아 110페소
홈페이지 www.armynavyburgerburrito.com

피시 앤 칩스

영국 냄새 팍팍 나는

틸라피아 앤 칩스 Tilapia'N Chips

바닷가에 가장 잘 어울리는 음식 피시 앤 칩스! 필리핀 국민 생선 틸라피아에서 이름을 딴 이곳은 보라카이에서 제대로 된 피시 앤 칩스를 맛볼 수 있는 곳이다. 바삭한 튀김옷 속 오동통한 생선살의 단맛과 타르타르 소스의 조화가 환상적이다. 함께 나오는 감자튀김도 두툼하니 맛있다. 용기 있는 사람이라면 통째로 튀겨서 나오는 틸라피아에 도전해보자. 7성급 크루즈에서 무려 15년이나 셰프로 활동한 캐나다인 오너가 만족도 100%라는 자신감을 내걸고 만든 레스토랑이니 만큼 수준 높은 음식을 기대해도 좋다.
매일매일 오일을 갈아주는 것은 기본이고, 셰프의 자존심을 걸고 보라카이에서 가장 깨끗한 레스토랑이라고 자부하고 있다. 피시 앤 칩스만큼이나 인기가 많은 메뉴는 의외로 베이비 백립. 부드러운 갈빗살과 입에 감기는 양념으로 특히 한국인들이 많이 찾는다. 음식을 테이크아웃해 바닷가에서 즐겨도 좋고, 에어컨을 갖추고 있어 더위에 지친 몸을 잠시 쉬러 오는 것도 좋다. 화이트 톤의 산뜻한 레스토랑 벽면에는 개발되기 전의 보라카이 사진들이 걸려있어 구경하는 재미가 쏠쏠하다.

Data **지도** 064p-C **가는 법** 스테이션 2 디몰 크래프츠 오브 보라카이 옆
주소 G/F, Kamayan Bldg, Station 2, Boracay **전화** 036-288-2283 **운영 시간** 12:00~22:00
가격 피시 앤 칩스 350페소~, 베이비 백립 520페소~

여행 중 먹으면 더 맛있다. 한식당

한국만큼 맛있는 중국집

니하오 켄 Nihao Ken

보라카이에 사는 교민들이 한국식 중국 음식을 먹고 싶을 때 찾아가는 식당이다. 한국만큼이나 맛있는 짜장면과 짬뽕을 맛볼 수 있다. 익숙하지 않은 음식으로 니글거리는 속을 달래는데 짬뽕만한 것이 없다. 큼지막이 썬 오징어, 홍합 등 신선한 해산물이 들어가 말 그대로 국물이 끝내준다.

Data **지도** 060p-I **가는 법** 스테이션 1, 메인로드, 디 몰에서 도보 10분 **전화** 036-288-9328 **운영 시간** 11:30~23:30 **가격** 짬뽕 400페소, 탕수육 400페소~

보라카이의 밤을 책임진다

주점부리 Jujumburi

실내에 깨끗한 화장실을 갖춰 여성들의 고민을 한껏 덜어주었다. 친절한 한국인 부부가 운영하고 있으며 언제가도 기분 좋은 고향 같은 곳이다. 배달도 가능하며 카카오톡으로 편하게 주문 할 수 있다. 재개장 후 블라복 비치 쪽으로 확장 이전했다.

Data **지도** 060p-A **가는 법** 메인 로드 크라운 리젠시 리조트 옆 골목으로 도보 5분 **전화** 0917-133-5911, **카카오톡** moonsuyeon **운영 시간** 17:00~02:00 **가격** 떡볶이 650페소, 닭도리탕 1,300페소

여행에서도 빼놓을 수 없는 밥심

쿡 Cook

디몰 오픈 때부터 함께 해온 한식당으로 얼큰한 김치찌개부터 시원한 황태 해장국까지 있다. 자극적인 음식으로 힘든 위를 달래줄 소고기죽과 채소죽까지 갖춘 센스만점 집. 오전에는 해장하는 사람들로, 점심때는 분식으로, 저녁때는 삼겹살에 가볍게 소주 한잔하는 사람들로 언제나 북적인다. 오징어덮밥, 비빔국수, 김밥 등 분식도 있다.

Data **지도** 065p-H **가는 법** 스테이션 2 디몰 중간 관람차 근처 바이트 클럽 옆 **전화** 036-288-5928 **운영 시간** 09:00~23:30 **가격** 황태 해장국 355페소, 오징어덮밥 355페소

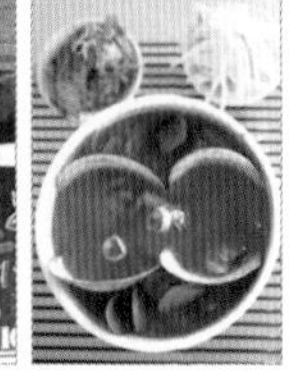

격이 다른 해물라면

찹스틱 누들 하우스 Chopstick Noodle House

다양한 면 요리와 함께 간단한 한식을 맛볼 수 있다. 해물라면. 대합, 홍합, 오징어, 새우 등 메뉴에 각종 해물이 푸짐하게 들어가 있어 숙취를 날려줄 것이다. 국물 한 입 떠먹는 순간 속이 풀리는 마법의 음식이다. 시원한 동치미국수와 콩국수도 있다. 배달도 가능하며 전화 주문은 영어로 해야 한다.

Data **지도** 065p-H **가는 법** 스테이션 2 디몰 중간 관람차 근처 **전화** 036-288-6784 **운영 시간** 10:00~23:00 **가격** 해물라면 290페소

언제나 즐거운 카페 호핑

촉촉 폭신폭신한 팬케이크

더 서니 사이드 카페 The Sunny Side Cafe

오픈한 지 1년 만에 트립 어드바이저 레스토랑 2위를 차지한 무시무시한 신생 카페. 브런치 시간에 가면 웨이팅은 감수해야 한다. 달걀을 상징하는 하얀색과 노란색의 조합으로 이루어진 인테리어가 무척 귀엽다. 이곳의 대표메뉴는 두말 할 것 없이 팬케이크! 그 크기와 두께가 가히 엄청나 아무 생각 없이 시켰다가는 먹어도, 먹어도 줄지 않는 팬케이크를 볼 수 있을 것이다. 망고와 크림치즈를 얹은 팬케이크, 피넛버터나 누텔라를 바른 팬케이크, 베이컨과 치즈가 들어간 팬케이크까지 종류가 다양하다.
사진을 보고 싶다고 하면 태블릿을 가져다준다. 두꺼운데도 전혀 퍽퍽하지 않고 오히려 촉촉한 팬케이크와 그 달달함을 달래줄 아이스 아메리카노 한 잔이면 하루를 든든하게 시작할 수 있다. 오픈키친으로 주문과 동시에 바로바로 만들어 주기 때문에 15분 정도의 기다림은 예상해야 한다. 올 데이 블랙퍼스트이기에 언제든 가서 즐길 수 있으며, 샌드위치와 파스타 같은 메뉴도 있다.

Data **지도** 063p-K **가는 법** 스테이션 3 비치 로드샌즈 리조트 1층 **전화** 036-288-2874
운영 시간 07:00~22:00 **가격** 팬케이크 325페소~

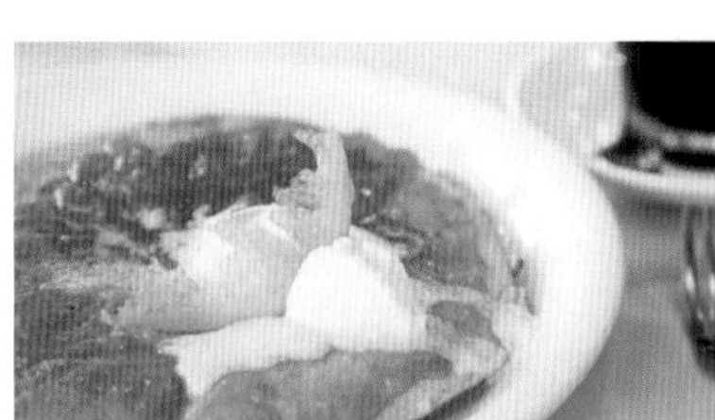

Tip 메뉴에는 나와 있지 않지만 하프도 주문 가능하다. 만약 2명이서 다른 종류 팬케이크를 맛보고 싶다면 하프 2개를 시켜 나눠먹는 것도 방법이다.

먹고 싶은 게 너무 많아 고민되는
레모니 카페 Lemoni Cafe

모두 레몬 카페라 부르는 이곳. 화이트 톤의 실내에 레몬색과 연두색 가구들이 만들어내는 산뜻한 분위기 속에서 커피 한잔을 즐길 수 있는 곳이다. 하루 종일 즐길 수 있는 올 데이 블랙퍼스트를 제공하며 수프, 샐러드, 샌드위치, 디저트가 포함된 레몬 런치 박스도 인기다. 레모니 카페하면 빠질 수 없는 것이 바로 디저트.
예쁘게 장식된 달콤한 케이크들은 눈과 입을 흐뭇하게 한다. 진한 치즈 맛과 망고의 궁합이 일품인 망고 치즈 케이크와 입이 얼얼할 정도로 단 초코케이크는 영원한 스테디셀러. 산뜻한 인테리어, 맛있는 커피와 디저트, 깨끗한 화장실 삼박자를 갖춘 여성들이 특히 좋아하는 카페다.

Data **지도** 065p-H
가는 법 스테이션 2 디몰 내 관람차 근처 **전화** 036-288-6781
운영 시간 07:00~23:00
가격 망고 레몬 크러시 150페소, 올 데이 블랙퍼스트 260페소~, 망고 치즈 케이크 180페소
홈페이지 www.lemonicafeboracay.com

보라카이의 유일했던 커피전문점
카페 델 솔 Cafe del Sol

유명 커피 브랜드인 라바짜 원두를 사용한다. 옆 집 아리아와 같은 이탈리안 오너가 운영하며 커피 종류가 다양하고, 사이즈도 고를 수 있다. 커피와 함께 먹으면 더 맛있는 디저트들도 판매하며, 레모니 카페와 더불어 망고 치즈 케이크가 유명하다. 레모니 카페에 비해 치즈의 진한 맛은 덜하지만 부드러운 케이크 속에 망고 과육이 쏙쏙 박혀있다. 화이트 비치를 마주하는 디몰 입구에 위치하며 언제나 북적거린다. 야외 테이블에 앉아 화이트 비치를 바라보며 마시는 아이스커피 한잔에서 휴가의 여유를 만끽할 수 있을 것이다.

Data **지도** 065p-K
가는 법 스테이션 2비치 로드 디몰 입구 아리아 옆
전화 036-288-5573
운영 시간 07:00~24:00
가격 망고 치즈 케이크 170페소, 아메리카노 110페소~

보라카이의 과거와 현재를 간직한

리얼 커피&티 Real Coffee and Tea

보라카이를 사랑한 미국인 모녀가 운영하는 카페다. 그들이 처음 보라카이를 밟았던 1990년대 초에는 전기도, 수도도 없는 원시의 모습 그 자체였다. 파라다이스를 보았던 그들은 보라카이에서 제2의 인생을 결심하고는 1996년 카페를 오픈했다. 그 후 보라카이의 눈 깜짝할 발전과 함께 여러 카페들이 생기고 사라졌지만 리얼 커피&티만큼은 꾸준히 그 자리를 지켰다. 스테이션 1 안쪽에 위치했던 카페는 현재 스테이션 2 화이트 비치가 시원하게 보이는 곳으로 자리를 옮겼다.
운이 좋으면 그녀들을 만나 과거의 보라카이에 대한 이야기도 들어볼 수 있다. 이곳의 명물은 칼라만시 머핀. 필리핀에서 나는 작은 라임, 칼라만시로 만든 머핀의 새콤달콤한 맛이 진한 커피와 잘 어울린다. 워낙 찾는 사람이 많아 선물용으로 사갈 수 있도록 포장 판매도 한다.

Data **지도** 061p-K
가는 법 스테이션 2, 비치 로드디몰에서 스테이션 3 방향으로 도보 3분, 시월드 2층
전화 036-288-5340
운영 시간 07:00~19:00
가격 커피 90페소~, 칼라만시 머핀 60페소

아이스크림으로 즐기는 망고

할로 망고 Halo Mango

망고 홀릭, 망고 아이스 같이 듣기만 해도 상큼한 메뉴들이 준비되어 있다. 망고 홀릭은 망고 소프트 아이스크림에 생 망고가 듬뿍 올라가 있으며, 망고 아이스는 밑에 망고와 시리얼을 깔고 한 컵 가득 망고 아이스크림을 올려준다. 실내에서 먹고 갈 경우 빙수를 주문할 수 있다. 사이즈에 따라 커플과 패밀리로 나뉘며, 한때 국내를 강타했던 눈꽃 빙수 스노우 망고 아이스도 있다. 엄청난 양을 자랑하니 놀라지 말 것.

Data **지도** 064p-E **가는 법** 스테이션 2, 디몰 내 크레이지 크레페스 옆 **전화** 036-288-6752
운영 시간 09:30~23:30 **가격** 망고 홀릭 120페소~, 망고 아이스 200페소, 스노우 망고 500페소~

달달함의 끝판왕

크레이지 크레페스 Crazy Crepes

일본에 온 듯한 느낌을 주는 사랑스러운 디자인의 아이스크림 크레페 전문점이다. 보라카이 크레페답게 망고가 들어간 메뉴가 눈에 띈다. 망고와 생크림이 들어간 기본 망고 크레페에 누텔라, 캐러멜, 바나나 등을 추가한 다양한 메뉴가 준비되어 있다. 망고에 누텔라라니! 맛이 없으려야 없을 수 없는 조합이다. 싱싱한 망고가 들어간 크레페는 어디서도 먹기 힘든 간식이니 살 찔 걱정은 잠시 내려놓고 즐기자.
단 것 좀 먹는다는 사람들도 달다고 말할 정도로 다니 토핑 고를 때 참조하자. 주문과 동시에 바로 만들어 주며 만드는 과정을 보는 재미가 있다. 원래는 디몰에만 위치했지만 하늘 높은 줄 모르는 인기를 증명하듯 최근 화이트 비치에도 크레페 부스가 생겼다.

Data **지도** 064p-E **가는 법** 스테이션 2, 디몰 내 할로위치 옆 **전화** 036-288-4474
운영 시간 10:30~00:30 **가격** 망고 크레페 150페소

코코넛의 모든 것

코코마마 Cocomama

디몰 내에 위치하며, 테이블이 두 개밖에 없는 코코넛 아이스크림 전문점이다. 오리지널 코코넛 아이스크림과 망고가 올려져 나오는 것 두 종류가 있다. 망고보다는 오리지널이 더 본연의 맛을 느낄 수 있다. 코코넛 특유의 달달하면서도 고소함이 입 안 가득 퍼진다. 밑에는 코코넛의 하얀 속살을 깔고, 위에는 밥을 튀긴 고명을 얹었는데 조화가 훌륭하다. 반으로 자른 코코넛 통에 담아주는데 무척 앙증맞다.
컵에 먹으면 더 싸다. 신선한 코코넛 워터도 판매한다. 미리 시원하게 해두어 더욱 거부감 없이 먹을 수 있다. 오묘한 맛으로 호불호가 갈리는 코코넛 워터는 미네랄이 풍부하고 노폐물 배출을 도와주어 다이어트에도 큰 도움이 된다. 일일 일 잔으로 휴가 중 살찜을 방지하자. 숙취해소에도 최고라는 사실! 최근 휴 리조트 내 스테이션 X에 2호점이 생겼다.

Data **지도** 064p-F **가는 법** 디몰 내 관람차에서 재래시장 골목으로 직진 후 오른편에 위치 **전화** 036-288-1301
운영 시간 10:00~21:30 **가격** 아이스크림 150페소, 코코넛 워터 50페소

Tip **몸에 좋은 코코넛 오일, 200% 활용하기**

많은 셀러브리티들이 다이어트와 피부미용의 일등공신으로 밝힌 코코넛 오일. 실제로 코코넛은 심장질환과 성인병을 예방하며, 뼈를 튼튼하게 만들어준다. 또한 나트륨을 배출시켜 부종을 막고, 장운동을 도와주는 식이섬유가 많아 다이어트에 도움이 된다. 필리핀에 왔다면 꼭 사가야 할 품목 1위인 코코넛 오일. 그 활용법을 소개한다.

1. 화학적 정제를 거지치 않고 저온 압착으로 추출한 엑스트라 버진 코코넛 오일을 사용하자.
2. 하루 세 번 식사 30분 전 한 스푼씩 먹어주면 지방 축적을 억제하는 효과가 있다.
3. 피부와 입술에 발라주면 보습효과가 있으며, 샴푸 전 두피 마사지에 이용하면 비듬 완화와 탈모 방지에도 효과가 있다.
4. 코코넛 오일은 다른 오일과 달리 몸속에서 콜레스테롤로 바뀌지 않아 체지방으로 쌓이지 않는다. 요리할 때 식용유 대신 사용하면 다이어트와 건강 두 마리 토끼를 잡을 수 있다.
5. 아침 공복에 오일 한 스푼을 입에 머금고 가글을 하면 독소 배출, 구내염, 치아미백 등에 효과가 있다. 오일은 삼키지 말고 뱉어야 한다.
6. 커피 찌꺼기와 코코넛 오일을 섞으면 천연 스크럽제 완성! 보드라운 피부는 물론 셀룰라이트 감소에 탁월하다.
7. 반려견이 섭취 시(체중 4.5kg당 1티스푼) 관절염에 도움을 주고, 발바닥에 발라주면 건조한 갈라짐으로부터 패드를 보호할 수 있다.
8. 하루 섭취 권장량: 체중 45kg 이상 37.5ml/ 57kg 이상 45ml/ 79kg 이상 60ml

보라카이의 낭만을 담은 비치 바

보라카이 소울을 느낄 수 있는

봄봄 바 Bombom Bar

화려한 클럽도 좋지만 해변에 앉아 라이브 음악과 함께 산미구엘을 마시는 것, 이게 바로 가장 보라카이다운 것이 아닐까. 붉은 조명 아래 통기타 치며 부르는 올드 팝과 레게, 필리피노 소울이 가득한 감미로운 목소리를 감상하고 있노라면 일상 속 나를 얽매었던 무언가가 탁 풀어지는 듯한 자유로움이 온몸에 퍼진다.

수다를 떨다가 문득 귀를 잡는 노래가 있다면 잠시 가만히 노래에 젖어들어 보기도 하고, 그러다 흥이 오르면 자리에서 일어나 살짝 리듬을 타기도 한다. 과하지 않은 편안한 분위기의 바이다. 보라카이 간판 라이브 바로 밤 12시 전까지는 해변에서, 그 이후는 실내에서 공연이 이어진다. 보라카이의 낭만을 가슴 가득 만끽하는 밤이 될 것이다.

Data **지도** 061p-K **가는 법** 스테이션 1, 비치 로드 디몰에서 도보 1분
전화 036-288-4795 **운영 시간** 15:00~02:00 **가격** 산미구엘 75페소

Tip **해변에서 즐기는 이국적인 휴식, 물담배**

예전에는 몇몇 바에서만 볼 수 있었던 물담배지만 이제는 비치 바에서 없는 곳을 찾아볼 수 없을 정도. 시샤Shisha라 부르는 물담배는 긴 항아리처럼 생긴 담배통에 물을 넣고 호스를 통해 연기를 들이마신다. 물에 향료를 첨가하는데 포도, 딸기, 민트 등 여러 가지가 있어 취향대로 고를 수 있다.

우리나라에도 많이 보급되기는 했지만 여전히 낯선 게 사실. 물이 필터 역할을 해 부드러우며, 향료 덕에 달짝지근하여 남녀노소, 비흡연자도 무리 없이 즐길 수 있다. 하나의 호수로 돌아가며 피워 비위생적인 느낌은 있지만 소중한 사람들과 뉘엿이 넘어가는 해를 보며 이국적인 정취 한 모금에 취해보는 것은 어떨까. 1회 500~700페소 정도.

빈둥댈수록 행복해지는

해피 바 Happy Bar

느긋한 스테이션 3의 분위기를 제대로 느낄 수 있는 비치 바이다. 특히 화이트 비치의 일몰을 감상하기 좋은 명당장소이다. 게다가 매일 오후 4시부터 8시까지 칵테일 1+1 해피아워가 진행되어 애정하지 않을 수 없다. 안주로 먹기 좋은 간단한 스낵도 판매한다. 음식 맛은 크게 기대하지 말 것. 어둠이 내리면 간접 조명을 이용해 몽환적인 분위기를 자아낸다. 밤에는 인기 테이블에 컨슈머블 차지가 붙는다. 미리 자릿세를 지불하고 그만큼의 술과 안주를 주문하는 시스템이다.

Data **지도** 062p-J
가는 법 스테이션 3, 비치로드, 라 카멜라 리조트 오른쪽
전화 0936-988-4102
운영 시간 11:00~24:00
가격 칵테일 140페소~, 컨슈머블 테이블 2,000페소
홈페이지 facebook.com/HappyBarBoraca

남편들 맡기고 놀러가자

코코 바 Coco Bar

레드 코코넛 비치 호텔에서 운영하는 바. '남편 놀이방Husband Daycare'이라는 재밌는 사인이 붙어있다. 그래선지 대낮부터 서양 남자들이 삼삼오오 모여 산미구엘을 마시는 모습이 쉽게 목격된다. 저녁 시간이면 야외에 작은 무대가 설치되고 통기타 라이브 공연이 펼쳐진다. 실내 바에서는 바텐더들이 신나는 음악에 맞추어 칵테일을 만든다. 막상 안으로 들어가면 겉보기와는 다르게 세련된 인테리어를 가지고 있다. 매일 오후 6시부터 8시까지 1+1 해피 아워를 누릴 수 있으며, 화요일은 레이디스 나이트Ladies Night로 여자라면 첫 잔은 무료, 그 다음 잔부터는 반값에 즐길 수 있는 프로모션이니 놓치지 말자.

Data **지도** 060p-J
가는 법 스테이션 1 비치 로드 레드 코코넛 비치 호텔 1층
전화 036-288-3507
운영 시간 07:00~02:00
가격 칵테일 130페소~

BUY

디몰 내 쇼핑몰

디몰D'Mall은 맛있는 레스토랑과 다양한 가게가 모여 있는 곳이다. 비치 로드와 메인 로드를 이어주는 지붕 없는 야외 아케이드 상가로 화이트 비치에서 놀다가 언제든지 드나들 수 있는 자유분방한 매력을 지녔다. 비치웨어를 입고 활보하며 기념품을 흥정하는 편안함을 가진 공간이다.

보라카이에선 비치웨어!

포스부터 남다른
낫씽 벗 워터 Nothing but H2O

디몰 구경 중 세련된 외관으로 눈길을 잡는 곳이 있다면 바로 낫씽 벗 워터! 보라카이에서 보기 드물게 경비가 서있을 정도로 고급스럽고 비싼 곳이다. 국내에서 많이 알려지지 않은 유명한 해외 브랜드를 만나볼 수 있다. 특히 말캉말캉 부드러운데다 향기까지 나는 멜리사 젤리슈즈는 쇼핑목록에서 꼭 넣어야할 '잇 아이템'. 수많은 셀레브리티들이 신어 유명해진 티키즈 플립플랍도 있다는 건 나만 알고 싶은 비밀.

Data **지도** 065p-H **가는 법** 관람차에서 버짓 마트가는 골목 입구 **전화** 036-288-5924
운영 시간 10:00~22:00

화보 촬영 준비 완료
아일랜드 걸 Island girl

카메라만 가져다 대면 청량감 넘치는 화보가 되는 화이트 비치에서 아무리 패셔너블하다 해도 래쉬가드를 입고 포카리스웨트 화보를 찍을 수는 없는 법. 귀여운 간판의 아일랜드 걸은 보라카이에 가장 잘 어울리는 비치웨어를 구입할 수 있다. 챙이 넓은 모자, 원색의 수영복과 큼지막한 포인트 액세서리, 샤랄라 비치 원피스 등 화이트 비치에 없어서는 안 될 패션아이템이 가득하다.

Data **지도** 064p-D **가는 법** 관람차에서 버짓 마트가는 골목으로 직진 **전화** 036-288-6744
운영 시간 10:00~22:00

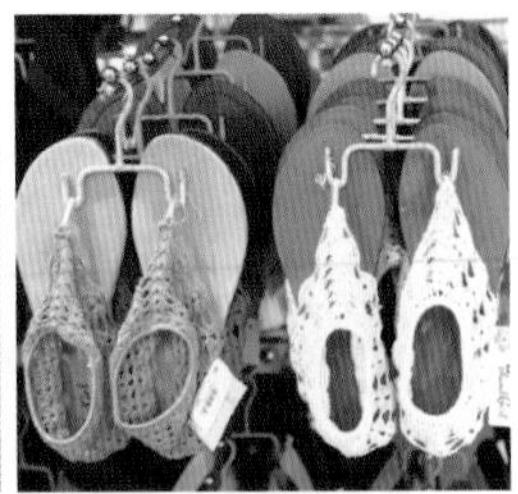

유니크한 감성이 돋보이는

어 피스 오브 그린 A Piece of Green

작은 숍들이 옹기종기 모여 있는 디몰에서 눈에 띄게 큰 이층짜리 가게다. 자연에서 난 재료를 이용해 만든 유니크한 패션 아이템을 만나 볼 수 있다. 이곳 샌들은 예쁜 디자인은 물론, 가볍고 편해서 화이트 비치를 거닐기 안성맞춤이다.

아기자기한 파우치, 러기지 텍(수화물 꼬리표) 같은 선물하기 좋은 소품들도 가득하다. 길거리나 다른 기념품 숍에서 흔히 보는 물건이 아니라 더욱 지갑을 열게 되는 곳. 이곳만의 이국적이고 독특한 디자인들이 많아 장바구니에 한가득 담게 되지만 자개로 만든 가방, 트로피컬한 느낌이 물씬 나는 액세서리 등 보라카이에서는 예뻐도 한국에선 쉽게 들 수 없는 디자인도 많으니 참조하자.

Data **지도** 065p-K **가는 법** 팬케이크 하우스 건너편 **전화** 036-288-1421 **운영 시간** 09:30~22:00

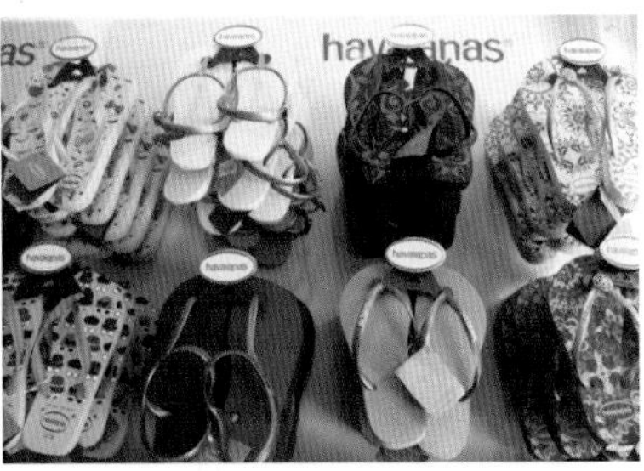

안녕? 하바이아나스

TR3 TR3

직영점은 아니지만 디몰에서 다양한 하바이아나스를 만날 수 있는 곳이다. 브라질 국민브랜드에서 이제는 세계 국민브랜드가 된 하바이나아스는 컬러풀한 색감과 다양한 디자인, 편안한 착용감으로 잇 플립플랍으로 등극했다. 플립플랍 일명 '조리'는 바다와 모래를 오가는 보라카이에서 딱 맞는 신발이 없다면 이 기회에 하나 장만해보자. 100% 브라질산 천연 고무를 이용하여 만들며, 뛰어난 신축성과 내구성을 자랑한다.

브라질 대통령도 신는다는 이 플리플랍은 한 철만 신고 버린다는 고정관념을 깨트리는 샌들계의 명품. 국내보다 저렴한 가격은 물론 한국에 들어오지 않은 다양한 디자인을 만나 볼 수 있는 찬스를 놓치지 말 것. 해변에서 들기 좋은 가벼운 비닐 비치백도 판매한다.

Data **지도** 064p-D **가는 법** 버짓 마트 골목 **운영 시간** 10:00~22:00

보라카이를 간직한 특산품&기념품

은은하게 아름다운 우유빛 자개

노틸러스 Nautilus

노틸러스는 앵무조개의 영어이름이다. 일로일로 출신의 디자이너 PJ 아라나도르PJ Aranador가 직접 디자인한 핸드메이드 용품을 취급한다. 목걸이, 비누받침대, 보석함 등 앵무조개로 만든 아이템과 필리핀에서 생산되는 천연재료로 만든 여러 가지 제품을 판매하는데 그중 코코넛이 대세다. 코코넛 비누, 보디로션, 마사지 오일, 보디 스크럽 등 폭넓은 라인을 가지고 있다. 겉포장 또한 고급스러워 선물용으로 좋다.

Data 지도 065p-H
가는 법 관람차에서 버짓 마트 가는 골목 입구
전화 036-551-9439 **운영 시간** 11:00~23:00

초록 개구리간판

스테이블스 Stables

보라카이의 대표 기념품 캐치 핸드메이드 비누가 모여 있는 곳. 망고, 파파야, 해초 등 맛있어 보이는 알록달록한 비누가 벽 한쪽을 차지하고 있다. 필리핀에서 많이 나는 노니가 면역성을 높여주고, 항암작용 좋다는 효과가 알려지면서 노니비누는 가장 많이 찾는 아이템. 하나에 50페소의 저렴한 가격으로 직장동료들, 지인들 선물로 몇십 개씩 사가는 사람들을 볼 수 있다. 아무리 사재기를 해도 절대 깎아주지 않는 강단 있는 가게다.

Data 지도 064p-E
가는 법 버짓 마트 가는 골목 안 **전화** 036-260-2230
운영 시간 09:00~22:00 **가격** 비누 50페소

메이드 인 보라카이

시니어 알프레드 크래프츠 Sr. Alfred Crafts

보라카이가 속해있는 지역 아클란에서 나는 재료로 만든 제품들을 취급한다. 비누, 오일 등의 천연 제품군부터 푸카조개가 흔들리는 모빌, 나무 소재의 창문가리개 같은 인테리어 아이템까지 그 종류가 다양하다. 달콤한 건망고와 바나나칩도 판매한다. 특히 손으로 만든 왕골가방은 튼튼하고 예뻐 잘 찾아보면 득템 가능성이 높다.

Data 지도 064p-E **가는 법** 버짓 마트 가는 골목 안 **전화** 036-288-6890 **운영 시간** 11:00~22:00

기념품 쇼핑에 딱

휴고드 Hugod

비슷비슷한 물건을 파는 많고 많은 기념품 숍 중 자신만의 색깔을 가진 휴고드. 자연 소재로 만든 핸드메이드 제품 위주로 인테리어 소품부터 패션 소품까지 갖췄다. 바나나 잎으로 만든 키친웨어, 마 소재의 파우치, 종이공예로 만든 다이어리 등은 어디서도 볼 수 없는 휴고드만의 디자인으로 인기가 높다.

Data **지도** 065p-L **가는 법** 팬케이크 하우스 맞은편 **전화** 036-288-5629 **운영 시간** 09:00~22:00

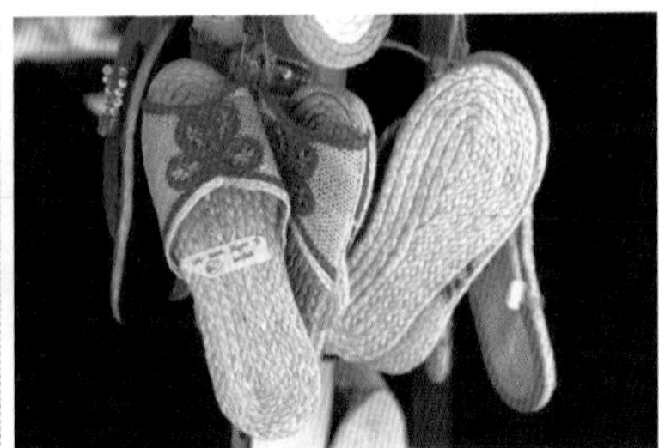

향기로운 보석 발견

라위스위스 Lawiswis

디몰 안쪽에 숨은 보석 같은 장소. 재래시장 골목을 무심코 걷다보면 눈에 들어오는 하늘색 간판의 알록달록한 가게가 있다. 라위스위스는 천연오일을 취급하는 오가닉 숍으로 코코넛 오일뿐 아니라 레몬그라스, 라벤더 등 다양한 보디오일을 찾아볼 수 있다. 햇볕에 손상된 피부를 달래줄 알로에 베라 로션을 깜빡했다면 라위스위스로 가보자. 천연 샴푸, 보디 워시 같은 기본 라인부터 쉽게 접할 수 없는 천연 선블럭, 태닝오일, 데오드란트까지 판매하니 피부가 예민한 사람이라면 주목해볼 만하다. 선물용으로 많이 구입하지만 한 번 사용해보면 자신을 위한 선물로 둔갑한다는 놀라운 사실.

Data **지도** 064p-F **가는 법** 관람차에서 재래시장 골목으로 직진, 오른편에 위치 **운영 시간** 11:00~22:00

한국인 전용 기념품숍
엣 이즈 보라카이 At iz Boracay

조비스 바나나칩부터 7D망고까지 한국인이 많이 찾는 기념품을 모아둔 곳이다. 노니비누, 노니차, 물에 타먹는 과일가루탕, 망고 퓨레, 심지어 컵라면까지 한국인 취향 제대로 공략했다. 엉성하지만 귀여운 천연 파우치에 노니차, 코코넛오일, 비누를 선물하기 좋게 담아 판매한다. 옆에 환전소도 함께 운영한다.

Data 지도 064p-F
가는 법 관람차에서 재래시장 골목으로 직진, 왼편에 위치 **전화** 036-288-2378
운영 시간 07:00~23:00

약은 약사에게
파머시아 알렌젠 Farmacia Alenjen

디몰 안에 있는 약국이다. 소화제, 설사약 등 간단한 약은 처방전 없이 이곳에서 살 수 있다. 여행자들에게 인기가 좋은 바르는 모기약 오프와 비치 헛 맥스 선크림을 구입할 수 있다. 오프는 끈적임이 없고 자극도 적은데다 효과는 강해 낚시나 캠핑 등 아웃도어를 즐기는 사람들이라면 몇 통씩 사가는 아이템이다.

Data 지도 064p-D
가는 법 버짓 마트 가는 골목 왼편에 위치
전화 036-288-6778 **운영 시간** 10:00~23:00

Tip **주목! 보라카이에서 꼭 사야하는 잇템 비치 헛 맥스 100** Beach Hut 100++

방송에서 아이돌이 소개하면서 유명해진 일명 헤리 선크림. 타는 것에 민감한 한국인에게 SPF 지수 100이라는 어마어마한 숫자는 무척 반갑다. 보라카이의 햇볕은 상상 이상으로 뜨겁다. 레스토랑이나 카페를 가도 태양을 피하기 쉽지 않은 경우가 대부분이기에 SPF 100을 발랐다는 것만으로 심적으로 위안이 된다. 다만 강한 지수를 바르는 것보다 중요한 것은 자주 덧발라주는 거라는 것을 잊지 말자.
우리나라에는 아직 들어오지 않았지만 보라카이에서 이를 찾는 한국인이 급속도로 늘면서 여기저기 취급하는 곳이 많아졌다. 100ml 용량의 가격이 500~600페소 정도이다.

언제가도 즐거운 슈퍼마켓

보라카이에서 가장 유명한 곳

버짓 마트 Budget Mart

각종 생활용품과 기념품을 살 수 있는 슈퍼마켓. 보라카이에 머무는 동안 버짓 마트 한 번 안 가본 여행객은 없을 것이다. 한국인들이 워낙 많아 라면과 고추장 같은 가공식품부터 김치까지 판매한다. 많이 찾는 기념품인 망고 퓨레와 가루 음료 탕, 코코넛 오일, 화이트닝 화장품 등도 갖추고 있다.

디몰에서 놀다가 숙소 들어가기 전 먹을 간식거리나 음료수를 사기 좋다. 메인 로드 쪽 디몰 입구에 위치하며, 보라카이 만남의 광장 역할을 하고 있어 보라카이에서 가장 붐비는 곳이다. 대부분의 호텔과 마사지 숍의 셔틀버스는 버짓 마트에서 픽업 서비스를 하기에 슈퍼마켓 앞은 트라이시클과 호텔의 셔틀버스, 여행자들로 항상 북적인다.

Data **지도** 064p-A **가는 법** 디몰 메인 로드 쪽 입구 위치
전화 036-288-5983 **운영 시간** 09:00~22:00

유럽의 흔한 상점

하이디랜드 델리 Heidiland Deli

스위스 오너가 운영하는 식료품점. 유럽에서 수입한 여러 가지 식재료들이 모여 있어 요리에 관심이 많은 당신이라면 몹시 행복한 시간을 보낼 것이다. 보라카이에서 찾기 힘든 말린 토마토, 올리브 같은 식재료를 구할 수 있어 외국인들이 많이 찾는다. 스위스산 헤로 잼과 치즈 스프레드를 한국보다 저렴한 가격으로 구입할 수 있다.

보기 드물게 냉장코너를 가진 상점으로 신선한 채소, 수제 햄, 치즈, 훈제 연어를 취급한다. 커다란 덩어리째 놓인 햄과 치즈를 보고 있자면 유럽의 한 상점에 온 듯 착각이 들 정도다. 빵과 햄, 치즈를 고르면 그 자리에서 샌드위치를 만들어 주어 신선하고 건강하게 한 끼 식사를 해결할 수 있다.

Data **지도** 065p-H **가는 법** 관람차에서 버짓 마트 가는 골목 입구 **전화** 036-288-5939 **운영 시간** 10:00~22:00

여유롭게 장을 볼 수 있는

크래프츠 오브 보라카이 Crafts of Boracay

보라카이에서 가장 그럴듯한 쇼핑센터이다. 4층짜리 건물에 슈퍼마켓과 의류 매장, 푸드 코트를 갖췄다.

국내 백화점을 생각하면 금물. 의류와 잡화 매장은 살 것이 거의 없으니 쇼핑에 대한 욕심은 과감하게 버리자. 슈퍼마켓만 놓고 보면 버짓 마트보다 취급하는 물건이 훨씬 더 많으며 한가하게 장을 볼 수 있다. 아침 일찍부터 문을 열어 호핑 가기 전 바로 옆 디몰 마켓과 엮어 장보러 들르기도 좋다.

Data **지도** 064p-C
가는 법 메인 로드의 디몰 입구의 버짓 마트를 등지고 오른 쪽
전화 036-288-6857 **운영 시간** 07:00~23:00

총각네 채소가게에서 장보기

디몰 마켓 D Mall Market

세계 어느 곳을 가도 재래시장은 반갑고 정겹다. 디몰 안의 재래시장은 디 탈리파파보다 규모는 작지만 접근성이 좋아 많이 찾는다. 과일가게, 쌀가게, 담배가게, 생선가게, 정육점 등 작은 가게들이 옹기종기 늘어서 있다. 한국인들은 냉장고도 얼음도 없이 고기와 육류를 파는 모습에 놀라지만 이곳에선 어느 누구도 문제 삼지 않는다. 보라카이 슈퍼마켓에서는 과일이나 채소를 판매하지 않기 때문에 여행자들은 과일을 사러 많이 들른다.

필리핀 라임 칼라만시는 레몬보다 비타민이 10배나 높은 과일로 물에 넣어 먹으면 피로회복과 미백효과도 볼 수 있다. 햇볕에 지친 피부를 달래주기 위해 감자나 오이를 사는 여행자들도 눈에 띈다. 매운 맛을 좋아한다면 필리핀 고추 라부요를 찾아보자. 청량고추 3배쯤 되는 맵기로 라면이나 각종 요리에 넣어 먹을 수 있는데, 한 번 중독되면 헤어 나오기 힘든 매력을 지녔다. 저녁이면 현지인들이 바비큐 하는 모습이 눈에 띈다. 소박한 재래시장에서 조금이나마 필리피노들의 활기와 삶을 엿볼 수 있다.

Data **지도** 064p-C **가는 법** 메인 로드 크래프츠 오브 보라카이 옆 골목 **운영 시간** 새벽~밤(정해진 시간 없음)

디몰 외 쇼핑몰

보라카이 첫 쇼핑몰
시티 몰 보라카이 City Mall Boracay

2017년 2월 보라카이 첫 쇼핑몰이 오픈했고, 주민들은 열광했다. 실제로 오픈 첫째 주는 발 디딜 틈이 없었을 정도. 기대는 금물. 동네 상가 규모의 2층짜리 쇼핑몰이다. 보라카이에서 볼 수 없었던 1층에는 졸리비와 차우킹 등 유명 체인점들이 들어선 푸드코트가 있고, 한국인이 사랑하는 왓슨스도 생겼다. 마닐라나 세부 가면 꼭 사 오는 기념품인 진주 크림과 밀크 솔트도 판매한다. 세이브 모어라는 대형 슈퍼마켓에서는 다양한 생활용품은 물론 과일, 육류 등을 구입할 수 있다. 그 외에도 패션 잡화, 기념품 숍을 갖추고 있다.

Data **지도** 057p-A
가는 법 디몰에서 트라이시클로 약 20분(편도 100페소)
전화 02-856-7111
운영 시간 09:00~21:00
홈페이지 facebook.com/CityMallBoracay

저렴하게 기념품 득템
이 몰 E Mallay

스테이션 3에 위치한 작은 시장이다. 버짓 마트 2호점이 생기면서 찾는 사람이 늘었다. 물놀이에 필요한 방수백과 튜브, 기념품들을 주로 취급하는데 디몰이나 화이트 비치 쪽보다 더 싸다. 망고 등 열대과일들도 판매한다.

Data **지도** 063p-G
가는 법 스테이션 3. 디몰 버짓 마트에서 도보 15분
운영 시간 새벽~밤(정해진 시간 없음)

인기 기념품이 모두 모였다

밤부 마켓 Bamboo Market

화이트 비치에 위치한 기념품 마켓이다. 거의 비슷비슷한 물건이 대부분이지만 몇몇 괜찮은 숍들이 숨어 있다. 귀여운 라탄 가방을 파는 가게와 가죽 제품을 파는 전문 레더 숍, 수백 개의 드림 캐쳐를 갖춘 곳 등 취향에 따라 의외의 득템을 기대할 수 있다. 초입에 있는 레이저라는 가게에서는 자신이 원하는 사진으로 목각 핸드폰 케이스를 만들어주는데 특별한 기념품으로 인기다. 원하는 문구를 새겨주는 나무로 된 맥주 홀더도 제법 멋스럽다. 규모는 크지 않지만 한번쯤은 들려볼 만하다.

Data **지도** 061p-K
가는 법 스테이션 2, 비치로드, 업타운 리조트 옆
운영 시간 오전~밤(정해진 시간 없음)

악마의 잼은 이곳에서!

에어포트 라운지 기프트 숍

Airport Rounge Gift Shop

칼리보 공항 에어포트 라운지에 위치한 기념품 숍. 마무리까지 알찬 쇼핑을 위해 놓치면 안 되는 곳이다. 마지막 미션! 보라카이에서 꼭 사야하는 악마의 잼을 '겟'하라! '냉장고를 부탁해' 등 여러 TV 프로그램에서 나와 핫해진 보라카이 악마의 잼 정품은 오직 이곳에서만 구입 가능하다. 유사품이 많으니 주의하자! 그 외에도 칼라만시 원액과 코코넛 오일, 노니 비누 등 질 좋은 보라카이 특산품들을 판매한다. 포장도 고급스러워 선물용으로도 제격이다.

Data **지도** 057p-F 지도 밖 **가는 법** 칼리보 공항 맞은 편
전화 036-272-1159 **카카오톡** mnlocean
운영 시간 08:00~13:00, 18:00~24:00

Tip **악마의 유혹에 빠져보자! 보라카이 잼**

한 번 맛보면 멈출 수 없다 하여 마쉬멜로 잼과 누텔라와 함께 세계 3대 악마의 잼 타이틀을 차지한 코코넛 잼. 잼이라도 다 같은 코코넛 잼이 아니다. 전통 방식으로 직접 만드는 수제 잼으로, 최고급 과육과 사탕수수만을 사용하여 만들어 단맛 뒤에 오는 끈적거림이나 느끼함이 없다. 방부제를 넣지 않고 매일매일 일정량만 만든다. 코코넛뿐만 아니라 망고, 깔라만시, 커피 등과 콜라보를 이룬 총 9가지 제품이 있다. 시식 코너가 있어 맛보고 구입할 수 있다.

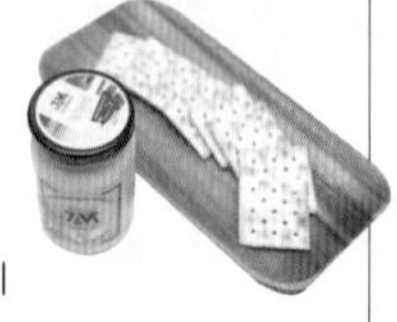

|Theme|

스트리트 마켓 구경하기

화이트 비치를 걷다보면 크고 작은 노점상들을 자주 마주하게 된다. 디몰 옆에는 아예 노점상들이 모여 스트리트 마켓을 형성했다. 부담 없이 살 수 있는 기념품들이 많으며 의외의 득템도 할 수 있으니 구경해보자. 인기 기념품 BEST 5!

손글씨 팔찌

나무로 된 팔찌에 원하는 말을 새겨준다. 함께 한사람의 이름도 좋고, 선물 받는 사람의 이름도 좋다. 한국어도 솜씨 좋게 그려준다. 실력이 좋아 금세 뚝딱뚝딱, 세상에서 단 하나뿐인 팔찌가 완성된다.

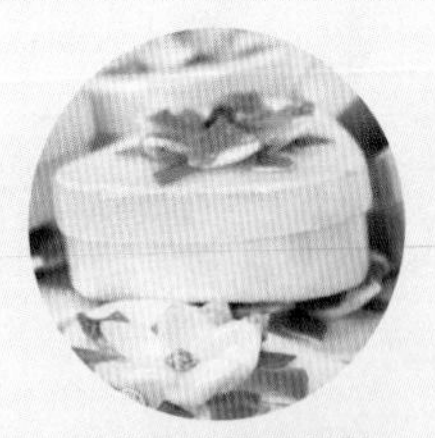

조개로 만든 보석함

은은한 진주빛 보석함은 햇빛을 받으면 더 예쁘다. 다양한 장식과 사이즈가 있어 용도에 따라 구입하면 된다. 선물용으로도 좋다. 단, 깨지지 않게 조심조심 가져가기.

냉장고 자석

너무 여행자스러운 건 사실이지만 귀엽고 아기자기한 냉장고 자석이 너무 많아 안 고를 수가 없다.

핸드폰 케이스

세상에서 가장 바쁜 내 핸드폰도 휴가 중. 보라카이 느낌 물씬 나는 케이스는 돌아가서도 계속 보라카이를 떠올리게 하는 일등공신이다.

동전지갑

보라카이가 적힌 가죽으로 만든 동전지갑. 예쁘기도 하거니와 카드와 지폐 몇 장 넣고 돌아다니기 딱 좋아 실용성까지 갖췄다.

Tip 망고만 많이 먹어도 본전은 찾는다는데 대체 어디서 팔지?

일반적으로 알고 있는 곳은 디몰에 있는 디몰 마켓과 디 탈리파파 마켓. 두 곳이 아니라도 화이트 비치 곳곳에 과일 노점상들이 있어 구입할 수 있다. 시장보다는 비싸도 여전히 싼 가격으로 편리성과 시간을 따져보면 비슷하다.

보라카이 럭셔리 리조트

말이 필요 없는 보라카이 최고의 리조트

샹그릴라 보라카이 Shangri-la Boracay Resort&Spa

필리핀 베스트 호텔 5위를 차지한 샹그릴라 보라카이는 야팍 비치를 통으로 개조해 만든 어마어마한 규모의 리조트이다. 디럭스, 스위트, 단독 빌라 타입으로 구분되는 총 219개의 객실, 인피니티 풀, 전용 비치, 7개의 레스토랑, 단독 스파 빌리지 치 스파, 피트니트센터, 엔터테인먼트 존, 전용 선착장 등 시설을 다 나열하기도 입 아플 정도. 화이트 비치와 거리가 있음에도 호텔만 즐기기에도 빠듯할 정도의 시설과 액티비티 프로그램을 갖추었다.

다양한 키즈전용 프로그램이 준비되어 있어 가족단위 여행자들의 사랑을 받는다. 전용비치 뿐 아니라 푼타붕가 비치가 바로 옆에 위치해 바다를 만끽하는 데는 부족함이 없다. 화이트 비치보다 더 맑은 물에서 스노클링과 카약을 즐기며 한적한 풍경에 젖어들 수 있다. 전체적으로 필리핀 고유의 정취를 살리면서 모던한 느낌을 주며, 명성에 걸맞은 최고급 서비스를 제공한다. 특히 풀 빌라 이용 고객에게 제공하는 개인전용 집사 서비스는 대접받는다는 느낌을 제대로 들게 한다.

Data **지도** 057p-A **가는 법** 화이트 비치에서 차량으로 약 20분 **주소** Barangay Yapak, Boracay
전화 036-288-4988 **가격** 디럭스룸 20,000페소~ **홈페이지** www.shangri-la.com/boracay

Writer's Pick!

우아하고 품격 있는 상류층의 세계 속으로

아샤 프리미어 스위트 Asha Premier Suites

보라카이에 숨겨진 파라다이스. 여기가 보라카이가 맞나 싶게 조용하고 평화로우며, 로비 안쪽으로 난 계단을 따라 펼쳐지는 수영장과 바다가 절경이다. 넓은 부지에 단 20채의 빌라만 존재하여 다른 투숙객들과 거의 마주치지 않는다. 종종 넓은 수영장과 해변을 차지하는 사치스러운 행운을 누리기도. 이보다 더 프라이빗한 풀 빌라는 둘만의 시간으로 여행을 채우고 싶은 허니무너들에게 매우 인기가 높다. 전 객실 오션 뷰를 가지며 룸 사이즈는 무려 33평 이상. 화장실이 화이트 비치에 있는 리조트의 웬만한 디럭스룸 만하다. '이런 곳에서 살고 싶다'라는 말이 절로 나온다.

객실에는 인스턴트 커피 대신 일리 캡슐 커피머신과 캡슐이 놓여있고 어메니티로 록시땅이 제공된다. 시설만큼이나 격조 높은 레스토랑은 다양한 메뉴를 갖추고 있으며 바다를 조망하면서 식사할 수 있다. 조식에 나오는 3단 실버 트레이는 여자들의 판타지를 충족시켜주기 충분하다. 로맨틱 패키지를 신청하면 바닷가 근처 작은 동굴 근처에서 둘만의 캔들라이트 디너를 준비해주니 허니무너는 물론 프러포즈를 기획하는 사람이라면 살펴보자.

Data **지도** 057p-F **가는 법** 디몰에서 차량으로 20분 **전화** 036-288-1790 **가격** 프리미어 스위트룸 15,000페소~, 프레지덴셜 스위트룸 20,000페소~ **홈페이지** www.asyapremier-boracay.com

보라카이의 수준을 한 단계 더 끌어올린

더 린드 보라카이 The Lind Boracay

투명한 바다를 자랑하는 스테이션 1 끝에 샹그릴라 부럽지 않은 5성급 럭셔리 리조트가 들어섰다. 화이트 비치가 코앞에 있지만 입 딱 벌어지는 수영장을 갖췄다. 1층의 메인 풀은 압도적인 규모를 자랑한다. 끝이 아니다. 하이라이트는 로비가 있는 3층의 인피니티 풀. 보라카이의 파란 바다와 하늘이 맞닿아 환상적인 뷰를 선사한다. 난간에 앉아 셔터만 누르면 인생샷을 건질 수 있다. 인피니티 풀을 둘러싸고 가든이 잘 꾸며져 있어 밤이면 칵테일을 즐기는 사람들로 붐빈다. 규모에 비해 좁은 전용 비치가 아쉽다. 119개의 방이 있으며, 룸 타입은 크게 가든 뷰와 시See 뷰로 나눌 수 있다.
프라이버시가 보장되는 풀 빌라가 있어 로맨틱한 시간을 보내고 싶어 하는 연인들에게 인기다. 4개의 레스토랑이 있는데 어디를 가든 모든 메뉴 주문이 가능해 원하는 장소에서 즐길 수 있다. 화, 목, 토요일에는 크러스트 레스토랑에서 디너 뷔페가 열린다. 비즈니스 센터와 키즈룸, 라이브러리 등 다양한 부대시설이 마련되어 있다. 스파는 오직 호텔 게스트에게만 오픈되어 있다. 훌륭한 조식과 서비스, 시설, 무엇 하나 부족할 게 없는 최고의 지상낙원을 선물할 것이다. 오전 9시부터 밤 11시까지 1시간마다 디몰까지 셔틀버스를 운영한다.

Data **지도** 057p-C **가는 법** 스테이션 1 비치 로드 프라이데이즈 옆 **전화** 02-835-8888
가격 비치 가든룸 18,910페소~, 비치룸 24,400페소~ **홈페이지** www.thelindhotels.com

섬세한 서비스가 마음을 사로잡는다

디스커버리 쇼어 Discovery Shores

화이트 비치 최고의 럭셔리 리조트이다. 화이트 톤의 깔끔한 리조트로 주니어, 원 베드룸 스위트, 투 베드룸 스위트로 나뉘며, 스위트는 일반 스위트와 프리미어로 또 나눠진다. 실내도 화이트 톤에 오렌지나 블루로 포인트를 주어 세련되었다. 시선을 끄는 것은 루프 톱 자쿠지! 꼭대기 층의 프리미어 스위트는 복층 형태이며 1층에는 널찍한 거실과 미니바가, 2층에는 침실이 있다. 2층을 통해 발코니로 나가면 큰 사이즈의 자쿠지가 보글보글 끓고 있다. 화이트 비치가 내려다보이는 풀 빌라 같은 느낌이다.

신나게 바다를 취한 후 따뜻한 물에 몸을 담그고 바라보는 화이트 비치의 석양은 오래도록 기억에 남을 것이다. 거기에 샴페인 한잔이 더해지면 이보다 더 로맨틱 할 수 없어 커플과 신혼부부들이 많이 찾는다. 도착하면 먼 길 오느라 고생했을 고객을 위해 각자의 룸에서 간단한 발 스크럽을 해준다. 아침 일찍부터 낑낑거리며 날아온 고생이 사르르 녹는다.

비치에 갈 때 들고 가기 좋은 에코백과 선크림 샘플 같은 실용적인 웰컴 선물과 가볍게 집어먹기 좋은 웰컴 푸드도 준비되어 있어 도착하는 순간부터 감동의 도가니다.

Data **지도** 058p-A **가는 법** 디몰에서 스테이션 1 방향으로 도보 15분 **전화** 036-288-4500 **가격** 주니어 스위트룸 13,500페소~, 원 베드룸 스위트 프리미어 20,800페소~ **홈페이지** www. discoveryshoresboracay.com

헤난 계열 중 베스트!

헤난 크리스탈 샌드 Henann Crystal Sands

한국인이 가장 사랑하는 보라카이 특급 호텔이다. 보라카이에만 7개의 지점이 있을 만큼 핫하다. 헤난 크리스탈 샌드는 가장 최근에 생긴 계열로 가장 좋은 시설과 룸 컨디션을 자랑한다. 188개의 룸을 갖추고 있으며 디럭스와 프리미어 룸으로 나뉜다. 프리미어 룸은 방 크기가 더 크고 화장실과 샤워실이 분리되어 있다. 모두 킹베드 혹은 퀸베드 + 싱글 베드로 구성되어 있어 성인 두 명, 아동 두 명까지 함께 머무를 수 있다. 한국인에게 유독 인기가 많은 것이 바로 수영장 때문. 화이트 비치와 맞닿아 있는 인피니티 풀과 빌딩 사이로 강처럼 흐르는 두 개의 수영장이 있는데 무척 아름답다. 1층에 있는 풀 액세스 룸은 문을 열면 바로 수영장이 펼쳐져 언제든지 풍덩 뛰어들 수 있다. 키디풀도 있어 아이들과 즐기기도 안성맞춤이다.

Data **지도** 060p-J **가는 법** 스테이션 2, 비치로드, 디스트릭트 옆 **전화** 036-288-9222
가격 디럭스 룸 9700페소~, 프리미어 룸 11,000페소~ **홈페이지** www.henann.com/henanncrystalsands

Tip 어디 헤난을 가지?

이름도 비슷비슷, 사진도 비슷비슷, 같은 곳인지 다른 곳인지 아리송하다. 헤난 리젠시 리조트는 크리스탈 샌드와 함께 가장 인기가 많은 곳이다. 위치와 시설 모두 훌륭하지만 가장 오래된 만큼 노후의 흔적을 찾을 수 있다. 헤난 라군 리조트는 메인 로드에 위치, 해변에 맞닿아 있지 않지만 보라카이 리젠시의 전용 비치를 함께 사용할 수 있으니 노 프라블럼. 각각 특징이 다르니 위치와 장단점 등을 꼼꼼히 살펴보자. 전반적으로 널찍한 수영장, 깔끔한 시설, 친절한 서비스를 갖추고 있어 어딜 선택해도 무난하다.

이제껏 이런 고급스러움은 없었다!

크림슨 보라카이 Crimson Boracay

세부를 여행해 본 사람이라면 크림슨이라는 이름에 눈이 반짝일 것이다. 세부의 대표적인 럭셔리 리조트 브랜드인 크림슨이 보라카이에도 상륙했다. 화이트 비치에서 차로 15분, 여기저기 공사가 한창인 메인 지역을 떠나 조용하게 휴식을 취할 수 있다. 169개의 룸과 23개의 빌라가 있는 대형 리조트지만 북적거림이 느껴지지 않는 것도 큰 장점이다.

4개의 수영장과 3개의 레스토랑, 스파를 갖추고 있다. 프라이빗 해변을 갖추고 있으며 메인 수영장은 해변과 맞닿아 있다. 매주 토요일마다 수영장에 거품을 가득 채우고 무제한 맥주와 신나는 파티를 즐기는 폼 파티form party가 열린다. 아이를 맡길 수 있는 키즈 클럽과 성인도 함께 즐길 수 있는 게임 룸이 있다. 게임 룸에는 플레이스테이션 4, 닌텐도 스위치 등 최신 게임기들이 즐비해 다 같이 즐기기 좋다.

Data **지도** 057p-A **가는 법** 디몰에서 차량으로 15분 **전화** 036-669-5888
가격 디럭스 9,200페소~ **홈페이지** www.crimsonhotel.com/boracay

보라카이의 산토리니

모나코 스위트 드 보라카이 Monaco Suites de Boracay

클럽하우스를 둘러싼 지중해풍 빌라들이 옹기종기 모여 있는 모습이 마치 유럽의 작은 마을에 온 듯한 착각마저 들게 하는 모나코. 독일 사람이 만든 리조트로 50개의 전 객실이 거실과 키친을 갖춘 스위트룸이다. 휑할 정도로 넓은 테라스가 압권이다. 원 베드룸과 투 베드룸으로 나눠져 있으니 가족단위는 물론 친구들끼리 여행하기에도 안성맞춤.

한적한 툴루반 비치의 언덕에 위치하여 탁 트인 보라카이의 아름다운 바다를 감상할 수 있다. 모나코의 상징 돌고래 모양의 수영장을 아래로 내려가면 작은 전용비치가 있으며 스노클링과 카약을 즐길 수 있다. 화이트비치와 떨어져있는 만큼 밤 11시까지 디몰을 오가는 셔틀을 운영한다.

Data **지도** 057p-D **가는 법** 디몰에서 차량으로 15분 **주소** Tuliban, Manoc-Manoc, Boracay
전화 036-288-4800 **가격** 원 베드룸 스위트 17,000페소~ **홈페이지** www.monacosuitesboracay.com

화이트 비치 숙소 총정리

버섯 하우스에서 누리는 지상낙원

엠버서더 인 파라다이스 Ambassador in Paradise

Data **지도** 058p-A
가는 법 디몰에서 스테이션 1 방향으로 도보 20분
전화 036-288-5598
가격 디럭스룸 8,500페소~, 허니문 스위트룸 20,800페소~
홈페이지 www.ambassadorinparadise.com

2009년에 오픈한 디스커버리 쇼어의 라이벌이다. 버섯 모양의 귀여운 건물의 전 객실이 바다를 향해있어 오션 뷰를 자랑한다. 프라이데이즈 리조트의 트로피컬한 느낌과 디스커버리 쇼어의 현대적인 느낌을 함께 가진 리조트. 객실은 5성급에는 살짝 못 미치지만 넓어서 쾌적하며, 특히 스톤으로 된 큰 욕실은 은은하게 독특한 분위기가 일품이다. 방에 전화기가 없으며, 필요 시 프런트에 말하면 전용 휴대폰을 대여해준다.

기본적인 디럭스룸부터 월풀 욕조와 통유리가 매력적인 허니문 스위트룸, 총 6명이 묵을 수 있는 패밀리룸 등 7가지 타입의 룸을 갖추고 있다. 메인 풀장이 아담하지만 바로 앞이 화이트 비치라 크게 아쉬움은 없다. 전용 비치에는 선 베드뿐만 아니라 야자수 아래 쇼파와 테이블도 마련되어 있어 시원하게 휴식을 취할 수 있다. 달콤한 과일주스 한잔 마시면서 한적함과 여유가 느껴지는 바다를 바라보다보면 '별 거 있나, 이게 바로 파라다이스지'하는 마음이 절로 든다. 디몰까지 걸어서 가기는 거리가 있는 편이어서 셔틀버스를 운영한다. 트라이시클로는 기본 60페소. 나뭇잎에 굿나잇 메시지를 적어주는 아기자기한 서비스로 하루 마무리까지 미소 짓게 만드는 곳이다.

엽서에서 본 그곳
프라이데이즈 Fridays

디스커버리 쇼어가 문 열기 전까지 화이트 비치 최고급 리조트로 사랑받았던 리조트다. 프라이데이즈 바로 앞 화이트 비치는 화이트 비치에서도 가장 아름다운 해변을 가지고 있어 보라카이 엽서에도 자주 등장하였다. 나무로 만든 프라이데이즈 간판과 함께 찍는 인증샷은 필수코스. 어떻게 찍어도 화보 같은 사진을 건질 수 있는 마법의 장소다. 트로피컬한 코티지 형식으로 되어 있으며, 실내는 필리핀 전통스타일의 대나무로 만들어졌다.

모든 방에는 여성들의 마음을 설레게 하기 충분한 캐노피 침대가 설치되어 있다. 방 앞에 걸린 해먹은 휴양지 느낌을 제대로 풍긴다. 자연친화적인 분위기 속 편하게 쉬며 리프레시 하기에 부족함이 없는 곳이다. 6개 밖에 없는 프리미어 스위트룸은 럭셔리한 필리핀 별장에 온 듯한 느낌을 준다. 가장 큰 단점은 가격대비 낡은 시설인데 특히 기본 등급인 슈피리어룸은 많이 낡고 좁다.

Data **지도** 058p-A
가는 법 디몰에서 스테이션 1 방향으로 도보 15분
전화 036-288-6200
가격 슈피리어룸 6,500페소~, 프리미어 스위트룸 12,000페소~
홈페이지 www.fridaysboracay.com

감각이 돋보이는 부티크 호텔

아스토리아 Astoria

아스토리아는 스타일리시한 소품과 인테리어가 돋보이는 곳이다. 수영장 주위에 놓아진 나뭇잎 모양의 선베드와 코쿤형의 해먹, 새장을 닮은 흔들의자는 안 누워보고는 못 배길 것. 사진도 잘나오니 인증샷을 꼭 남기자. 밤이 되면 수영장에 형형색색의 조명이 들어와 아름다움이 두 배. 수영장 바로 옆에 위치하여 언제든지 뛰어들 수 있는 디럭스 풀 액세스룸이 인기가 많다. 단정한 외관만큼 색을 테마로 꾸민 내부도 깔끔하다. 산뜻한 애플그린이나 소라색으로 둘러싸인 방은 젊은 커플이나 친구끼리 하는 여행에 잘 어울린다. 특이하게도 룸 안에 전자레인지와 기본 커트러리를 갖추고 있다.
화이트 비치가 바로 보이는 레스토랑은 조식이 매일 바뀌고, 스테이션 1에 위치한 레스토랑보다 저렴한 디너 뷔페가 열려 늘 사람들로 북적인다. 마냐나, 게리스 그릴, 하와이안 바비큐 등 스테이션 1 맛집 밀집 지역에 위치한다는 것도 큰 장점이다. 화이트 비치에 있는 만큼 부티크 호텔치고는 가격이 착한 편은 아니다. 최근 스테이션 3에 커런트 바이 아스토리아Current by Astoria를 새로 오픈했다.

Data **지도** 060p-I **가는 법** 디몰에서 도보 5분 **전화** 036-288-1111 **가격** 디럭스룸 9,200페소~
홈페이지 www.astoriaboracay.com

캐주얼한 감성이 있는 곳

주주니 부티크 호텔 Zuzuni Boutique Hotel

그리스어로 '작은 벌레'라는 뜻의 귀여운 이름을 가진 주주니는 13개의 룸으로 이루어진 아담한 규모의 부티크 호텔로 내 집 같은 안락함을 선사한다. 나무의 결이 느껴지는 원목과 화이트로 꾸며진 지중해풍 내부는 작지만 알차다. 디럭스룸은 제법 넉넉한 발코니가 있어 친구들과 산미구엘을 마시며 화이트 비치를 즐기기에 충분하다. 그리스와 스페인 오너가 운영하는 덕분에 1층 레스토랑 코지나에서는 유럽의 풍미 가득한 음식을 맛볼 수 있다. 조식으로는 유러피안 블랙퍼스트와 스낵으로는 타파스를, 저녁으로는 파엘라를 맛볼 수 있는 어메이징한 곳.

Data **지도** 060p-J **가는 법** 스테이션 1 비치 로드 디몰에서 도보 5분
전화 036-288-4477 **가격** 스탠더드룸 5,500페소~ **홈페이지** www.zuzuni.net

편리한 위치, 깔끔한 시설, 친절한 서비스

더 디스트릭트 The District

48개의 객실 모두 아이보리 톤의 모던하고 깔끔한 인테리어를 갖추고 있다. 가장 기본 등급 객실인 디럭스룸은 방이 작은 편이니 참고하자. 한 단계 업그레이드 된 더 넓은 프리미어룸은 12개 밖에 없어 예약하려면 서둘러야 한다. 수영장은 단출하지만 화이트 비치가 엎어지면 코 닿을 거리에 있어 아쉬움을 달랠 수 있다. 스테이션 1과 가까운 스테이션 2에 위치하여 아름다운 바다와 디몰의 편의성을 모두 누릴 수 있다는 장점이 있다. 저렴한 가격대는 아니지만 최적의 위치, 청결한 룸, 좋은 서비스를 다 더해보면 결코 비싼 것도 아니다.
게다가 모든 룸 가격에는 조식이 포함되어있어 잘 나오기로 소문난 디스트릭트의 조식으로 든든하고 행복한 보라카이의 아침을 열 수 있다. 블랙퍼스트 뷔페가 열리는 스타 라운지는 저녁이 되면 칵테일 한잔하기 좋은 분위기의 바로 변신한다.

Data **지도** 060p-J **가는 법** 디몰에서 스테이션 1 방향으로 도보 5분 **전화** 036-288-2324
가격 디럭스룸 11,700페소~, 프리미어룸 12,800페소~ **홈페이지** www.thedistrictboracay.com

편안한 친구 같은 숙소

보라카이 비치 클럽 Boracay Beach Club

보라카이의 수많은 럭셔리 리조트를 물리치고 트립 어드바이저 상위 랭킹에 든 보라카이 비치 클럽, 줄여서 BBC의 매력은 바로 가격대비 만족도 높은 시설과 프랜들리한 스태프들에 있다. 해변에 위치하진 않았지만 길 하나 건너면 스테이션 1의 아름다운 비치가 눈앞에 펼쳐진다. 비치 프런트 식당을 함께 운영하여 바다를 바라보며 조식을 먹거나 선 베드도 이용 가능하다. 이렇게 해변에 위치한 리조트들의 특혜는 누리면서 가격은 저렴한 편이니 인기가 있을 수밖에. 아직 한국인에게 많이 알려진 편이 아니라 서양 여행객들이 대부분이다.
퀸 사이즈가 두 개 있는 디럭스 패밀리룸과 거실과 방이 나눠진 스위트룸은 가족끼리 묵기 안성맞춤이다. 3일 이상 묵으면 저렴하게 이용할 수 있는 패키지들이 있으니 홈페이지를 참고하자. 아리엘스 포인트 투어를 진행하는 곳으로 투숙객에게는 디스카운트를 제공한다. 엘리베이터가 없는 것과 약한 와이파이가 흠.

Data 지도 059p-C
가는 법 스테이션 1 메인 로드 디몰에서 도보 5분
전화 036-288-6770
가격 디럭스 킹룸 80달러~, 디럭스 패밀리룸 90달러~
홈페이지 www.boracaybeachclub.com

자연친화적인 트로피컬 호텔

레드 코코넛 비치 호텔 Red Coconut Beach Hotel

화이트 비치 앞에 마주한 4층 건물로 좋게 말하면 트로피컬하고, 나쁘게 말하면 약간 촌스럽다. 저렴한 클래식룸부터 풀 사이드룸, 스위트룸까지 다양한 객실 타입을 갖춰 여행자에 맞게 고를 수 있다. 신관 객실 뒤쪽으로 방갈로 분위기의 6~10명 수용이 가능한 패밀리룸이 있어 가족 단위 여행자들이 많이 찾는다. 겉모습에 비해 룸은 깔끔한 편이다. 유명한 코코 바와 코코 커피를 함께 운영하고 있어 늘 사람들로 붐빈다. 신관이 더 깨끗하고 바다 쪽 전망을 가지고 있어 인기가 높지만 코코 바 때문에 새벽 2시까지 소음이 발생한다는 단점이 있다.

Data 지도 060p-J
가는 법 디몰에서 스테이션 1 방향으로 도보 3분
전화 036-288-3507
가격 클래식룸 5,400페소~
홈페이지 www.redcoconut.com.ph

루프 톱 수영장이 매력적인

더 타이즈 The Tides

디몰 한가운데 자리한 모던한 숙소. 디몰에 있는 만큼 항상 사람들로 북적거린다는 느낌을 받지만 리조트 자체는 외부와 차단되어 있어 막상 휴식을 취하는 데는 어려움이 없다. 블랙&화이트 콘셉트의 룸은 심플하며 더 하지도 덜 하지도 않다. 타이즈 최고 매력은 바로 옥상. 한적한 루프 톱 수영장에서 여유롭게 바라보는 화이트 비치는 또 다른 모습을 하고 있다. 저녁이 되면 칵테일 라운지와 수영장이 은은한 조명을 뿜으며 스타일리시한 분위기를 내뿜는다.

Tip 수영장 옆에 있는 서렌더 데이 스파는 리조트 부속 마사지 숍임에도 불구하고 착한 가격을 자랑한다. 수영하고 밥 먹고 리조트 내에서 시간을 보낼 사람이라면 추천.

Data **지도** 065p-H **가는 법** 스테이션 2 디몰 내 위치 **전화** 036-288-4517
가격 에센셜 1박 5,000페소~
홈페이지 www.tidesboracay.com

합리적이고 경쾌한

보라카이 업타운 Boracay Uptown

입구부터 컬러풀한 업타운은 밝고 활기찬 분위기로 젊은 여행객들의 마음을 사로잡았다. 디몰과 2분, 화이트 비치와 1분 거리에 있어 위치면 위치, 시설이면 시설, 가격이면 가격 두루두루 만족시키는 부티크 호텔. 파라이소 그릴 등 유명 카페와 레스토랑이 모여 있고, 편의점까지 있어 한 건물에서 생활이 가능할 정도. 오렌지, 그린, 블루 등 색을 테마로 한 객실은 꽤 넓은 편이고 깨끗하다. 화이트 비치에 근접한 리조트들은 수영장이 부실한 편이지만 업타운은 2개의 전용 풀장을 가지고 있다. 3층에 위치한 인피니티 풀은 마치 화이트 비치에서 헤엄치는 듯한 느낌마저 들게 한다.

Data **지도** 061p-K
가는 법 스테이션 2 비치 로드 디몰에서 스테이션 3 방향으로 도보 1분
전화 036-288-2659
가격 슈피리어룸 1박 6,300페소~
홈페이지 www.boracayuptownresort.com

가족을 위한 똑똑한 선택
아잘레아 보라카이 Azalea Boracay

2016년 헤난 리조트의 아성을 무너뜨릴 리조트가 오픈했다. 총 283개의 방을 가진 4성급 대규모 리조트다. 디럭스룸을 제외하고 모두 1~3개의 침실을 가진 스위트룸이다. 레지던스 아파트 형태로 모든 방에 작은 주방을 갖추고 있는 것이 특징이다. 전기주전자, 전자레인지뿐만 아니라 전기스토브까지 있어 어린아이를 둔 가족 여행자들 사이에서 각광받고 있다. 있으면 유용한 슬리퍼와 어댑터, 헤어드라이기가 준비되어 있다. 바로 해변 코앞은 아니지만 6층 옥상에 분위기 좋은 수영장이 있다. 유아 동반 손님이 많은 만큼 어린이 풀이 나눠져 있어 편리하다. 해질 무렵 무척 아름다우며, 밤 10시까지 오픈해 야간 수영을 즐길 수 있다. 레스토랑으로 유명 체인 레스토랑인 쿠야 제이kuya J가 들어와 있다.

Data **지도** 061p-H **가는 법** 스테이션 2 메인 로드, 헤난 가든 리조트 옆 **전화** 02-484-0081
가격 디럭스룸 7,500페소~, 2베드룸 아파트 15,000페소~ **홈페이지** www.azaleaboracay.com

세련미가 넘치는
코스트 보라카이 Coast Boracay

71개의 방을 가진 중급 리조트로 2016년에 지어져 깔끔하다. 블루 마리나, 디럭스, 프리미어, 원 베드 디럭스, 로프트 총 5개의 룸 타입이 있다. 가장 낮은 카테고리인 블루 마리나의 경우 본관이 아닌 조금 떨어져 있는 자매 리조트이니 해변을 누리기 위해서는 디럭스 이상을 선택하는 것이 좋다. 가장 높은 객실인 로프트는 복층 구조로 주방을 갖추고 있다. 2개의 수영장이 있으며, 1층은 풀 액세스 룸과 다름없다. 비치 프런트 레스토랑 차차 역시 꼭 한번 이용해볼 것! 카티클란까지 무료 픽업, 샌딩 서비스를 제공한다. 칼리보까지 가는 택시 어레인지도 가능하다.

Data **지도** 062p-I **가는 법** 스테이션 2 비치 로드, 헤난 리젠시 리조트 옆 **전화** 036-288-2634
가격 블루 마리나 7,500페소~, 디럭스 8,500페소~ **홈페이지** www.coastboracay.com

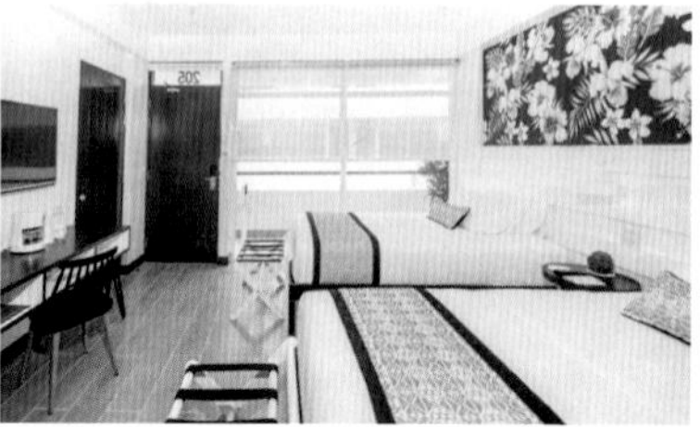

코티지가 주는 마법 속으로

니기 니기 누 누스 Nigi Nigi Nu Noos

재미있는 이름을 가진 폴리네시안 스타일의 리조트이다. 큼직한 이파리를 가진 낯선 식물들이 가득한 정원에 코티지들이 숨어있다. 나무로 된 벽과 소품, 액자 등이 필리핀에 온 느낌 제대로 들게 한다. 자연친화적인 환경이다 보니 벌레로부터 자유로울 순 없지만 모던한 호텔에서는 느낄 수 없는 필리핀에 가까워진 듯한 낭만이 느껴지는 곳이다. 약간의 불편함은 있지만 이상하게 다 이해될 만큼 느긋해지는 게 니기 니기의 마법이랄까. 커다란 버거로 유명한 니기 니기 펍에서 제공하는 조식 또한 맛있으니 사랑하지 않을 수 없다. 디몰과 디 탈리파파 마켓 둘 다 가까우며 인기가 많아 스테이션 1에 니기 니기 투 비치 리조트를 오픈했다.

Data **지도** 062p-I **가는 법** 디몰에서 스테이션 3 방향으로 도보 10분 **전화** 036-288-3101
가격 스탠더드룸 4,200페소~ **홈페이지** www.niginigi.com

하늘하늘 캐노피 침대가 주는 낭만

보라카이 만다린 아일랜드 리조트 Boracay Mandarin Island Resort

해변 바로 앞에 있는 아담한 리조트. 규모는 작지만 고급스러워 가격대가 있는 편이다. 수영장을 가운데 두고 3층짜리 건물이 'ㄷ' 자 형태로 둘러싸고 있다. 52개의 룸을 9가지나 되는 카테고리로 분류해놓아 방마다 특색을 주었다. 지중해풍으로 꾸며진 방과 욕실은 차분한 톤의 세련미를 갖췄다. 프리미어룸부터는 캐노피 침대가 설치되어 있으며, 스위트룸은 전용 바와 수영장을 갖춘 독립된 공간으로 화이트 비치를 바라보며 프라이빗하게 지내고 싶은 사람이게 추천한다. 돈 비토Don Vito 레스토랑과 만다린 스파가 함께 있다.

Data **지도** 061p-L **가는 법** 스테이션 2 비치 로드 디몰에서 스테이션 3 방향으로 도보 10분 **전화** 036-288-3444
가격 디럭스룸 8,000페소~ **홈페이지** www.boracaymandarin.com

그림 같은 바다 위 하얀 모래성

보라카이 샌즈 호텔 Boracay Sands Hotel

스테이션 3를 걷다보면 파란 하늘에 유독 빛나는 하얀 건물을 마주하게 된다. 모래성을 닮은 샌즈는 디몰과 디 탈리파파 마켓과도 멀지 않으면서 스테이션 3 특유의 한적한 해변을 즐길 수 있는 조용한 실속형 호텔이다. 가격 또한 10만원 전후반으로 비치 사이드 호텔치고는 저렴하다. 총 55개의 룸 중 48개가 디럭스룸이며 이국적이면서도 심플한 편. 다만 좁고 오션뷰가 아니라 답답한 느낌을 피할 수는 없다. 스위트룸은 모두 오션 뷰로 룸과 욕실 컨디션이 훨씬 좋으며, 화이트 비치를 조망할 수 있는 넓은 발코니가 인상적이다.

Data **지도** 063p-K
가는 법 스테이션 3 비치 로드 디몰에서 스테이션 3 방향으로 도보 20분
전화 036-288-4966
가격 디럭스 스위트룸 1 120달러, 이규제큐티브 스위트 룸 180달러
홈페이지 www.sandshotelboracay.com

판타지를 충족시켜줄 그곳

빌라 카밀라 Villa Caemilla

2014년 리노베이션을 거치면서 쾌적한 부티크 호텔로 다시 태어난 빌라 카밀라는 작은 규모인 만큼 세심한 서비스가 돋보인다. 객실은 기본적인 디럭스부터 4명이 머무를 수 있는 주니어 스위트와 6인실 패밀리 스위트까지 갖추고 있다. 모든 스위트룸은 발코니를 가지고 있다.
아시아 관광객들에게 많이 알려지지 않아 유럽 사람이 대부분이며 한적하다. 전용 해변이나 다름없는 해변은 바쁜 일상 속 꿈꿔왔던 조용한 바닷가에서 음악을 들으며 책을 읽는 판타지를 실행하기 최적의 장소다. 디몰까지 걷기는 조금 먼 편이지만 리조트 앞에서 인력거를 타고 스테이션 2 경계선까지 갈 수 있어 많이 불편하지는 않다. 걸으면 20분 정도 걸린다.

Data **지도** 063p-L
가는 법 스테이션 3 비치 로드 디몰에서 스테이션 3 방향으로 도보 30분
전화 036-288-3106
가격 스탠더드 디럭스룸 4,400페소~, 패밀리 스위트룸 12,400페소~
홈페이지 www.villacaemilla.com

혜성처럼 나타난

휴 호텔&리조트 보라카이 Hue Hotels & Resorts Boracay

스테이션 3 지역을 씹어먹을(?!) 새로운 강자가 나타났다. 2017년에 오픈, 쾌적하고 세련된 시설을 자랑한다. 126개의 룸이 있으며 디럭스, 스위트, 패밀리 룸으로 나뉜다. 특히 방 두 개가 조인 된 패밀리 룸은 가족 단위는 물론, 친구들과의 여행을 즐기는 젊은 층에게 인기다. 해변이 아닌 메인로드에 위치해 있지만 아쉬움을 달래줄 넓은 수영장을 갖추고 있다. 동그란 수영장 가운데 위치한 풀 바가 휴가의 낭만을 더한다. 걸어서 5분이면 화이트 비치에 닿을 수 있다.
휴 호텔 & 리조트의 또 다른 강점은 선택지 많은 먹거리이다. 리조트 내 스테이션 X라고 부르는 복합 공간에는 다양한 맛집과 로컬 부티크 숍들이 입점해 있다. 수영장 주위 오픈 테이블 형식으로 형성된 푸드 코트가 있어 리조트에 머물지 않더라도 한번 찾아가 볼 만하다. 건강 식단으로 유명한 노니스와 맛있는 피자집 디아블로, 요즘 인기 급부상한 코코마마 아이스크림 등을 만나볼 수 있다.

Data 지도 062p-F
가는 법 스테이션 3, 메인로드, 디 몰 버짓마트에서 도보 10분
전화 036-286-2900
가격 디럭스 6,650페소~
홈페이지 www.thehuehotel.com/boracay

요즘 핫한 블라복 비치, 어디서 묵지?

또 다시 머무르고 싶은

세븐 스톤즈 Seven Stones

블라복 비치에 위치한 럭셔리 리조트이다. 번잡한 화이트 비치에서 벗어나 있으면서도 도보 10분 이내 주요 시설이 있어 관광과 여유 둘 다 즐길 수 있다. 기본 룸인 슈피리어룸을 제외하고는 모두 거실과 침실이 나눠진 스위트룸 형태다. 방 2개짜리 4~6인실, 방 3개짜리 6~8인실이 있어 가족 여행객들에게 인기가 높다. 전체적으로 모던하게 꾸며져 있으며 매우 넓은 편이다. 조리 기구와 식기를 갖춘 주방 시설이 있어 편리하다.
리조트 부속 레스토랑인 세븐스 노트 카페는 숨은 맛집이니 꼭 들러보자. 사랑하는 연인과 여행 중이라면 'love under the stars' 프로모션을 놓치지 말자. 바다 바로 앞에 촛불로 장식된 테이블이 차려지고 둘만이 오붓한 저녁식사를 즐길 수 있도록 도와준다. 최저가를 보장하며 자체 프로모션을 많이 하니 웹사이트를 참고하자.

Data **지도** 060p-B **가는 법** 블라복 비치. 디몰 버짓 마트에서 도보 5분 **전화** 036-288-1601
가격 슈피리어룸 5,000페소~, 주니어 스위트룸 7,000페소~ **홈페이지** www.7stonesboracay.com

내 집 같은 편안함

레반틴 Levantine

블라복 비치 끝에 위치해 한량한 분위기를 마구 풍기는 레반틴은 쾌적한 시설과 착한 가격으로 인기가 많다. 주로 서양 여행자들이 머물며 낮부터 해먹 혹은 바다에 누워 맥주를 마시며 느긋하게 시간을 보내는 모습을 볼 수 있다. 19개의 방이 있으며, 슈피리어, 디럭스, 패밀리룸으로 나뉜다. 패밀리룸이라곤 하지만 조금 더 큰 방에 엑스트라 베드 하나를 더 넣은 3인실이다. 바닷가 바로 앞에 위치한 레스토랑은 분위기와 맛을 모두 갖췄다. 아름다운 일몰과 밤하늘을 볼 수 있다.

Data **지도** 061p-C
가는 법 블라복 비치. 디몰 버짓 마트에서 도보 10분
전화 036-288-2763
가격 디럭스룸 2,000페소~
홈페이지 www.levantinboracay.com

가성비 갑! 높은 만족도!

페라 호텔 Ferra Hotel

2015년도에 오픈한 신생 호텔로 곧 2호점을 낼 만큼 높은 인기를 자랑한다. 외관은 살짝 허름하나 내부는 깨끗하다. 스탠더드, 슈피리어, 스위트, 로프트룸으로 나눠져 있다. 방 크기는 크지 않지만 어메니티와 냉장고 등 오밀조밀 다 갖추고 있다. 헤어드라이기는 로비에 요청하면 준다. 로프트룸은 복층 형태로 1층에는 거실과 미니 주방이, 2층에는 침실이 있다. 투 베드룸 로프트는 4명이 묵을 수 있어 가족 단위 여행자들에게 적합하다. 아담한 수영장도 있다.

화이트 비치와 블라복 비치 사이에 위치하고 있다. 디몰과 블라복 비치까지는 도보 5분, 화이트 비치까지는 도보 10분 정도. 높은 접근성과 메인 도로에서 살짝 벗어난 곳에 있어 시끄럽지 않은 것도 장점이다.

Data **지도** 060p-B **가는 법** 디몰 버짓 마트 맞은 편 BPI골목 블라복 방향, 문치스 골목으로 들어와 도보 2분
전화 036-288-1177 **가격** 스탠더드룸 4,200페소~, 스위트룸 6,500페소~ **홈페이지** www.ferrahotel.com

배낭여행자의 소울이 담긴

W 호스텔 W Hostel

드디어 보라카이에도 괜찮은 호스텔이 들어섰다. 그동안 스테이션 3은 서양인들이 묵는 저렴한 숙소들은 있었지만 한국인의 눈높이에 맞추기는 쉽지 않았던 것이 사실. 4층짜리 건물로 제법 규모가 큰 호스텔이다. 실내는 그라피티와 벽화로 자유로운 감성이 충만하다.

4인실과 6인실, 8인실 도미토리, 2인실로 나눠져 있다. 삐거덕 거리는 철제 2층 침대가 아닌 특별히 맞춤 제작된 공간으로 편안함과 프라이버시 둘 다 잡았다. 매트리스는 폭신하고 침구도 보송하다. 8인실 도미토리는 방 안에 화장실을 갖추고 있다. 공용 화장실 역시 깨끗하게 관리되고 있다.

Data **지도** 060p-B
가는 법 디몰 버짓 마트 맞은 편 BPI골목 블라복 방향, 100% 코코넛 카페 옆
전화 036-288-9059
가격 도미토리 600페소~, 2인실 2,500페소~
홈페이지 www.whostel.ph

02

세부
CEBU

대도시의 활기, 남국 섬의 뜨거움은
여행자들의 위시 컬래보레이션.
세부는 휴양, 관광, 쇼핑, 다이닝
모두를 만족시켜주는 여행자의 천국이다.
주위에 개발되지 않은 섬들이 많아 조금만
눈을 돌리면 제2의 보라카이가 언제
튀어나올지 모르는 양파 같은 매력에
빠져 한 번 가고, 두 번 가고 결국
오래도록 찾아가는 곳이 세부다.

Cebu
PREVIEW

우리가 알고 있는 세부는 세부가 아니다?! 세부는 필리핀 중부 지방에 위치한 13개의 도시로 구성되어 있는 큰 섬 이름이다. 우리가 흔히 '세부'라 부르는 곳은 세부 본섬에 속한 세부 시티와 막탄 섬을 일컫는 경우가 대부분이다.
세부 시티는 필리핀 제2의 도시답게 대형 쇼핑몰과 높은 건물들이 즐비하고, 막탄 섬은 휴양을 위해 지어진 리조트 섬이다. 어디를 어떻게 여행하느냐에 따라 세부는 천의 얼굴을 가진다.

ENJOY

뭐니 뭐니 해도 세부 여행의 최고 매력은 에메랄드 빛 바다에서 즐기는 스노클링과 야자수 아래서의 휴식. 정작 여행자 대부분이 머무는 막탄 섬에는 괜찮은 해변이 없지만 대다수의 리조트는 아름다운 전용 인공 비치를 보유하고 있다. 리조트에서 휴양을 즐기며 호핑 투어 등 다른 야외 일정을 잡는 것이 일반적이다. 세부는 스페인 사람들이 제일 처음 밟은 필리핀 땅인 만큼 역사적 가치가 높은 문화유산들을 간직하고 있어, 시티 투어를 겸하면서 과거 식민지 시절부터 동서양 문화가 공존하는 현재의 모습까지 볼 수 있다.

EAT

여행 내내 먹고, 먹고 또 먹어도 돌아가는 비행기 안에서 못 먹은 음식들이 눈앞에 아른거릴 정도로 미식의 도시다. 세부 시티의 아얄라 센터와 SM 시티, 살리나스 드라이브 주위로 맛집들이 포진해 있다. 막탄 섬의 경우 이동이 불편한 것을 감안해 리조트 자체에 훌륭한 레스토랑을 갖추고 있는 경우가 많다.

BUY

우리나라 쇼핑몰과 비교해도 뒤지지 않는 아얄라 센터와 SM 시티에서 해외 유명 브랜드들과 로컬 인기 숍들을 만나볼 수 있다. 장도 보고 기념품도 사기 좋은 슈퍼마켓 세이브 모어, 화장품 쇼핑을 위한 왓슨스, 신기한 식재료가 가득한 재래시장 등 쇼핑 스타일 a부터 z까지 커버하니 입맛에 맞춰 플랜을 세우기만 하면 끝!

SLEEP

리조트 아일랜드라는 명성에 걸맞게 초호화 럭셔리 리조트부터 기본적인 로컬 호텔까지 다양한 숙소가 있다. 리조트에서의 휴양이 목적이라면 막탄 섬의 리조트를, 현지의 활기를 놓치고 싶지 않다면 세부 시티의 호텔을 이용하는 것이 좋다. 일정이 4일 이상이라면 반반 묵는 것도 괜찮다. 혼자 여행하는 배낭여행자의 숙소가 적고 퀄리티가 떨어지는 게 아쉽다.

Cebu
BEST OF BEST

바다면 바다, 관광이면 관광, 쇼핑이면 쇼핑, 뭐 하나 빠지는 게 없는 무궁무진한 세부. 돌아가는 길이 아쉽지 않도록 꼭 경험해야 할 볼거리, 먹거리, 즐길거리 베스트를 소개한다.

볼거리 BEST 3

일곱 가지 색을 가진 세부 바다

세부 최고의 쇼핑센터, 아얄라 센터

반짝반짝 야경이 한눈에 바라다보이는 톱스 힐

먹을거리 BEST 3

즉석에서 구워먹는 바비큐

세계인의 사랑, 알리망오

필리핀 대표 전통음식, 레촌

투어 BEST 3

세부의 꽃, 호핑 투어

역사와 현재 속으로~ 헤리티지 투어

고래상어와 춤을~ 오슬롭 투어

Cebu
GET AROUND

어떻게 갈까?

세부는 한국에서 4시간 30분이면 도착할 수 있는 가까운 동남아 도시다. 대한항공과 아시아나, 필리핀항공 외에도 다양한 저가 항공들이 직항 노선을 가지고 있어 접근성이 뛰어나다.

막탄 세부 국제공항에서 이동하기

세부의 공항은 막탄 섬에 위치하고 있어 주요 리조트들과 거리가 가깝다. 공항에서 이동하는 수단은 보통 2가지, 픽업 서비스와 택시다. 픽업 서비스는 리조트나 여행사 등에서 제공하는 서비스를 이용하는 것으로 택시보다 비싸지만 가장 편하다. 무료로 제공하는 리조트들도 있으니 미리 체크해보자. 공항 밖에는 비행기 도착 시간에 맞춰 택시들이 줄지어 대기하고 있는데 택시의 종류가 3가지나 된다.

1.쿠폰 택시

일정 거리 단위로 요금이 정해져 있으며, 공항 출구 앞 부스에서 미리 금액을 지불하고 영수증을 받고 타는 형태. 실랑이를 할 필요가 없어 편하지만 일반 택시보다 약 3배가량 비싸 막상 이용하는 사람은 적다.

2.공항 택시

출국장 밖에서 바로 잡을 수 있는 노란 택시로, 미터제로 운영하며 일반 택시에 비해 약 2배 비싸다.

3.일반 택시

일반 흰색 택시는 출국장을 통과해 2층으로 올라간 후 바깥으로 나가면 잡을 수 있다. 원래는 미터제가 정상이지만 공항인데다 새벽인 만큼 웃돈을 요구하니 막탄 내 리조트일 경우 50페소, 세부 시티로 갈 경우 100페소 정도를 더 얹어준다고 하면 적당하다. 공항에서 막탄 섬 샹그릴라까지는 웃돈 포함하여 약 150페소, 아얄라 센터까지는 300페소 정도면 적당하다.

어떻게 다닐까?

현지인들은 지프니를, 여행자들은 주로 택시를 이용한다. 도보로 관광지를 이동하는 경우는 다운타운을 제외하면 거의 없다. 세부 시티에 머문다면 주위로 걸어서 다닐만한 거리에 편의시설이 있지만 막탄은 몇몇 리조트를 벗어나면 아무것도 없다고 보면 된다. 한인 마사지 숍의 픽업, 드롭 서비스를 잘 이용해 이동 비용을 절약하는 것도 한 방법이다. 본섬에 있는 다른 지역을 가는 버스를 탈 때는 세부 시티에 있는 북부 버스터미널과 남부 버스터미널을 이용한다.

1. 택시

이렇다 할 대중교통이 없는 세부의 메인 교통수단. 세부 시티에서는 언제 어디서든 택시를 잡기 쉽다. 하지만 막탄 섬에서는 마리나 몰과 가이사노 그랜드 몰, 몇몇 리조트를 제외하고는 길에서 택시 잡기가 어렵다. 리조트에 미리 택시를 불러달라고 해야 한다. 미터기 사용이 일반적이다. 기사가 미터기를 켜지 않는다면 꼭 집고 넘어가야 한다. 잔돈을 거슬러 주지 않는 것이 일반적이니 작은 돈을 준비하는 것을 잊지 말자.

막탄 ↔ 세부 시티 오가기

막탄 섬과 세부 시티는 30분 정도 밖에 안 되는 거리지만 교통체증이 심하기 때문에 예측하기 어렵다. 교통 사정이 나쁠 때는 1시간 반까지 소요된다. 거리가 멀고 보통 빈 차로 나와야 하기 때문에 기사들이 꺼려하는 경우가 많아 미터 요금에 100페소를 얹어주거나 차가 많이 막히는 러시아워에는 미터기를 켜기보다 350~450페소 정도로 협상하면 적당하다.

이것만 알면 택시비 흥정 어렵지 않다!

기본요금은 40페소에 200m당 3.5페소씩 올라간다지만 감이 안 오는 게 사실. 협상도 뭘 알아야 깎을지 말지를 결정할 수 있으니, 주요 관광지 간 금액을 대충이나마 알고 있다면 더 이상은 겁나지 않는다. 택시야 와라!

출발 / 도착	공항	샹그릴라	플렌테이션 베이	가이사노 그랜드 몰	SM 시티	아얄라 센터	IT 파크	오스메냐 서클
공항		200P	300P	200P	250P	300P	300P	300P
샹그릴라 막탄	200P		250P	250P	300P	350P	300P	350P
플렌테이션 베이	300P	250P		200P	350P	400P	350P	400P
가이사노 그랜드 몰	200P	250P	200P		300P	350P	300P	400P
SM 시티	250P	300P	350P	300P		180P	160P	250P
아얄라 센터	300P	350P	400P	350P	180P		150P	200P
IT 파크	300P	300P	350P	350P	160P	150P		250P
오스메냐 서클	300P	350P	400P	400P	250P	200P	250P	

※일반 미터 기준 요금으로 공항에서 나올 때와 세부 시티, 막탄 섬을 오갈 때는 50~100페소 추가.
※대략적인 가이드라인 금액으로 도로와 현지 사정에 의해 달라질 수 있다.

2. 트라이시클

오토바이를 개조해 옆에 사이드카를 붙인 오토바이 택시. 막탄 섬 안을 오갈 때 이용하며, 일반 택시보다 저렴하다. 제이 파크 아일랜드 리조트와 세이브 모어 근처에 모여 있으며 50페소부터 시작, 가격 협상은 필수.

3. 오토바이

'하발하발'이라는 귀여운 이름으로 불리는 3인승 오토바이는 기대 이상으로 편하고 안전해서 추천하는 교통수단이다. 특히 교통 정체가 심한 세부 시티에서 진가를 발휘한다. 20페소부터 시작하여 거리에 따라 측정되며, 먼저 가격을 정하고 타는 것이 좋다.

4. 우버 & 그랩

세부에도 차량 공유 서비스가 인기다. 드라이버 정보와 예상 이동 경로, 금액을 미리 알 수 있어 불필요한 바가지 및 흥정을 피할 수 있어 편리하다.

Cebu
FOUR FINE DAYS IN

원하는 여행 스타일에 따라 무궁무진한 플랜이 가능한 세부. 금쪽같은 휴가를 누워서만 보낼 수 없는 당신을 위해 휴식과 관광, 자연을 느낄 수 있는 3박 4일 코스를 소개한다. 휴양 위주라면 셋째 날 시티 투어를 하고 마지막 날 리조트 데이 트립(164p)을 이용하는 것도 괜찮다.

3일차
06:00
오슬롭으로
출발
차량 3시간
10:00
오슬롭 고래상어와
스노클링 경험하기
차량 10분
11:00
머리카락이 쭈뼛 서게
차가운 투말록 폭포 입수
페리 10분
12:30
수밀론 섬 리조트에서
데이 트립
차량 3시간
NUAT THAI
MASSAGE
OPEN
24 HRS.
21:00
세부로 컴백. 누엣타이
마사지로 피로 달래주기
4일차
09:00
리조트 체크아웃!
쉴 틈 없이 세부 만끽
1시간
FORT SAN PEDRO
10:00
산 페드로 요새에서
헤리티지 투어 시작
차량
1시간 10분
11:00
산토니뇨 성당&마젤란의
십자가 둘러보기
도보 10분
11:30
카본 마켓
구경하기
차량 10분
12:00
오스메냐 서클로 이동,
도전 스카이 워킹
도보 10분
13:00
카사 베르데에서
달콤한 백립 먹기
차량 10분
15:00
아얄라 센터에서
기념품 쇼핑
15분
17:00
란타우에서 석양과
야경을 감상하며
저녁식사하기
차량 10분
19:00
시간적 여유가 된다면
톱스 힐에 올라 야경
바라보며 맥주 한잔
차량 50분
21:00
리조트에서 짐 픽업 후
공항으로 이동!
아듀 세부~

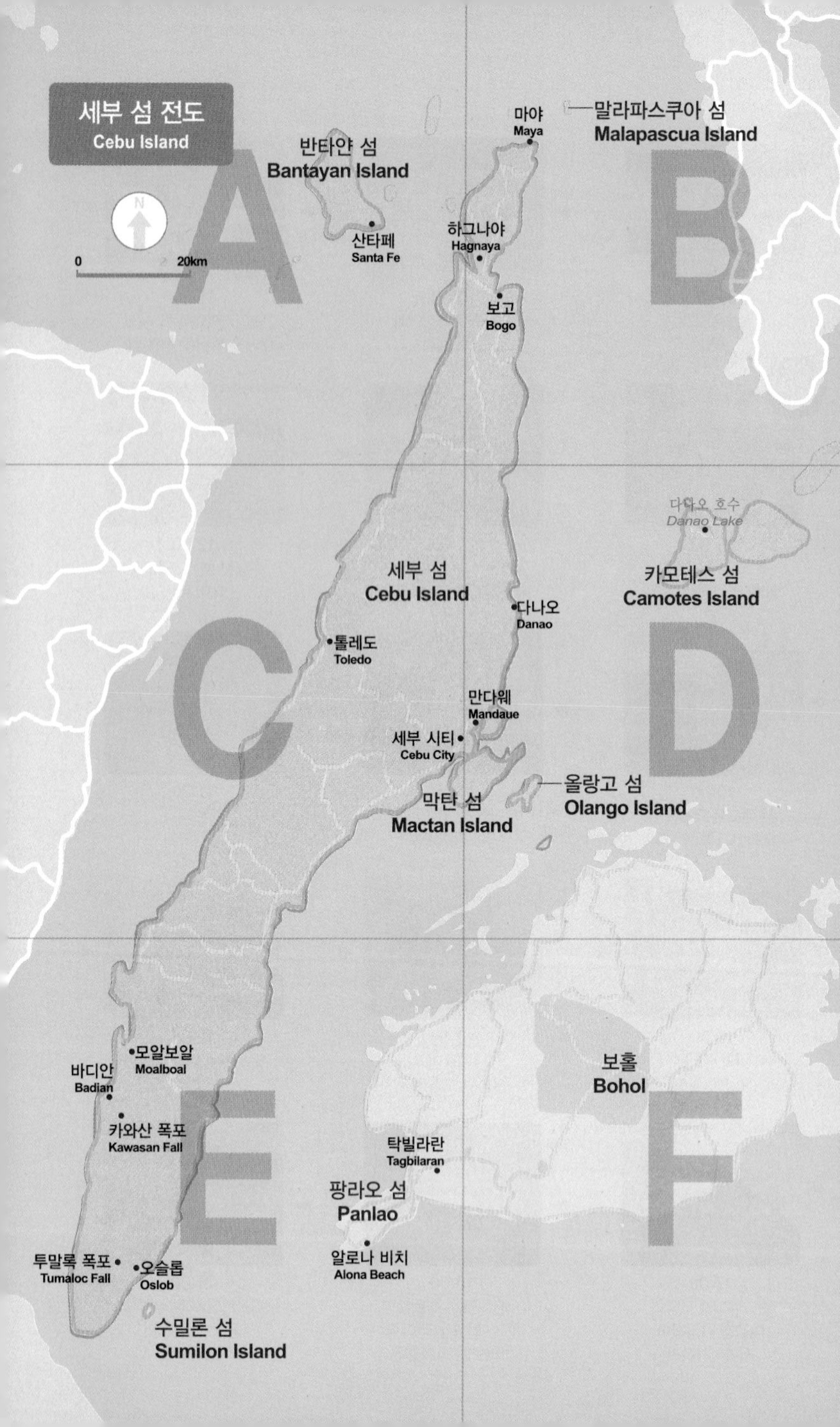

세부 섬 전도
Cebu Island
N
0
20km
A
B
C
D
E
F
반타얀 섬
Bantayan Island
산타페
Santa Fe
마야
Maya
말라파스쿠아 섬
Malapascua Island
하그나야
Hagnaya
보고
Bogo
세부 섬
Cebu Island
다나오
Danao
톨레도
Toledo
다나오 호수
Danao Lake
카모테스 섬
Camotes Island
만다웨
Mandaue
세부 시티
Cebu City
막탄 섬
Mactan Island
올랑고 섬
Olango Island
모알보알
Moalboal
바디안
Badian
카와산 폭포
Kawasan Fall
보홀
Bohol
탁빌라란
Tagbilaran
팡라오 섬
Panlao
알로나 비치
Alona Beach
투말록 폭포
Tumaloc Fall
오슬롭
Oslob
수밀론 섬
Sumilon Island

ENJOY

세부 바다 100배 즐기기

보라카이 같은 화이트 해변은 없지만 세부에는 그것을 능가하는 아름다운 바다가 있다. 세부 바다의 진짜 아름다움은 도심에서 멀어져 자연 그대로와 가까울 때 발견할 수 있다. 햇빛과 깊이에 따라 7가지 색깔을 띠는 세부의 바다. 떠나는 자만이 팔레트를 완성하는 영광을 누린다.

세부의 진짜 바다를 가장 쉽게 보는 법

아일랜드 호핑 투어 Island Hopping Tour

'파란 바다가 나를 기다린다!' 세부행 비행기 표를 예매하고 설레는 마음으로 바다에 뛰어들 날만 기다리며 비키니를 고르는 당신. 그러나 세부에는 해변이 없다. 아니 정확히는 우리가 흔히 세부라 알고 있는 막탄 섬에는 해변이 거의 없으며, 있다 해도 작은 선착장 역할을 하는 곳으로 전혀 휴양지스럽지 않다. 그러나 초라한 막탄의 해안만 보고 세부 바다에 대한 섣부른 판단은 금물. 가까운 섬으로 떠나는 호핑 투어를 통해 에메랄드 빛 바다를 경험할 수 있다.

아일랜드 호핑 투어는 필리핀 전통 배, 방카를 타고 세부 주변의 섬들을 돌아다니면서 스노클링과 낚시, 바비큐를 즐기는 투어로 바다 속의 화려한 열대어, 산호 등을 직접 체험할 수 있어 세부 바다의 진가를 톡톡히 보여준다.

Tip 호핑 투어 예약 방법

보라카이와 달리 호객꾼들과 접선할 수 있는 해변이 없는 세부에서는 3가지 방법으로 호핑 투어를 예약할 수 있다. 인터넷을 통해 한인 업체에서 예약하는 방법과 리조트 컨시어지를 통한 현지 업체 예약, 마지막으로 선착장에서 벙커 주인과 직접 딜 하는 방법이 있다. 이중 한인 호핑 업체 이용을 가장 추천한다.
가격이 싸다고 무조건 선택하기보다는 시간과 코스, 점심 메뉴, 참여 인원, 포함된 서비스를 꼼꼼히 따져보는 것이 중요하다.

해피 인 세부 cafe.naver.com/tourcebu **와라 세부** cafe.naver.com/treeshadespa

|Theme|

어디로 갈까? 호핑 포인트

호핑 투어로 갈 수 있는 섬으로는 힐루뚱안, 날루수안, 판다논, 올랑고 섬이 대표적이며, 어느 섬에 가고 몇 개의 섬을 둘러보느냐에 따라 시간과 비용이 달라진다. 보통 2곳 이상의 포인트를 둘러보며 금액은 1인당 2,000~2,500페소 정도이다.
이중 날루수안 섬은 호핑 포인트 중 가장 멀고 섬 입장료를 따로 지불해야 하지만 가장 아름다운 바다색과 스노클링 포인트를 가지고 있다. 힐루뚱안 섬 주변은 해상 보호구역에 속하는 산호지대로 스노클링에 적합하며, 판다논 섬은 물이 얕고 하얀 모래사장을 가지고 있어 휴식을 취하기 좋다. 올랑고 섬은 막탄 섬과 가장 가까워 시간과 비용을 아낄 수 있다.

Traveler's Diary

09:00 시작부터 편하게!
숙소 앞으로 오는 픽업차를 타고 선착장으로 출발~

10:00 본격적인 호핑 시작!
간단한 설명 후 방카에 올라타고 첫 번째 방문할 날루수안 섬으로 향한다. 1시간 정도 걸린다.

11:00 날루수안 섬 구경&스노클링
날루수안 섬에 배를 대고 섬 구경과 제티 아래 스노클링 시작! 명성에 걸맞게 수많은 형형색색의 열대어를 감상할 수 있다.

12:30 판다논 섬에서 점심
새우, 참치, 치킨, 삼겹살 등 푸짐하게 차려진 육해공 바비큐 흡입. 인증샷은 필수.

14:00 힐루뚱안 섬에서 스노클링
천혜의 바다에서 마지막 스노클링을 야무지게 즐길 것.

16:00 호핑 투어 종료
막탄 섬으로 돌아와 리조트나 다음 일정이 있는 곳까지 안전하게 데려다 주는 것으로 호핑 투어 끝!

순수를 간직한 섬으로 떠나는 에코 투어

올랑고 섬 Olango Island

막탄 섬에서 동쪽으로 5km 밖에 떨어져 있지 않은 올랑고 섬은 웬만한 리조트에서 보일 정도로 가깝다. 호핑 투어로 많이 다녀오는 곳이지만 스노클링과 수상 식당만 이용하기엔 너무 아까운 섬이다.
올랑고로 떠나는 페리는 힐튼 선착장과 앙가실 선착장에서 탈 수 있으며, 앙가실 선착장은 배가 자주 있고, 힐튼 선착장은 30분~1시간에 한 대씩 있지만 배가 더 큰 편이다. 약 20분을 달려 올랑고 섬에 도착하면 트라이시클과 하발하발이 기다리고 있다. 가고 싶은 곳들을 말하거나 섬 투어를 하고 싶다고 하면 알아서 안내해준다.
올랑고 섬 투어에 빠질 수 없는 와일드 라이프 생츄어리. 일 년에 약 6만 마리의 철새들이 방문하는 세계적인 조류 서식지를 국립공원화 해 둔 곳이다. 맹그로브 나무들이 자라고 있는 바다 위로 난 징검다리를 따라 들어가면 망원경으로 철새들을 관찰할 수 있다. 사실 새보다는 시간이 멈춘 듯 평화로운 풍경에 저절로 힐링이 되는 곳이다.
올랑고 섬의 또 다른 매력은 수상 레스토랑. 작은 쪽배를 타고 들어가야 하는 바다 위에 지어진 식당에서 싱싱한 해산물을 저렴한 가격으로 맛볼 수 있다. 예쁜 해변을 가진 탈리마 리조트, 와일드 라이프 생츄어리, 수상 레스토랑, 로컬 마을을 둘러보는데 약 4~5시간이 소요되며, 시간과 장소에 따라 트라이시클 비용은 달라지며 500~700페소 정도다.

Data 지도 173p-H
가는 법 트라이시클이나 택시로 막탄 앙가실 항구나 힐튼 항구로 이동. 힐튼 항구는 뫼벤픽 호텔, 앙가실 항구는 포토피노 리조트 옆에 위치
가격 배표 20페소, 와일드 라이프 생츄어리 입장료 100페소

Tip 막탄으로 돌아오는 마지막 배는 오후 6시에 있지만 현지 상황에 의해 달라지니 확인은 필수!

|Theme|

쉿! 머물지 않고도 럭셔리 리조트 즐기는 방법, 데이 트립

데이 트립 이용 백서

막탄의 리조트는 투숙하지 않아도 하루 동안 수영장과 해변, 부대시설을 이용할 수 있는 데이 트립 티켓을 판매하고 있다. 사전 예약이 꼭 필요하지는 않지만 사람이 많을 시 입장이 제한될 수도 있다.

이런 사람들에게 강추!

- 호핑 투어다, 시티 투어다 야외활동이 많은 세부에서 비싼 리조트 숙박비가 아까운 실속형
- 저렴한 에어텔 패키지를 이용하여 숙소에 대한 선택권이 없는 이코노미형
- 오늘은 최고의 인피니티 풀을 가진 크림슨 리조트&스파에서 로맨틱하게 보내고, 내일은 가장 넓은 해수풀이 있는 플렌테이션 베이에서 신나게 놀고 싶은 모험추구형
- 밤 비행기 전 여유롭게 마지막 물놀이를 즐기고 싶은 휴양형

이곳에서 즐겨보자!

아름다운 비치를 가진

샹그릴라 막탄 Shangri-la's Mactan

타이즈 레스토랑에서의 아침 혹은 점심 뷔페, 비치와 수영장 이용, 타월 무료, 헬스장, 사우나, 샤워시설, 키즈 어드벤처존 2시간 무료, 타이즈 저녁 뷔페 20% 할인, 치 스파 20% 할인.

Data 운영 시간 08:00~21:00
가격 일반 3,600페소~, 만 4~11세 1,800페소~, 만 3세 미만 무료

어마어마한 규모의 수영장

플랜테이션 베이 Plantation Bay

현지식 점심, 음료 1잔, 라군(해수풀)과 수영장, 비치 이용, 샤워 시설, 비치 타월 1인 1장, 카약 15분 무료 이용, 암벽 타기 시설 이용, 당구장과 탁구 등 오락시설 이용 가능.

Data 운영 시간 09:00~18:00
가격 일반 2,000페소~, 만 4~12세 50% 할인, 만 3세 미만 무료

Tip 주말은 금액이 올라가며 유아 할인을 받기 위해 여권은 필수! 해변을 끼고 있는 리조트 대부분 자체적으로 다양한 워터 스포츠를 운영하고 있다. 제트 스키, 바나나 보트, 패러 세일링, 플라이 피시, 카약 등이 대표적으로 데이 트립 시 함께 즐기면 좋다.

부담없이 즐기는
비 리조트 Be Resort

현지식 점심식사, 아이스티 무료, 수영장과 비치 이용, 샤워, 타월, 선 베드 사용 가능.

Data 운영 시간 07:00~17:00 가격 일반 1,200페소~, 만 5~12세 600페소

세부의 유일한 워터파크
제이 파크 아일랜드 리조트&워터파크 J Park Island Resort& Waterpark

점심 뷔페 혹은 저녁 다이닝, 수영장과 비치 이용, 워터 슬라이드 무료, 타월, 라커룸, 샤워 시설 사용 가능.

Data 운영 시간 09:00~21:00
가격 일반 3,500페소~, 만 4~12세 1,500페소~, 만 4세 미만 무료

환상적인 인피니티 풀
크림슨 리조트&스파 막탄 Crimson Resort&Spa Mactan

사프론 카페 런치 뷔페, 수영장과 비치 이용, 헬스장, 라커룸 사용 가능.

Data 운영 시간 09:00~18:00
가격 일반 2,490페소~, 9~11세 50% 할인, 8세 미만 무료 (세부 시티 퀘스트 호텔 고객 할인)

실속이 넘치는
뫼벤픽 호텔 Mövenpick Hotel

뫼벤픽 아이스크림, 점심 뷔페, 수영장과 비치 이용, 샤워, 게임룸, 헬스장 사용 가능, 델 마 스파 이용 시 15% 할인, 워터 스포츠 이용 시 15% 할인.

Data 운영 시간 08:00~18:00
가격 일반 2,500페소~, 만 12세 미만 50% 할인

낭만과 실속 두 마리 토끼를 다!

선셋 호핑 Sunset Hopping

휴가 중만큼은 아침의 여유를 느끼고 싶은 당신을 위한 호핑이 나타났다. 바다 위에서 뉘엿뉘엿 넘어가는 해를 보며 낭만에 젖어드는 것은 덤! 통상 아침 일찍 바다로 떠나는 호핑 투어의 개념을 깨고 점심때 출발해 늦은 오후 일몰을 보며 돌아오는 스케줄이다. 먼 날루수안 대신 가까운 올랑고 섬에서 진행한다. 알록달록 물고기들에게 둘러싸여 스노클링을 즐긴 후 올랑고 섬에 정박한다.
세부와 전혀 다른 분위기의 현지 마을을 돌아볼 수 있다. 맛있는 바비큐 식사 후 와일드라이프 생츄어리로 향한다. 세계적인 조류 서식지로 하늘과 맞닿은 바다와 맹그로브 나무가 어우러져 무척 신비롭다. 돌아오는 길 오렌지빛으로 물드는 바다를 바라보며 선상 낚시를 즐긴다. 배 시간이 짧고 프로그램이 알차 만족도가 높다.

Data 홈페이지 몬스터 선셋 호핑 www.dennyland.net, 웨이브 미 cebu.wa-ve.me 가격 60,000원

OOH-AHH하게~

요트 선셋 디너 크루즈 Yacht Sunset Dinner Cruise

유럽 영화에서나 볼 법한 요트가 세부에 정착했다. 앞으로는 요트 크루즈로 더욱 우아하게 세부 바다를 누려보자. 오후 5시 막탄 요트 선착장에서 출발해 약 2시간 정도 소요된다. 일몰과 야경 모두를 감상할 수 있다. 보는 순간 꺄악~ 소리가 나올 만큼 귀티가 나는 하얀 요트를 타게 된다. 넓은 갑판 위로 테이블과 소파, 빈백 쿠션이 놓여있다. 베스트 포토존은 선상 앞부분의 그물 해먹으로 어떻게 찍어도 화보 같은 사진을 얻을 수 있다. 60명까지 수용 가능한 72ft 대형 요트지만 35명으로 제한을 두어 훨씬 여유롭다.
크루즈 여행에서 선상 바비큐가 빠지면 서운하다. 풍경을 즐기고 있으면 맛있는 바비큐가 배달된다. 음료로 맥주는 물론 와인까지 무한 제공된다. 스쳐가는 모든 순간 하나하나가 무척 로맨틱하다. 특별한 추억을 만들고 싶은 커플이라면 강력 추천! 한국인 매니저가 상주하고 있으며, 프러포즈 이벤트를 원할 시 준비해 준다. 요트를 채로 빌리는 것도 가능하다. 10명 이하일 경우 37ft 중형 요트로 진행된다.

Data 홈페이지 웨이브 미 cebu.wa-ve.me 카카오톡 waveme 가격 79,000원

신세계를 열어주는

스쿠버 다이빙 Scuba Diving

세부에서 빼놓을 수 없는 것이 바로 스쿠버 다이빙이다. 세부 주위로 가까이로는 올랑고의 탈리마, 보홀의 발리카삭, 멀리 나가면 모알보알이나 말라파스쿠아 등 전 세계 다이버들을 유혹하는 성지들이 모여 있다. 지구의 70%를 차지하는 바다 속을 들여다보지 않으면 세상 모든 것을 다 보아도 겨우 30%도 보지 못한다는 충격적인 사실! 새로운 세계를 보여주는 스쿠버 다이빙에 입문하기 위해서는 자격증은 필수다.
세부에는 전문 다이빙 업체들이 많고, 비교적 저렴한 가격으로 체계적인 교육을 받을 수 있어 자격증을 취득하러 많이 온다. 가장 기본 자격증인 오픈워터는 3~4일의 교육기간이 필요하며, 수료 후에는 최대 18m까지 혼자 스쿠버 다이빙을 즐길 수 있다. 이런 여유가 없는 여행자라면 체험 다이빙으로 다이빙의 매력을 살짝 맛볼 수 있다.
체험 다이빙은 호흡법과 수신호 등 기초 교육을 받은 후 전문 다이버와 함께 바다 속을 탐험하는 것으로 세부 바다의 숨겨진 아름다움을 볼 수 있으니 꼭 한번 도전해보자. 수영을 못해도 전혀 상관없다. 다양한 한인 다이버 숍들이 체험 다이빙과 호핑 투어를 연계한 프로그램을 선보이고 있다.

Data **뉴 그랑 블루** cebutour.co.kr **디스커버리 다이브센터** www.discoverydive.co.kr
로얄 다이브 cafe.naver.com/royaldive

고래상어와 춤을

오슬롭 고래상어 투어 Oslob Whale Shark Watching Tour

상어와 함께 수영을?! 당신의 상상은 현실이 된다. 세부 시티에서 약 4시간 떨어진 작은 어촌마을 오슬롭에서는 지구상에 존재하는 어류 중 가장 큰 고래상어와 함께 수영을 할 수 있다. 그것도 수족관이 아닌 자연 그대로의 바다에서! 몸길이 12m에 몸무게가 무려 15~18톤이나 되는 고래상어는 덩치와는 어울리지 않게 플랑크톤이나 새우, 작은 어류들을 먹고사는 온순한 종이다.
오슬롭의 어부가 먹이를 주면서 한 마리, 두 마리 모여들더니 지금은 근처에 무리 지어 서식하고 있다. 고래들이 아침 먹는 시간인 오전에만 진행하며 물 안으로 들어가면 먹이를 먹는 고래상어를 코앞에서 볼 수 있다. 따라다니며 수영을 하다가도 막상 가까이 다가오면 심장이 터질 듯이 두근거린다. 자연을 함께 공유하는 경이로운 경험이 주는 감동은 놀랍도록 진하다. 아마 평생 잊지 못할 것이다.
물을 무서워하는 사람이라면 배에서 관찰만 해도 되며, 스쿠버 다이빙 자격증이 있는 사람이라면 다이빙을 권한다. 조류가 세고 관광객이 많은 표면을 피해 제대로 관찰할 수 있기 때문. 찾는 사람이 많아지면서 고래가 받는 스트레스와 환경오염을 걱정하는 동물보호단체에서 투어 자체를 금지하는 목소리가 높아지고 있다. 환경보호를 위해 선크림을 금지하고 있으나 타는 것을 병적으로 싫어하는 동양인들이 얌체처럼 바르는 모습이 인상을 찌푸리게 한다. 제발 고래와 바다를 위해서 30분만 참자.

Data **지도** 160p-E
가는 법 남부 터미널에서 오슬롭행 버스 탑승, 약 3시간 소요
전화 032-513-6350
가격 고래상어 관찰 500페소, 스노클링 1,000페소
홈페이지 www.oslobwhalesharks.com

오슬롭 한인 투어
세부 데이트립
www.cebu-daytrips.com
세부가자투어
www.cebugajatour.com

Tip 스노클링 장비는 대여가 가능하지만 위생상태가 좋지 않아 개인 것을 가져가는 것을 추천한다.

자연의 위대함 속으로

투말록 폭포 Tumalog Falls

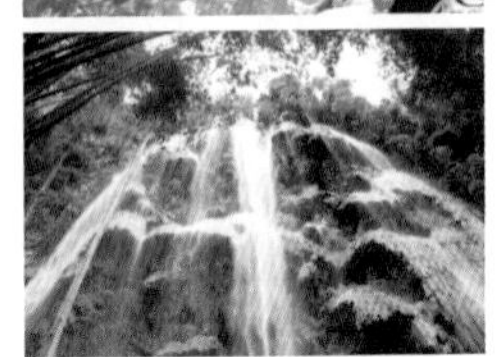

태초의 모습을 고스란히 간직하고 있는 절벽. 높이 60m라는 아찔한 높이에서 물이 떨어지는 투말록 폭포는 영화 〈아바타〉의 한 장면을 연상시킨다. 사진으로 다 표현하기 힘든 자연의 웅장함에 경건한 마음까지 들 정도. 오슬롭 고래상어를 보는 곳에서 오토바이로 약 10~15분 정도 떨어져 있으며, 오토바이를 타거나 걸어갈 수 있다. 가는 길은 내리막길이니 걸어가면서 높은 산들에 둘러싸인 경관을 천천히 음미하고, 올라올 때는 오토바이로 스릴을 느끼며 편하게 오는 것이 좋다. 폭포는 여러 개의 바위를 타고 계단식으로 흘러 밑으로 가면서 더 넓어지는 삼단 케이크 모양을 하고 있다. 차가운 물이지만 언제 여길 또 와보겠는가라는 마음에 눈 딱 감고 풍덩~. 입구에 있는 매점에서 판매하는 튀긴 바나나는 따뜻하고 달달한 맛으로 연달은 입수에 낮아진 몸 온도를 올려줄 것이다.

Data **지도** 160p-E **가는 법** 오슬롭 고래상어 투어 장소에서 오토바이로 10분 소요 **주소** Natalio Bacalso Avenue, Oslob, Cebu
가격 입장료 무료, 오토바이 이용료 2인 50페소

Almost Paradise~♬

수밀론 섬 Sumilon Island

물빛이 아름답고 조용하여 휴양을 위해 많이 찾는 수밀론 섬. 섬 전체에 블루워터 리조트 하나 밖에 없어 리조트에 투숙하거나 데이 트립을 구입해야만 입장 가능하다. 비싼 만큼 잘 관리되어 있어 안전하게 물놀이를 즐길 수 있다. 발아래 모래 알갱이를 셀 수 있을 만큼 투명한 바다에서 스노클링을 즐기고, 파도가 세지면 인피니티 풀에서 수영을 즐기다가, 그것마저도 지치면 선 베드에 누워 스르륵 잠에 빠져들 수 있는 꿈만 같은 지상 낙원. 맹그로브 숲에서의 카약, 낚시, 섬 한 바퀴 돌아보는 트래킹 코스, 블루워터 리조트의 아무마 스파가 준비되어 있으니 여유가 된다면 느긋이 숙박하면서 일상 탈출의 꿈을 실행에 옮겨보는 것도 괜찮다. 단, 사유지인만큼 물가가 비싼 것은 감안해야 한다.

Data **지도** 160p-E
가는 법 오슬롭 고래상어 투어 장소에서 오토바이 타고 수밀론 선착장 도착, 배로 10분 **주소** Sumilon Island, Bancogon, Oslob, Cebu
전화 032-318-3129
가격 데이 트립 평일 1,500페소, 주말 2,000페소
홈페이지 www.bluewatersumilon.com.ph

|Theme|

더욱 자유롭게 즐기는 오슬롭 여행

한인이나 현지 여행사를 이용하면 편하게 다녀올 수 있지만 자유여행으로 다녀오는 것 역시 도전해볼 만하다. 물론 조금 고생스러울 수는 있지만 몸으로 부딪친 만큼 훨씬 오래 기억에 남으며 일정을 자유롭게 조정할 수 있다는 장점이 있다.
여행사 투어는 고래상어를 보고 투말록 폭포, 시말라 성당을 들른 후 세부로 돌아가지만 자유 여행자라면 작은 파라다이스 수밀론 섬에서 휴양을 즐긴 후 돌아가는 것도 괜찮다.

Traveler's Diary

06:30 부지런함이 필요한 아침

12시면 오슬롭 고래상어 투어가 끝나기 때문에 늦어도 오전 7시 전에 세부 시티 남부 버스터미널에서 오슬롭행 버스에 몸을 실어야 한다. 아침은 터미널에서 파는 패스트푸드로 간단히 때우자. 버스에는 한국의 1970년대처럼 차장이 있는데 '오슬롭 웨일 샤크'라고 말하면 보통 알아서 내려주지만 혹시나 모르니 내릴 때 알려달라고 다시 한 번 말하는 것이 좋다. 오슬롭과 오슬롭 웨일 샤크는 다르니 꼭 오슬롭 웨일 샤크라고 말할 것!

10:00 오슬롭 도착

버스에서 내리면 리조트 몇 개가 보이는 데 하나를 골라 100페소 정도의 엔트리 피를 내면 라커룸과 샤워실을 쓸 수 있다. 고래상어 투어 업체에 원하는 투어 금액을 지불하고(관찰 500페소, 스노클링 1,000페소) 간단한 교육 후 시작. 약 30분간의 투어를 마치면 간단히 소금기를 씻어내고 투말록 폭포로 이동한다. 리조트에는 이미 많은 오토바이 기사들이 기다리고 있으니 적절히 딜하면 된다. 투말록 폭포를 본 후 수밀론 선착장으로 협상 완료. 후불 정산 시스템이다.

11:00 투말록 폭포 구경

가라앉지 않은 고래상어의 여운을 담고 찾아간 투말록 폭포. 입이 다물어지지 않는 웅장함 속으로의 입수와 인증샷은 필수. 이곳까지 데려다 줬던 기사에게 수밀론 선착장으로 가달라고 말하자.

12:30 수밀론 섬 입성&점심식사

선착장에 가서 수밀론 데이 트립 표를 구입한 후 12시 반 배를 타고 약 10분 정도 가면 파라다이스 수밀론 섬이 눈앞에 펼쳐진다. 데이 트립에는 왕복 방카 이용료와 점심식사가 포함되어 있다. 수프부터 시작해 에피타이저, 샐러드, 메인 메뉴, 디저트까지 나오는 코스 요리로 아침부터 주린 배를 달래주기 충분하다.

14:00 스노클링과 섬 탐험

투명한 바다에서 한가로이 스노클링을 즐기고, 카약도 타고, 트래킹도 하고, 해먹에 누워 한가로운 시간 보내기.

17:00 수밀론 섬 아웃

오후 5시 마지막 배를 타고 세부 시티로 돌아오기. 수밀론 선착장에서 3분 거리에 있는 큰 도로 버스 정류장에서 '세부 시티' 사인을 한 세레스 버스가 오면 탑승하면 된다. 버스는 자주 있으며 돌아올 때는 차가 더 막혀 저녁 9시쯤 세부 남부 버스터미널에 도착한다.

기본 지출 금액

오슬롭행 버스 왕복 330페소+고래상어 투어스노클링 1,000페소+수밀론 데이 트립 1,500페소+투말록 폭포까지 하발하발 왕복 이용료 200페소=3,030페소

Writer's Pick!

세부 넘버 원 액티비티

카와산 캐녀닝 Kawasan Canyoning

최근 1~2년 사이 세부에서 가장 핫한 액티비티로 등극한 캐녀닝. 협곡을 타고 내려가는 스포츠로 계곡의 모든 것을 온몸으로 느낄 수 있다. 세부의 남쪽에 위치한 카와산 협곡에서 이루어져 카와산 캐녀닝이라고 부른다. 투어를 통해 가야 한다. 안전과 직결되어 있으니 가격보다 믿을 수 있는 업체를 고르도록 하자.

코스 별로 높이는 다르지만 물에 들어가야 시작을 하니 다이빙은 필수다. 폭포 위를 날아 점프! 그 뒤 계곡의 물살을 타고 내려가는데 중간중간 다이빙과 바위 미끄럼틀, 동굴 수영 등이 포함되어 있다. 물 위에서 올려다 본 협곡의 풍경은 아름다움을 뛰어넘어 웅장함 그 자체다. 카와산 캐녀닝은 알레그리아alegria와 바디안badian 두 가지 코스로 나뉜다. 알레그리아는 상류를, 바디안은 하류를 탐험한다.

각자 장단점이 다르다. 알레그리아는 수려한 풍광과 짧은 트래킹 시간 대신 가격이 더 비싸다. 바디안의 경우 약 3시간의 캐녀닝 외에 2시간가량의 숲 속 트래킹이 포함된다. 바디안의 가장 큰 장점은 카와산 폭포에서 끝이 나 밤부 마사지를 체험할 수 있다는 것이다. 오슬롭과 약 1시간 정도의 거리에 떨어져 있어 연계된 투어 상품도 찾아볼 수 있다.

Data 한인업체 와투어 Watour cafe.naver.com/cebudreamtrip, 알레그리아 84달러 ·바디안 65달러
현지업체 씨안 Cyan www.cyan-adventures.com, 바디안 69달러(모알보알 출발)

Tip **카와산 폭포** Kawasan Falls

아름다운 풍경과 옥색 물빛을 가진 계곡이다. 하이라이트는 바로 폭포 마사지. 세차게 내려오는 폭포 사이를 대나무로 된 뗏목 위에 앉거나 엎드려 지나가는데 온몸을 두드려 맞은 듯한 마사지 효과(?!)를 낸다 하여 밤부 마사지라고 불린다.
억~ 소리가 절로 나올 정도로 수압이 센데 신기하게도 몸이 가벼워진다. 알레그리아 코스와 카와산 폭포 둘 다 누리고 싶다면 코스 전후로 따로 툭툭을 이용해 다녀오면 된다. 편도 100페소.

만다웨 시티
Mandaue City
오이스터 베이
Oyster Bay
막탄 올드 브리지 Mactan Old Bridge
막탄 뉴(퍼먼) 브리지 Mactan Ferman Bridge
아일랜드 스테이 호텔
Island Stay Hotel
주부촌
Zubuchon
라 테골라 La Tegola
마리나 몰
Marina Mall
세이브모어
Savemore
아일랜드 센트럴 몰
Island Central Mall
시푸드 아일랜드
Seafood Island
게리스 그릴
Gerry's Grill
AA 바비큐
AA BBQ
논키
Nonki
세부 가든 스파
Cebu Garden Spa
누엣 타이
Nuet Thai
골든 카우리
Golden Cowrie
시암 크루아 타이
Siam Krua Thai
세부-막탄
페리 터미널
Cebu-Mactan
Ferry Terminal
로미 스파
Lomi Spa
가이사노 막탄 아일랜드 몰
Gaisano Mactan Island Mall
라푸 라푸 퍼블릭 마켓
Lapu-Lapu Public Market
막탄 세부 국제공항
Mactan-Cebu International Airport
타미야 아웃렛
Tamiya Outlet
로터스
Lotus
BFK
타미야
Tamiya
라푸 라푸 시티
Lapu-Lapu City
막탄 서컴퍼렌셜 로드
Mactan Circumferential Road
막시모 파탈링휘그 애비뉴
Maximo V. Patalinghug Jr. Ave
레드 크랩 Red Cr
골드 망고 그릴&레스
Gold Mango Grill&Resta
가이사노 그랜드 몰 막탄
Gaisano Grand Mall Mactan
오션 마사지 Ocean Massage
마레 펜션
Mare Pension
문 카페
Mooon Cafe
골든 게이트
Golden Gate
보스 커피
Bo's Coffe
코르도바
Cordova
모감보 스프링스
Mogambo Springs
란타우 수상 레스토랑
Lantaw Floating Native Restaurant
플랜테이션 베이
Plantation Bay
코르도바 마켓
Cordova Market
코르도바 리프 빌리지
Cordova Reef Village
막탄 섬 전도
Mactan Island
N
0
2km

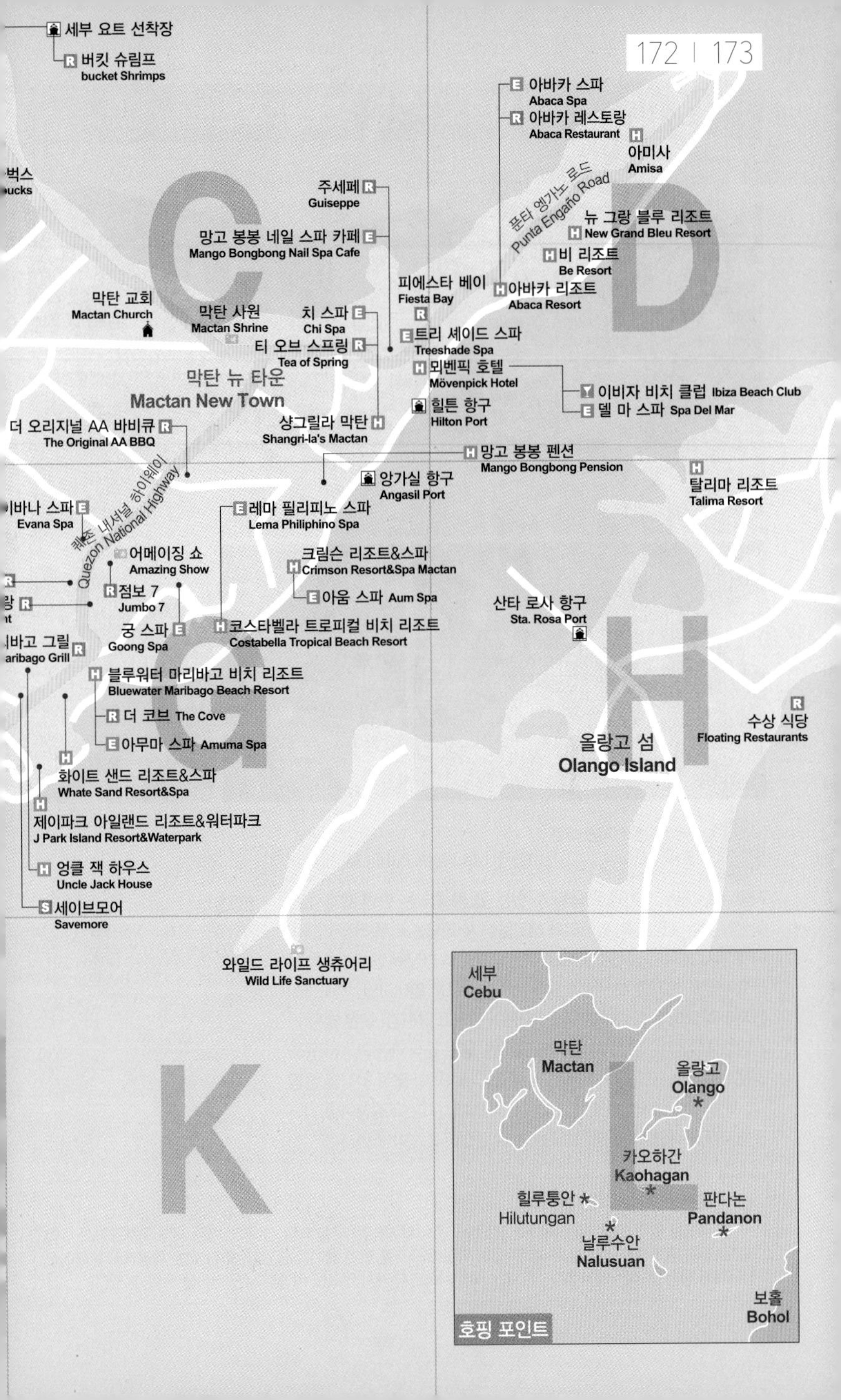
세부 요트 선착장
버킷 슈림프
bucket Shrimps
아바카 스파
Abaca Spa
아바카 레스토랑
Abaca Restaurant
아미사
Amisa
주세페
Guiseppe
펀타 엥가뇨 로드
Punta Engaño Road
뉴 그랑 블루 리조트
New Grand Bleu Resort
망고 봉봉 네일 스파 카페
Mango Bongbong Nail Spa Cafe
비 리조트
Be Resort
피에스타 베이
Fiesta Bay
아바카 리조트
Abaca Resort
막탄 교회
Mactan Church
막탄 사원
Mactan Shrine
치 스파
Chi Spa
트리 셰이드 스파
Treeshade Spa
티 오브 스프링
Tea of Spring
뫼벤픽 호텔
Mövenpick Hotel
막탄 뉴 타운
Mactan New Town
이비자 비치 클럽 Ibiza Beach Club
델 마 스파 Spa Del Mar
힐튼 항구
Hilton Port
더 오리지널 AA 바비큐
The Original AA BBQ
샹그릴라 막탄
Shangri-la's Mactan
망고 봉봉 펜션
Mango Bongbong Pension
앙가실 항구
Angasil Port
탈리마 리조트
Talima Resort
케손 내셔널 하이웨이
Quezon National Highway
레마 필리피노 스파
Lema Philiphino Spa
어메이징 쇼
Amazing Show
크림슨 리조트&스파
Crimson Resort&Spa Mactan
점보 7
Jumbo 7
아움 스파 Aum Spa
산타 로사 항구
Sta. Rosa Port
궁 스파
Goong Spa
코스타벨라 트로피컬 비치 리조트
Costabella Tropical Beach Resort
블루워터 마리바고 비치 리조트
Bluewater Maribago Beach Resort
더 코브 The Cove
수상 식당
Floating Restaurants
아무마 스파 Amuma Spa
올랑고 섬
Olango Island
화이트 샌드 리조트&스파
Whate Sand Resort&Spa
제이파크 아일랜드 리조트&워터파크
J Park Island Resort&Waterpark
엉클 잭 하우스
Uncle Jack House
세이브모어
Savemore
와일드 라이프 생츄어리
Wild Life Sanctuary
세부
Cebu
막탄
Mactan
올랑고
Olango
카오하간
Kaohagan
힐루퉁안
Hilutungan
판다논
Pandanon
날루수안
Nalusuan
보홀
Bohol
호핑 포인트
C
D
G
H
K
L

휴양지 밖으로, 막탄 섬 관광 포인트

제대로 된 현지인 체험

라푸 라푸 퍼블릭 마켓 Lapu-lapu Public Market

사람 사는 분위기 제대로 느낄 수 있는 곳 중 최고는 단연 재래시장. 막탄에 사는 사람들이 먹거리와 생필품을 사러 오는 라푸 라푸 퍼블릭 마켓 역시 활력이 넘치는 곳으로 서민들의 삶의 현장을 볼 수 있다. 항구도시답게 신기한 해산물과 알록달록 다채로운 열대과일, 채소들이 한자리에 모여 있다. 저녁이 되면 자판이 깔리고 닭튀김, 볶은 땅콩 등 간단한 음식들을 팔기 시작하며, 필리핀 전통 음식 레촌과 바비큐를 전문으로 하는 포장마차촌에는 삼삼오오 가족들이 모여 외식을 즐긴다. 사람이 북적거리는 곳이다 보니 단연 소매치기는 조심해야 하지만 관광지가 돼버린 카본 마켓보다는 좀 더 안전하고 순박한 편.

Data **지도** 172p-A
가는 법 제이 파크 아일랜드 리조트에서 택시로 약 20분
주소 Tiangue Road, Lapu-lapu City, Mactan, Cebu

Tip **세부는 사실 막탄 섬이다**
우리가 알고 있는 파란 바다와 리조트의 휴양지 세부는 사실 막탄 섬이다. 막탄 세부 국제공항과 유명 리조트들이 몰려 있어 대부분의 여행객들이 막탄에 숙소를 잡고 휴가를 즐긴다. 막탄 섬은 휴양지로 만들어진 섬이기에 관광할 것은 많이 없다. 하지만 세부 시티까지 가지 않고도 이 섬에서 필리핀을 느낄 수 있다.

필리핀 사람들의 자존심

막탄 사원 Mactan Shrine

보기에는 대단할 것 없는 사원이지만 필리핀 사람들에게는 큰 역사와 의미가 깃든 곳이다. 원래 필리핀은 국가의 모습을 갖추지 않고 소수 민족과 이민족, 원주민들이 모여 살던 족장 지배 형태였는데 1521년 스페인 탐험가 마젤란이 세부에 도착하면서 운명이 바뀌었다. 마젤란은 왕과 지배 계급들, 주민들에게 가톨릭으로의 개종과 충성을 강요했다. 이를 거부한 '라푸 라푸' 추장과의 전투에서 사망하였다. 이로써 라푸 라푸는 외세를 물리친 최초의 필리핀인이 되었으며, 그의 용맹함을 기리기 위해 마젤란이 죽은 그 자리에 기념비와 라푸 라푸 동상을 세웠다. 그것이 막탄 사원이다. 그 후 330년간 스페인의 지배를 받은 만큼 필리핀 사람들에게는 의미가 남다른 곳이다.

Data **지도** 173p-C
가는 법 샹그릴라 막탄에서 차로 3분, 도보 15분
주소 Punta Engaño Road, Lapu-lapu City, Mactan, Cebu
가격 무료

관객과 함께 호흡하는

어메이징 쇼 Amazing Show

어두운 트렌스젠더 쇼는 가라! 세부의 어메이징 쇼는 남녀노소 모두 흥겹게 즐길 수 있는 가족친화적인 쇼다. 여자보다 더 어여쁜 남성들이 1시간 동안 노래와 춤 공연을 펼치는데 한중일 대표 곡은 기본, 필리핀의 전통춤과 유명 뮤지컬 등 다양한 장르를 소화해 눈과 귀를 즐겁게 해준다. 예전에는 야외에서 진행되었지만 인기가 높아져 극장식 공연장으로 확장 이전하여 더욱 쾌적하게 즐길 수 있다. 한국인이 오너로 있는 한인 여행사를 이용하는 방법과 홈페이지를 통해 직접 예매하는 방법이 있다. 호핑 투어와 픽업 서비스 등과 연계할 시 여행사 이용이 더 싼 경우가 많으니 잘 비교해보도록 하자. 단, 패키지 투어 이용 시 직접 예매는 불가능하다.

Data **지도** 173p-G
가는 법 시푸드 레스토랑 점보 7 옆
주소 Bagumbayan 2, Maribago, Lapu-lapu City, Mactan, Cebu
운영 시간 18:00, 20:00 하루 2번
가격 홈페이지 예약 시 음료 포함 54,000원
전화 070-8224-8031, 032-495-2592
홈페이지 www.amazing-show.co.kr

세부 시티
Cebu City
톱스 전망대,
란타우 부사이
Iantaw Busay,
미스터 에이 Mr. A,
라 테골라 부사이
La Tegola Busay,
시라오 가든,
Sirao Garden,
템플 오브 레아
Temple of Leah 방향
도교 사원
The Taoist Temple
과달루페 마리아 성당
Our Lady of Guadalupe Parish Church
벨리니 Bellini
안자니 Anzani
라훅 179p
CNT 레촌
CNT Lechon
과달루페
Guadalupe
JY 스케어 몰
JY Sqaure Mall
살리나스 드라이브 Salinas Drive
IT 파크
IT Park
과달루페 시장
Guadalupe Market
골든 카우리
Golden Cowrie
더 워크
The Walk
차우킹
Chowking
졸리비
Jolibie
워터프런트 호텔&카지노
Waterfront Hotel&Casino
세부 주청사
Cebu Capitol
라훅
Lahug
빈센트 라마 애비뉴 Vincente Rama Ave
오스메냐 불러바드 Osmeña Blvd
퀘스트 호텔
Quest Hotel
만다린 플라자 호텔
Mandarin Plaza Hotel
하우스 오브 레촌
House of Lechon
라르샨 바비큐
Larsian BBQ
망고 스퀘어 몰
Mango Square Mall
시티 은행
City Bank
오스메냐 써클 Fuente Osmeña Circle
아얄라 센터
Ayala Center
세부 시티 매리어트 호텔
Cebu Cite Marriott Hotel
크라운 리젠시 호텔
Crown Regency Hotel
메사 Mesa
라 테골라 La Tegola
게리스 그릴 Gerry's Grill
카사 베르데 Casa Verde
카사 베르데
Casa Verde
바나나 리프 Banana Leaf
시푸드 아일랜드 Seafood Island
남부 버스터미널
South Bus Terminal
누엣 타이
Nuet Thai
카사 고롤도 박물관
Casa Gorordo Museum
SM 시티
SM City
콜론 스트리트 Colon Street
래디슨 블루 호텔
Radisson Blu Hotel
산토 니뇨 성당
Basilica Minore Del Santo Niño
브레드 토크
Bread Talk
마젤란 십자가
Magellan's Cross
치카안 사 세부
Chikaan sa Cebu
카본 시장
Carbon Market
라메사 그릴
Lamesa Grill
산 페드로 요새
Fort San Fedro
항구 3
Pier 3
카발렌 Cabalen
항구 2
Pier 2
스파이스 퓨전
Spice Fusion
항구 1
Pier 1
다운타운 178p

뉴 그랑 블루 풀 빌라
New Grand Bleu Pool Villa
바닐라드
Banilad
만다웨 시티
Mandaue City
가이사노 컨트리 몰
Gaisano Country Mall
크레이지 크랩
Crazy Crab
에이에스 포츄나 스트리트 A.S Fortuna Street
엠엘 퀘손 스트리트
M.L Cueson Street
세부 컨트리 클럽
Cebu Country Club
J 센터 몰
J Center Mall
시티 타임 스퀘어
City Time Square
북부 버스터미널
North Bus Terminal
리브 슈퍼 클럽
Liv Super Club
이민성
Bureau of Immigration
옥타곤
Oqtagon
C D G H K L
0 1km
막탄 올드 브리지
Mactan Old Bridge
막탄 섬 방향 ↓
Mactan Island 방향

다운타운
Downtown
0
200m
과달루페 방향
Guadalupe
아얄라 센터
Ayala Center 방향
청화 병원
Chong Hua Hospital
제너럴 맥시롬 애비뉴
General Maxilom Ave
망고 스퀘어
Mango Square
오스메냐 서클
Fuente Osmeña Circle
제이브 J Ave
라르샨 바비큐
Larsian BBQ
로빈슨 플레이스
Robinsons Place
크라운 리젠시 호텔
Crown Regency Hotel
카사 베르데
Casa Verde
오스메나 로드 Osmeña Blvd
엠제이 쿠엔코 애비뉴
M. J. Cuenco Ave
세부 노멀 대학교
Cebu Normal University
판타레온 델 로사리오 스트리트
Pantaleon del Rosario Street
시카튜나 스트리트
Sikatuna Street
세부 문화유산 기념비
Heritage of Cebu Monument
세부 남부터미널
Cebu South Bus Terminal
맥도날드
McDonald's
세부 대학교
University of Cebu
세부 대성당
Cebu Metropolitan Cathedral
콜론 스트리트 Colon Street
산토 니뇨 성당
Basilica Minore Del Santo Niño
마젤란 십자가
Magellan's Cross
시청
Cebu City Hall
빌고스 스트리트
P.Burgos Street
오션젯 페리 터미널
Oceanjet Ferry Terminal
산 페드로 요새
Fort San Pedro
엠씨 브라이언스 스트리트
M.C Briones Street
카본 마켓
Carbon Market
퀘존 로드
Quezon Blvd
A
B
C
D
E
F

라훅
Lahug
0
100m
톱스
Tops 방향
타블리아 초콜릿 카페
Tablea Chocolate Cafe
누엣 타이
Nuet Thai
JY 스퀘어 몰
JY Square Mall
왓슨스
Watsons
칭 팰리스
Ching Palace
졸리비
Jolibee
H 한국 슈퍼
H Korean Mart
더 오리지널 AA 바비큐
The Original AA BBQ
몬트 알보 마사지 헛
Mont Albo Massage Hut
마낭페 바비큐
Manang Fe BBQ
치카안 사 세부
Chikaan sa Cebu
라 구아디아 스트리트 La Guadia Street
피자 리퍼블릭
Pizza Republic
누엣 타이
Nuet Thai
망 이나살
Mang Inasal
골든 카우리
Golden Cowrie
서던 필리핀 대학
University of Southern Philippines
예수 그리스도 후기 성도 교회
The Cebu Philippines Temple of the Church of Jesus Christ of Latter-day Saints
고롤도 애비뉴 Gorordo Ave
이바바오 공원
Ibabao Park
트리 셰이드 스파
Tree shade Spa
살리나스 드라이브 Salinas Drive
조선 갈비
Chosun Galbie
버킷 슈림프
Bucket Shrimp
워터프런트 호텔&카지노
Waterfront hotel&Casino
샤카 하와이안 레스토랑
Shaka Hawaiian Restaurant
스카이라이즈 2
Skyrise 2
치보리
Chibori
IT 파크 IT Park
문 카페
Mooon Cafe
주부촌
Zubuchon
카사 베르데
Casa Verde
환전소
Money Exchange
더 워크
The Walk
스카이라이즈 4
Skyrise 4
스카이라이즈 3
Skyrise 3
이라 푸티
Ila Puti
쿠엔코 애비뉴 Gov. M. Cuenco Ave
크로스로드
Crossroads
팟 포 Phat pho
올리오 Olio
마야 Maya
아바카 카페
Abaca Cafe
졸리비
Jolibee
스타벅스
Starbucks
그랜드 레지던스 세부
Grand Residence Cebu
후앙 루나 애비뉴
Juan Luna Ave

세부 시티, 과거와 현재가 공존하는 다운타운

시티 투어 코스

진정한 헤리티지 다운타운 코스

산 페드로 요새 ------▶ 산토 니뇨 성당 ------▶ 마젤란의 십자가 ------▶ 카본 마켓

도보 5~10분 / 도보 3분 / 도보 10분

세부 시티 오스메냐 서클 남쪽 다운타운에는 세부의 역사와 현재 서민들의 삶을 엿볼 수 있는 명소들이 모여 있다. 산 페드로 요새까지 택시로 이동 후 걸어서 둘러보면 된다. 이 때 택시기사들이 다운타운 투어를 시켜준다며 말도 안 되는 가격으로 접근하는데 충분히 걸어 다닐 수 있는 거리이니 무시해도 좋다. 쉬엄쉬엄 둘러보면 3시간 정도 소요된다. 단, 어두워진 후 다운타운을 걸어다는 것은 삼가도록 하자.

굴곡진 역사를 그대로 보여주는

산 페드로 요새 Fort San Pedro

외부의 침입을 막기 위해 스페인 군이 세운 석조 요새로 필리핀에서 가장 오래된 요새이다. 그 후 세부 독립운동 기지로, 미국 식민지 시대에는 군막사로, 일본 식민지 시대에는 포로수용소로 쓰이며 긴 식민시대의 아픔이 녹아있는 곳이다. 당시 쓰던 문서와 사진 등을 전시해놓은 작은 박물관과 성벽 위쪽을 따라 난 산책 코스 중간중간에 보초소, 대포, 포문을 볼 수 있다. 주위를 공원으로 조성해 현지 사람들이 휴식과 데이트 장소로 많이 찾는다.

Data **지도** 178p-F
가는 법 세부 시티, 피어 1에서 걸어서 5분 **주소** A. Pigafetta Street, Cebu City, Cebu
전화 032-256-2284
운영 시간 08:00~19:00, 일·월 휴무
가격 입장료 30페소

Tip **세부의 유산들**

필리핀이 세계 역사에 등장한 것은 1521년 3월 스페인 탐험가 마젤란이 막탄 섬에 상륙하면서부터다. 1565년부터 300년 넘게 스페인의 지배를 받으면서 동남아 무역항의 중심지로 우뚝 선 세부의 다운타운에는 그 당시의 유산들을 찾아볼 수 있다.

필리핀 사람들을 지켜주는 아기 예수

산토 니뇨 성당 Basilica Minore Del Santo Niño

산토 니뇨 성당은 '성스러운 아기'라는 뜻으로 아기 예수를 가리킨다. 마젤란이 당시 이곳을 다스리던 라자 후미본 추장의 부인에게 가톨릭 개종 축하 선물로 주었던 아기 예수상이 보관되어 있다. 전쟁과 몇 번의 화제에서도 훼손되지 않아 필리핀 사람들에게 수호신처럼 받들어지고 있다.
바깥에 있는 초에 불을 붙이며 기도하는 공간에는 가족 수만큼 빨간 초를 태우며 건강과 행복을 기원하는 사람들로 가득하다. 가톨릭 신자가 아니더라도 누구나 이용할 수 있으니 안전한 여행과 사랑하는 사람들을 위해 기도해보자. 사용료는 없지만 기부함 박스가 마련되어 있다. 450여 년이나 됐지만 전체적으로 잘 보존되어 있다.

Data **지도** 178p-F **가는 법** 산 페드로 요새 앞 미구엘 로페즈 기념비 왼쪽 출입구로 나가서 직진 **주소** Osmena Boulevard, Cebu City, Cebu
운영 시간 08:00~20:00 **가격** 무료 **홈페이지** www.basilicasantonino.org.ph

필리핀 가톨릭의 시초

마젤란 십자가 Magellan's Cross

마젤란이 세부에 도착했을 당시 마을을 다스리고 있던 라자후미본 추장과 그의 가족, 마을 사람들을 설득해 가톨릭으로 개종하게 한 후 이를 기념하기 위해 세운 십자가다. 필리핀 최초의 가톨릭 신자를 위한 필리핀 최초의 십자가로 역사적, 종교적으로 큰 의미가 있는 곳이다. 높이 3m의 십자가가 놓인 팔각 건물 안 천장 벽화에는 당시의 세례 의식이 잘 표현되어 있다.
십자가 조각을 달여 먹으면 병이 낫는다는 속설을 믿고 떼어가는 사람들이 늘어나 현재는 단단한 나무로 십자가를 감싸 놓았다. 테이블에는 다양한 색상의 초들이 놓여있는데 색깔별로 행복, 사랑, 건강 등을 기원하는 것으로 건물 주위 초를 파는 사람들을 쉽게 볼 수 있다.

Data **지도** 178p-F **가는 법** 산토 니뇨 성당에서 마젤란 십자가 쪽 출구 이용
주소 Magalianes Steet, Cebu City, Cebu **운영 시간** 08:00~20:00 **가격** 무료

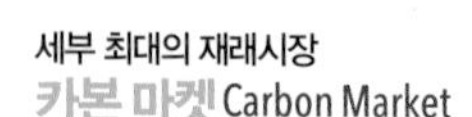

세부 최대의 재래시장

카본 마켓 Carbon Market

서민들의 진솔한 삶을 엿볼 수 있는 카본 마켓은 세부에서 가장 큰 시장이며, 다양한 물건을 구경하는 재미가 쏠쏠하다. 저렴한 가격으로 열대과일을 살 수 있으며, 한국에서 볼 수 없는 채소와 해산물과 생활용품을 구경할 수 있다. 하지만 현지인조차 소매치기를 당하는 곳이니 가방과 소지품에 주의해야 하며, 값비싼 액세서리는 걸치고 가지 않는 것이 좋다. 규모가 굉장하고 작은 골목들이 많아 길을 잃지 않도록 유의해야 한다.

Data **지도** 178p-E
가는 법 마젤란 십자가에서 항구 방향으로 도보 10분
주소 M.C Briones Street, Cebu City, Cebu

Tip **세부 시티에서의 완벽한 하루 만들기**

막탄 섬에 머물고 있다면 짧은 휴가 중 여러 번 세부 시티를 오가는 것보다는 조금 빡빡하더라도 세부 시티에서의 일정을 하루에 소화하는 것이 금전적으로나 시간적으로나 효율적이다.
해가 뜨겁지 않은 오전에 다운타운 관광을 마치고, 오후에는 시원한 아얄라 센터나 SM 시티에서 쇼핑을 하는 것이 일반적이다. 만약 조금 더 문화적인 체험을 하고 싶다면 지도상으로 다운타운에 속해있지는 않지만 세부의 역사를 간직한 도교 사원이나 과달루페 마리아 성당을 둘러보는 것도 괜찮다.
해가 지기 전 톱스 힐 근처의 레스토랑으로 이동해 아름다운 선셋과 함께 저녁을 먹고 톱스 힐로 올라가 야경을 바라보며 맥주 한잔 하고 내려오면 제대로 된 세부 시티 하루 나들이가 완성된다.

종교는 달라도 마음은 하나

도교 사원 The Taoist Temple

필리핀에 살고 있는 중국인들이 지은 사원. 화교들이 많이 살고 있으며, 이름부터 럭셔리한 고급 빌라촌 비버리 힐즈에 위치한다. 총 81장으로 이루어져 있는 도교 경전을 본받아 입구부터 본당까지 81개의 계단으로 연결되며, 소원을 빌면서 계단을 오른다. 중국 건축 양식과 빨간색 기둥, 용 장식 등 우리 눈에는 낯설지 않은 전형적인 사원의 모습이지만 사원 특유의 고즈넉한 여유에 마음이 편안해지는 것을 느낄 수 있다. 높은 곳에 위치한 부촌인 만큼 세부 시티가 한눈에 들어오며, 날씨가 좋은 날에는 막탄 섬까지 선명하게 보인다. 신자와 비신자 모두에게 오픈된 공간이지만 종교적 장소이니 예의를 갖추는 것을 잊지 말자.

Data **지도** 176p-B **가는 법** 카본 마켓에서 약 20km 떨어져 있으며 택시로 약 30분 정도 소요. 내려오는 택시를 잡기 힘드니 왕복으로 협상하는 것을 추천한다 **주소** Beverly Hills, Lahug, Cebu City, Cebu
운영 시간 06:30~17:30 **가격** 무료

성지순례의 장소

과달루페 마리아 성당 Our Lady of Guadalupe Parish Church

언덕으로 된 과달루페 지역의 맨 꼭대기에 있는 작은 성당. 세부 시티의 공식 수호성인 '과달루페의 성모 Our Lady of Guadalupe'로 불리는 마리아 상을 보관하고 있다. 오렌지색 지붕의 성당 안으로 들어가면 하얀 벽과 바닥이 스테인리스 창을 통해 들어오는 빛을 머금어 마음까지 환하게 밝혀준다.

성당 옆길로 난 산길로 들어가 좁은 골목길을 따라 작은 마을을 지나 다리를 건너면 과달루페의 성모를 모시는 동굴 사원이 나온다. 식민지 시절 스페인의 강탈과 비신자들에 의한 훼손을 막기 위해 동굴 안 깊숙이 숨겨두었던 마리아 상본이 1880년대 우연히 발견되었다. 이후 이곳에서 기도하면 소원이 이루어진다고 하여 많은 필리핀 사람들이 성지순례를 오고 있다. 또한 동굴에서 떨어지는 물방울을 맞으면 치유의 효과가 있다고 한다. 종교에 관심이 많거나 가톨릭 신자라면 큰 의미와 행복을 느낄 수 있는 장소다.

Data **지도** 176p-A
가는 법 오스메냐 서클에서 택시로 약 15분. 성당에서 동굴 사원까지는 도보 20분
주소 Guadalupe, Cebu City, Cebu **전화** 032-254-4593 **운영 시간** 첫 미사 05:15, 마지막 미사 18:30 **가격** 무료

보면 볼수록 알찬
카사 고롤도 박물관 Casa Gorordo Museum

카사 고롤도 박물관이 다시 태어났다. 제법 알찬 박물관으로 새 단장을 했다. 달랑 집 한 채뿐 별로 볼 것 없다는 옛 평가를 날려버리기 충분하다. 19세기 중반에 지어진 집으로 외관과 실내 모두 잘 보존되어 있어 당시 건축 스타일을 알 수 있다. 점토로 구운 붉은 기와와 주재료로 산호석을 사용한 것이 인상적이다.

후안 고롤도Juan Gorordo가 집을 구입 후 4세대가 이 집을 거쳤다. 두 번의 혁명과 제2차 세계대전에도 무사히 살아남았으며, 1983년부터 박물관으로 사용되어 왔다. 1층에는 당시 시대적 배경을 알 수 있는 사진과 설명들로 채워져 있으며, 2층에는 당시 실내 구조 그대로 사용하던 물품들이 전시되어 있다.

후안 고롤도는 1세대 필리피노 주교로 집에는 항상 많은 손님들이 오갔고, 그의 집은 사교활동의 중심지였다. 넓은 응접실과 대기실, 세계 각지에서 받은 선물들에서 당시 생활을 조금이나마 엿볼 수 있다.

도서관에 있는 지구본을 자세히 보면 대한민국이 조선chosun이라 표기된 것을 발견할 수 있다. 입장료에 이어폰이 포함되어 있으니 설명을 들으며 여유 있게 돌아보자. 원할 시 가이드 동행도 가능하다.

Data **지도** 178p-D **가는 법** 더 옙 산디에고 헤리티지 하우스에서 도보 5분
주소 35 Lopez Jaena, Cebu City, Cebu **전화** 032-418-7234
운영 시간 10:00~18:00(월요일 휴무) **가격** 80페소~
홈페이지 facebook.com/casagorordomuseum

홍등이 아름다운
더 옙 산디에고 헤리티지 하우스 The Yep-Sandiego Heritage House

17세기 후반에 지어졌으며, 필리핀에서 가장 오래된 건물 중 하나이다. 단단하기로 유명한 몰라베 나무와 산호석으로 지어졌으며, 산호석을 한 장 한 장 달걀 흰자로 붙여 만든 것이 특징이다. 중국 무역상 돈 후앙 옙Don Juan Yep이 첫 주인으로 가족이 대대손손 살고 있다. 2008년 증증손자 발 산디에고Val Sandiego가 조상의 역사를 기념할 수 있는 박물관으로 변신시켰다. 내부는 가족들의 사진과 사용하던 물품들이 전시되어 있다. 아담한 정원에는 우물도 찾아볼 수 있다.

Data **지도** 178p-D **가는 법** 산토 니뇨 성당에서 도보 10분 **주소** 155-Lopez Jaena corner Mabini Street, Cebu City, Cebu **전화** 032-515-9000 **운영 시간** 09:00~19:00 **가격** 25페소

세부 시티의 중심, 업타운

오스메냐 서클 북쪽으로는 라훅 지역이, 동쪽으로는 아얄라 센터가 있다. 빈부격차가 심한 나라라지만 다운타운과 분위기 자체가 다르다. 세부의 경제와 미래를 책임지고 있는 만큼 젊은 에너지가 넘치는 업타운에서 여행자들에게 인기 있는 곳을 꼽아보았다.

달콤시원하게 쉬었다 가세요

JY 스퀘어 몰 JY Square Mall

쇼핑몰의 규모는 작지만 살리나스 드라이브에 위치하여 한 번쯤 들르기 좋다. 1층에 있는 왓슨스를 제외하고 크게 쇼핑할 만한 상점은 없지만 졸리비 등 유명 프랜차이즈들이 모여 있어 잠시 더위를 피해 쉬어가기 좋다. 특히 1층에 있는 타블리아 초콜릿 카페Tablea Chocolate Cafe는 필리피노 스타일 핫 초콜릿을 맛볼 수 있으며, 선물용으로 좋은 카카오 제품을 판매하고 있다. 빵빵한 에어컨과 와이파이는 금상첨화.

Data **지도** 179p-A **가는 법** 부사이 힐 가는 방면 살리나스 드라이브 초입에 위치 **주소** #1 Salinas Drives, Lahug, Cebu City, Cebu **전화** 032-232-7235 **운영 시간** 10:00~21:00 **홈페이지** www.jysquare.com

세부인 듯, 세부 아닌, 세부 같은

IT 파크 IT Park

IT 관련 회사들과 다국적 기업의 콜센터들이 모여 있는 IT 파크는 입구부터 구석구석 경비원들이 삼엄하게 지키고 있어 안전하게 돌아다닐 수 있다. 커다란 산업단지지만 아이스크림 하나 들고 산책하기 좋게 조성되어 있으며, 요즘 핫하다는 레스토랑과 카페들이 모여 있다. 특히 IT 파크 안에 있는 더 워크The Walk는 카사 베르데, 문 카페 등 유명 음식점들과 환전소, 약국 등의 편의시설을 갖추고 있어 여행자들의 큰 사랑을 받고 있다.

Data **지도** 179p-C **가는 법** 살리나스 드라이브 중간 워터프런트 호텔 맞은편 **주소** IT Park, Salinas Drives, Lahug, Cebu City **전화** 032-231-5301 **홈페이지** www.cebuitpark.com

맛집들이 모여 있는

크로스로드 Crossroad

규모는 작지만 세부에서 알아주는 미식 지구. 세부 최고의 파인 다이닝 아바카 그룹의 레스토랑 마야와 팟포, 세부에서 가장 맛있는 스테이크 집이라고 소문난 올리오 등 유명 레스토랑들이 모여 있다. 음식 수준이 높은 만큼 가격대도 만만치 않아 부유층이나 외국인들이 주로 찾는다.

Data **지도** 179p-F **가는 법** 세부 컨트리 클럽 옆. 살리나스 드라이브 남쪽으로 내려와 고가도로 밑으로 좌회전 **주소** Gov. M. Cuenco Avenue, Banilad, Cebu

젊은이들의 거리
살리나스 드라이브 Salinas Drives

JY 스퀘어 몰에서 시작되는 살리나스 드라이브는 쇼핑몰과 레스토랑, 마사지 숍, 클럽 등이 모여 있어 많은 여행객들이 찾는 거리이다. 밤에 혼자 돌아다니는 것을 권하지 않는 세부에서 이곳만큼은 예외일 만큼 치안이 잘되어 있다.

Data **지도** 179p-E
가는 법 아얄라 센터에서 택시로 5분 소요
주소 Salinas Drives, Lahug, Cebu City, Cebu

Tip 의외로 이곳의 무법자는 어린아이들이다. 여러 명이 앵벌이 하며 둘러싸 혼을 뺀 뒤 소매치기를 시도할 수 있으니 이럴 경우 가방을 꽉 잡고 'NO'라고 단호하게 외치자. 불쌍하다는 눈빛은 금물. 너무 심하면 지나가던 행인에게 도움을 요청하면 아이를 떼어준다. 아이를 때리면 당혹스러운 사건에 휘말릴 수 있어 눈 뜨고 당하는 사례가 가끔씩 발생한다.

보기만 해도 아찔아찔
스카이 익스피리언스 어드벤처 Sky Experience Adventure

지상 130m에서 즐기는 액티비티로 짜릿함을 원하는 사람에게 추천한다. 건물 밖 유리 난간을 안전장치 하나에 의존해 걷는 스카이워크Skywalk, 건물 끝에 매달려 45˚로 꺾이는 에지 코스터Edge Coaster, 건물 사이를 타잔처럼 날 수 있는 짚라인Zipline까지! 40층에서 즐기는 암벽 등반 코스과 6D 영화관도 운영하고 있다.
하고 싶은 액티비티 수에 따라 입장 시 미리 콤보로 구입하면 더 싸다. 만약 콤보 2를 구입했는데 3가지를 타고 싶다고 콤보 3로 바꿀 수 있는 것이 아니라 콤보 2에 할인 없이 나머지 하나 가격을 추가해서 이용해야 한다. 어스름 할 때 가면 노을과 야경을 모두 즐길 수 있다.

Data **지도** 178p-C
가는 법 오스메냐 서클에서 크라운 리젠시 호텔 건물로 도보 1분
주소 Tower 1, Crown Regency Hotel and Towers, Fuente Osmeña Blvd, Cebu City, Cebu
전화 032-418-7777
운영 시간 월~금 14:00~24:00, 토 10:00~02:00, 일 10:00~24:00
가격 전망대 250페소, 콤보 2,750페소
홈페이지 www.skyexperienceadventure.com

세부 최고의 야경을 자랑하는

톱스 전망대 Top's Lookout

세부 시티 북쪽 부사이 힐에 위치한 톱스 전망대에 오르면 세부 시티는 물론 막탄 섬까지 한눈에 내려다보인다. 사방이 뻥 뚫려있어 360° 파노라마 뷰가 가능하며 기대 이상의 경관을 선사한다. 특히 일몰부터 야경까지 즐기는 이른 저녁 시간이 가장 인기가 높다. 스낵과 음료를 파는 카페테리아에서 가볍게 맥주 한잔하며 야경을 즐기는 현지 커플들과 관광객들을 볼 수 있다. 메뉴에 적힌 삼겹살, 짜파구리, 라복이가 얼마나 많은 한국인이 방문하는지를 보여준다. 가는 방법이 조금 번거롭더라도 하루 정도 저녁 시간을 투자하여 세부를 덮은 반짝이는 불빛에 젖어보는 것도 무척 낭만적이다.

Data **지도** 176p-B
가는 법 JY 스퀘어 몰에서 택시로 약 20분
주소 Busay Hills and Nivel Hills, Lahug, Cebu City, Cebu
가격 입장료 100페소

Tip **톱스 전망대 가는 방법**

1. 택시 가장 편하고 안전한 방법이다. 단, 택시와의 흥정이 필요하다. 톱스 전망대까지는 미터기를 사용하지 않는데다 왕복으로 흥정하는 것이 일반적이다. 왕복 이동에 전망대 구경 대기 시간을 포함하여 아얄라 센터 출발 기준으로 약 1,000페소 정도이며, 레스토랑을 들를 시 대기 시간에 따라 금액이 추가된다. 후불 정산 시스템이다.

2. 오토바이 살리나스 드라이브 JY 스퀘어 몰 앞에서 오토바이를 이용하면 대기 시간을 포함해 2인 400~500페소 정도에 다녀올 수 있다. 혼자라면 더 싸게도 가능하니 한 푼 한 푼이 피 같은 배낭여행 족들에게 딱이다.

세부의 타지마할

템플 오브 레아 Temple of Leah

톱스 전망대로 가는 부사이 힐 위 우아한 신전이 들어섰다. 그리스 로마시대를 연상시키는 신전은 고된 암 투병으로 세상을 뜬 아내 리아에게 바치는 사랑의 서사시이다. 아내가 죽은 2012년부터 짓기 시작해 현재 외관은 어느 정도 모습을 갖췄으나 내부는 미흡하다. 건물 중앙에는 2.7m의 레아 동상이 여신처럼 앉아있다. 한국인의 눈에는 살짝 촌스럽지만 로맨틱한 비하인드 스토리 덕분에 세부의 연인들 사이 데이트 명소로 떠올랐다. 이국적인 건축물을 배경으로 스냅샷을 찍는 커플들도 많다. 톱스 전망대처럼 360°는 아니지만 세부 시티와 저 멀리 바다가 내려다보이는 탁 트인 전망을 자랑한다.

Data **지도** 176p-B **가는 법** JY 스퀘어 몰에서 택시로 약 15분, 란타우 부사이 쪽에 위치 **주소** Roosevelt Street, Busay, Cebu City, Cebu **전화** 0942-518-0870 **운영 시간** 06:00~23:00 **가격** 입장료 50페소, 왕복 셔틀버스 120페소 **홈페이지** facebook.com/TempleOfLeah

우리 꽃길만 걷자

시라오 가든 Sirao Garden

톱스 전망대가 있는 부사이 힐을 지나 발람반 방향으로 15분 정도 더 달리면 알록달록 꽃밭이 숨어있다. 빨갛고 노란 샐로시아celosia가 흐드러지게 피어있는 시라오 가든은 세부의 숨은 명소다. 맨드라미 과의 한 종류지만 우리가 흔히 보던 꽃이 아니라 더욱 신비롭다. 시기별로 메리골드와 천일홍, 해바라기와 낯선 풀꽃들이 피어나며 눈 호강을 더한다. 꽃들이 만개하는 봄과 가을에는 사진 찍는 사람들이 꽃만큼이나 많이 몰린다. 시기를 잘못 맞춰 가면 꽃이 없으니 미리 체크하자. 한국의 정원과 비교하면 많이 어설프고 작지만 세부에서는 나름 '리틀 암스테르담'으로 통하는 곳이다.

Data **지도** 176p-B **가는 법** JY 스퀘어 몰에서 약 17km **전화** 0946-183-1320 **운영 시간** 07:00:00~18:00 **가격** 입장료 50페소, 왕복 셔틀버스 350페소

Tip **택시와의 전쟁은 안녕! 고 투 탑스Go to Tops 셔틀버스**

올레!! 톱스 전망대, 란타우 부사이 레스토랑, 템플 오브 레아, 시라오 가든까지 부사이 힐의 명소를 오가는 셔틀버스가 드디어 생겼다. 탑승은 살리나스 드라이브 JY 스퀘어 몰 맞은편에서 한다. 시간표와 가격은 페이스북 페이지를 확인하자. **홈페이지** facebook.com/gototop

이때 오면 더 신난다, 세부 페스티벌

기쁘다 구주 오셨네~

시눌록 축제 Sinulog Festival

세부 주민들이 손꼽아 기다리는 세부 최고의 페스티벌. 축제의 하이라이트는 단연 마지막 날 있는 시눌록 그랜드 퍼레이드. 장작 12시간 동안 이어지는 화려한 퍼레이드를 보러 수많은 사람들이 세계 각국에서 모여든다. 시눌록은 세부아노로 '춤'을 의미하며, 1521년 라자후미반과 부족 800명이 함께 필리핀 최초로 세례를 받은 의식을 기념하며 아기 예수(산토 니뇨)를 기리는 축제다. 화려한 의상을 입은 세부 주민들이 아기 예수 상을 들고 드럼과 트럼펫, 전통 악기의 선율에 맞춰 경쾌한 춤과 함께 거리를 행진한다.
두 걸음 나아가고 한 걸음 후퇴하며 기도하는 형상의 춤을 추며 중간중간 '비바 핏 세뇨 산토 니뇨Viva! Pit Señor Santo Niño'라고 사람들과 함께 크게 외친다. 퍼레이드 전날, 만다웨 시티와 세부 시티 사이의 강에서는 꽃과 초로 꾸민 보트에 산토 니뇨를 싣고 행진하는 장관을 볼 수 있다. 그 외에도 스트리트 파티 밴드 공연, 세부 인기 음악 축제, 시눌록 필름 페스티벌 등 다양한 행사가 펼쳐진다. 길거리 포장마차에서 바비큐와 닭튀김에 맥주를 마시고 있자면 걸어가던 행인들이 와서 건배 해주며 얼굴에 물감을 묻혀주기도 하고 물총을 쏘기도 한다.

Data **지도** 178p-A&F **가는 법** 퍼레이드는 세부 시티 산토 니뇨 성당에서 시작하여 콜론 스트리트, 오스메냐 서클, 망고 스퀘어 몰을 따라 한 바퀴 돈 후 산토 니뇨 성당에서 끝난다 **전화** 032-253-3700
운영 시간 매년 1월 둘째 주 주말부터 셋째 주 일요일까지 **가격** 무료 **홈페이지** www.sinulog.ph

Tip **즐거운 시눌록 축제를 위해 주의할 점**

비싼 옷과 슬리퍼는 피하자. 사람들이 재미로 물감을 묻히기도 하고 실수로 음료를 쏟기도 한다. 밀고 당기다 보면 찢어짐도 감수해야 한다. 발이 밟히는 건 예사고 특히 플립플랍은 끊어지는 경우도 있으니 운동화나 샌들을 신는 것이 좋다. 소매치기를 주의 또 주의! 돈은 조금만 들고 가고 핸드폰과 카메라는 손에 쥐고 다니자.

세부의 밤 즐기기

있는 자들의 친목 도모의 장

리브 슈퍼 클럽 Liv Super Club

중국 자본이 대거 투입된 만다웨 타임스 스퀘어 안쪽에 위치하고 있으며, 필리핀 경제에 크게 이바지하고 있는 화교들이 지은 곳이다. 망고 스퀘어 몰에 있는 클럽들보다 안전하고 시설이 좋다. 돈 들인 티가 팍팍 나는 외관과 깔끔한 내부로 현지 부유층들이 지인들과 즐거운 시간을 가지기 위해 찾는 곳이다.

음료조차 포함 안 된 비싼 입장료 덕분에 업소녀들로부터 자유로울 수 있으며, 세부 대학생들과 중산층들이 많고, 타 클럽들에 비해 물이 좋은 편이다. 드레스 코드가 엄격한 편이니 슬리퍼와 물놀이 차림은 피하고, 남자라면 긴 바지와 깃 있는 셔츠 정도는 입어주는 것이 안전하다. 최악의 경우 벌금을 내고 들어가거나 입장이 제한되기도 한다.

막탄에서 약 30분 정도 걸리며, 신설 클럽이라 잘 모르는 택시 기사들도 많으니 '만다웨 타임 스퀘어'라고 말하면 된다.

Data **지도** 177p-G
가는 법 막탄 제이 파크 아일랜드 리조트 기준 택시로 30분, 망고 스퀘어 몰에서 택시로 약 15분
주소 A108, City Time Square, Mandaue City, Cebu
전화 032-236-7986
운영 시간 수~토 20:30~04:30
가격 입장료 300페소

구 줄리아나의 명성을 이어받은

옥타곤 Oqtagon

과거 이름 좀 날렸던 줄리아나 클럽이 제이브로, 제이브에서 다시 옥타곤으로 변신했다. 만다우에로 위치도 바꾸면서 훨씬 넓어지고 세련돼졌다. 스테이지 양옆으로 술을 먹을 수 있는 테이블들이 놓여 있고, 2층 테이블에 앉고 싶으면 미니멈 차지를 내야한다.

밤 12시부터 서서히 광란의 밤으로 변하고, 일렉트로닉 음악이 나오며 가장 클럽답게 놀 수 있는 곳이다. 한국 남성을 노리는 업소녀 일명 '피싱걸'들이 많으니 주의하자.

Data **지도** 177p-K
가는 법 SM 시티 몰에서 약 2km
주소 Meerea High Street, Ouano Avenue, Mandaue City, Cebu City **전화** 0917-638-4777 **운영 시간** 21:00~07:00
가격 남자 200페소, 여자 100페소 **홈페이지** www.oqtagonph.com

막탄의 밤을 책임지는

로터스 Lotus

제이브와 함께 세부의 나이트 라이프를 책임지던 양대 산맥 펌프가 있던 곳. 펌프가 문을 닫으면서 제이브의 오너가 인수하여 로터스로 탄생, 세부 시티와 더불어 막탄의 밤까지 평정했다. 막탄 내 유일한 클럽으로 크기는 작지만 분위기는 핫하다.

막탄에 위치한 리조트들과 약 20분 안에 오갈 수 있어 한국 관광객들이 점령하고 있으며, 주말은 발 디딜 틈이 없을 정도. 밤 12시 마법의 종이 울리면 스테이지가 꽉 차기 시작하며 신바람, 춤바람 나는 시간이 시작된다. 낯선 사람이 주는 술을 받아먹는 것은 피하도록 하자.

Data **지도** 172p-B **가는 법** 택시로 이동, 로터스 클럽을 모를 시 타미야 클럽이라고 하면 된다 **주소** Pueblo Verde, Basak, Mactan, Cebu **전화** 0925-633-3888
운영 시간 20:00~06:00 **가격** 입장료 100페소

라이브 음악과 맥주, 웃음이 있는 곳

BFK

밤 문화는 즐기고 싶지만 클러빙이 부담스럽거나 로터스에 입장하기 전 술 한잔하며 준비운동이 필요한 사람들에게 적극 추천하는 로컬 맥주집이다. 로터스와 함께 타미야 지역에 위치하고 있으며, 낮부터 둘러앉아 맥주를 마시는 사람들을 흔히 볼 수 있다. 오후 9시 이후부터 라이브 바로 변신.

신나는 라이브 음악이 울려 퍼지며 분위기가 무르익으면 관객들이 무대에 올라 노래를 부르거나 춤을 추기도 해 재밌는 볼거리를 선사한다. 특히 주말에는 세부에서 제법 유명한 밴드들의 공연을 볼 수 있어 테이블이 꽉찬다.

Data **지도** 172p-B **가는 법** 로터스에서 도보 2분
주소 Pueblo Verde Mactan Export Processing Zone II, Basak, Mactan, Cebu
전화 032-494-2007 **운영 시간** 24시간 **가격** 맥주 38페소~

Writer's Pick!

가끔은 쿨~하게
이비자 비치 클럽 Ibiza Beach Club

예쁘게 멋 내고 나갈 준비 완료! 흥은 나지만 격은 없는 뻔한 클럽보다 조금 더 고급진 밤을 원한다면? 뫼벤픽 호텔 비치를 따라 길게 난 부두 끝에 위치한 이비자 비치 클럽이 정답이다. 굉장히 스타일리시한 공간으로 햇볕을 막아주는 천장의 하얀 천들이 낮에는 새파란 바다와 대조되어 포카리 스웨트 광고 느낌을, 밤에는 조명에 따라 색색으로 변하는 몽환적인 분위기를 자아낸다. 점심, 저녁 모두 운영되지만 저녁이 분위기가 더 좋다.

야외에는 공연을 할 수 있는 스테이지와 테이블이 놓여있으며, 외국 영화에서나 보던 것처럼 테이블 사이로 자쿠지가 보글보글 끓고 있다. 자쿠지와 함께 이비자 비치 클럽의 세련미를 한 층 더 업 시켜주는 아이템은 바로 해먹! 바다 바로 위에 설치된 해먹 위에 누워있노라면 마치 바다 위에 떠있는 듯한 느낌으로 세부의 하늘을 만끽할 수 있다. 오후 8시 30분부터 야외 공연장에서 1990년대 팝송 위주의 댄스 공연이 펼쳐지고, 공연이 끝난 후에는 DJ가 춤추기 좋은 음악을 틀어 준다.

자리에서 살짝 살짝 흔드는 정도의 느낌이지 스테이지에 올라가 와일드하게 노는 사람들은 찾아보기 힘들다. 호텔 투숙객이 아니더라도 꼭 한번 방문해보길 추천한다. 기왕이면 이른 저녁에 가서 해피 아워도 누리고 이비자 비치 클럽의 자랑 츄라스코도 먹어보자.

Data **지도** 173p-C **가는 법** 뫼벤픽 호텔 내 위치 **주소** Punta Engaño Road, Lapu-lapu City, Mactan, Cebu
전화 032-492-7777 **운영 시간** 월~금 11:00~24:00, 토·일 11:00~02:00(해피 아워 17:00~1800)
가격 와인 1잔 210페소~, 와인 무제한 츄라스코 2,500페소

럭셔리 마사지 BEST 3

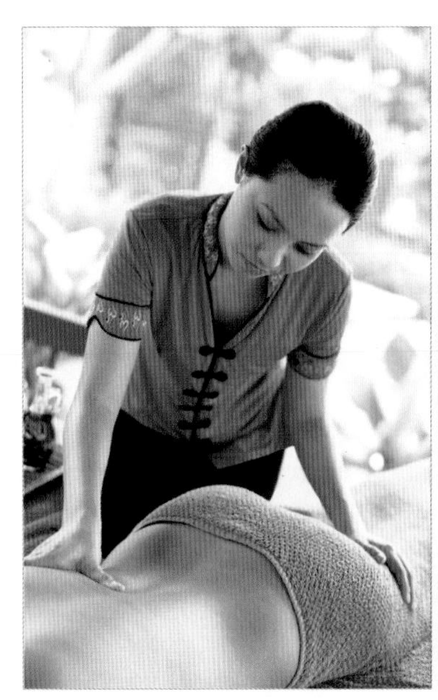

세부 최고 품격 스파

치 스파 Chi Spa

격이 다르다는 것이 이런 것일까. 최고급 리조트 샹그릴라 막탄의 스파답게 들어서는 순간부터 두 눈 휘둥그레지는 격조 높은 인테리어와 친절한 서비스, 스파 고객들만 누릴 수 있는 전용 부대시설로 대접 받는다는 느낌이 절로 드는 곳이다.

최상급 천연 오일을 사용하는데 워낙 찾는 사람이 많아 리셉션 안쪽에 오일과 스파 용품을 파는 숍이 따로 마련되어 있다. 기의 흐름을 돕는 부드러운 손놀림으로 몸과 마음의 균형을 찾아주는 치 밸런스 마사지와 스트레칭과 지압을 이용하여 몸에 활력을 주는 타이 마사지가 인기다. 스파 고객용 자체 야외 수영장과 자쿠지를 갖추고 있어 마사지 전후 언제든지 이용할 수 있지만 애써 흡수시킨 오일이 씻겨 내려가는 허무함을 막기 위해 일찍 와서 사용하는 것을 권한다. 투숙객이 아니라도 스파를 받을 수 있으니 데이 트립과 함께 이용하면 할인도 받고 일석이조. 가격은 최소 3,000페소에서 9,000페소, 약 7만원에서 20만원 선으로 한국과 비교해도 만만치 않은 가격이지만 귀하디귀한 자신에게 주는 선물치고는 약소하다. 레몬그라스 향이 그윽하게 퍼져있는 공간에 들어서는 순간부터 당신은 주인공이 될 것 이다.

Data **지도** 173p-C **가는 법** 막탄 섬 샹그릴라 리조트 내 위치
주소 Punta Engaño Road, Lapu-lapu City, Mactan, Cebu **전화** 032-231-0288 **운영 시간** 10:00~22:00
가격 마사지(60분) 5,000페소~ **홈페이지** www.shangri-la.com/cebu/mactanresort

Tip 아이가 있을 시 도우미 서비스를 신청할 수 있으며 1시간당 300페소.

고급스럽게 힐링하자

아움 스파 Aum Spa

크림슨 리조트&스파 안 럭셔리 스파로 총 14개의 트리트먼트 룸과 아움 고객 전용 야외 스파와 사우나를 갖추고 있다. 필리핀 전통가옥 형태에 정원을 곁들인 반 야외 형태의 트리트먼트 룸과 야외 파빌리온, 스파 옆 카바나 중 선택하여 마사지를 받을 수 있다. 먼저 원하는 테라피와 마사지 강도, 몸의 상태에 관한 질문지에 응답을 한 후 남국의 꽃이 떠있는 물에 발을 씻어주는 것으로 마사지가 시작된다.
몸을 호사시킬 수 있는 다양한 트리트먼트 중 4시간 동안 펼쳐지는 하프 데이 코스는 보디 스크럽, 보디 랩, 스파, 마사지, 페이셜을 몽땅 즐길 수 있는 호화스러움의 절정. 비록 한국에서의 삶은 평범한 서민일지라도 마사지를 받는 이 순간만큼은 상위 1% 삶을 영위한다. 정성스런 손길과 심신이 편안해지는 아로마 향기에 취해 어느샌가 스르륵 잠에 빠져들며 4시간이 결코 길지 않다는 것을 깨닫게 된다. 마사지 한 번 받았을 뿐인데 온몸 구석까지 건강해지는 느낌은 최고의 보너스.

Data **지도** 173p-G **가는 법** 막탄 섬 크림슨&스파 리조트 내 위치
주소 Seascapes Resort Town, Lapu-lapu City, Mactan, Cebu **전화** 032-239-3900
운영 시간 10:00~22:00 **가격** 마사지 4,100페소~ **홈페이지** www.crimsonhotel.com/mactan

자연에게 받는 치유
모감보 스프링스 Mogambo Springs

넓찍한 규모를 자랑하는 플랜테이션 베이의 자연 친화적인 스파. 일본 마을을 테마로 한 모감보 스파의 정원은 숙박객도 따로 돈을 내고 들어가서 즐길 정도로 멋지게 꾸며놓았다. 푸른 나무들 사이로 시냇물이 흐르고 석등과 일본식 건물 양식이 조화를 이루어 이국적인 분위기가 물씬 난다. 정원 주위로 김이 모락모락 나는 천연 광천수 온천탕과 시원한 물줄기가 떨어지는 폭포탕, 휴식하기 좋은 해수풀이 어우러져 있다. 돌과 나무로 지어진 트리트먼트 룸으로 들어가면 동굴 안에 있는 듯한 느낌마저 들어 마사지를 받는 동안 가장 편안한 원초의 느낌으로 돌아간다.

모감보 스프링스에 밑줄 짝, 별 다섯 개 쾅쾅 찍어주는 또 다른 이유는 바로 가격! 동급 리조트의 절반 정도 되는 착한 가격으로 1시간짜리 보디 마사지가 2,000페소부터 시작한다. 임산부를 위한 특별한 마사지와 10가지 유기농 허브로 건강함을 불어 넣어주는 필리핀 전통 마사지 힐롯, 강한 지압을 느낄 수 있는 타이 마사지가 한국인 베스트셀러.

Data **지도** 172p-J **가는 법** 막탄 섬 플랜테이션 베이 리조트 내 위치
주소 Marigondon, Lapu-lapu City, Mactan, Cebu **전화** 032-505-9800 **운영 시간** 10:00~23:00
가격 힐롯(90분) 3,000페소 **홈페이지** www.plantationbay.com/spa

|Theme|

리조트 속 숨은 명품 스파

리조트에서 실컷 놀다보니 마사지가 절실해진다. 택시 타고 나가기는 귀찮고, 리조트 마사지는 마냥 비쌀 것만 같다는 것은 착각! 세부가 아니면 어디서 이 정도 가격으로 호텔 마사지를 즐겨 보겠는가. 눈 딱 감고 누리자. 난 소중하니까!

이름만으로도 믿고 받는

아바카 스파 Abaca Spa

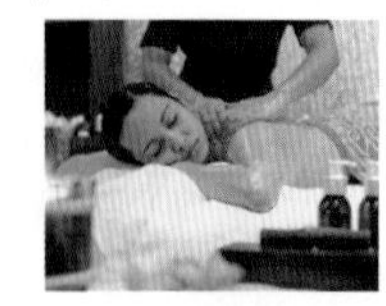

아로마 스페셜리스트인 오너가 직접 블랜딩한 천연 식물성 오일 사용으로 유명한 아바카 스파. 아바카 리조트 투숙객에게만 오픈되어 있다. 스파, 룸, 바다 앞 카바나 중 원하는 곳을 선택할 수 있다.

Data **지도** 173p-D **가는 법** 막탄 섬 비 리조트 바로 옆 **주소** Punta Engaño Road, Lapu-lapu City, Mactan, Cebu **전화** 032-495-3461 **운영 시간** 10:00~22:00 **가격** 시그니처 마사지(60분) 2,750페소, 스파 패키지(105분) 4,950페소

필리핀 치유의 마사지

아무마 스파 Amuma Spa

마리바고 블루워터 리조트의 부속 스파. 따뜻한 바나나 잎으로 근육을 풀어주는 필리핀 전통 마사지인 힐롯을 업그레이드 한 아무마 힐롯과 뭉친 곳을 집중 공략하는 핫 스톤 마사지가 인기다.

Data **지도** 173p-G **가는 법** 제이 파크 아일랜드 리조트에서 택시로 5분 **주소** Maribago Bluewater Beach Resort, Maribago, Lapu-lapu City, Mactan, Cebu **전화** 032-232-5411 **운영 시간** 10:00~24:00 **가격** 아무마 힐롯(90분) 3,900페소 **홈페이지** www.bluewatermaribago.com.ph

손담비가 받아 유명한

델 마 스파 Del Mar Spa

뫼벤픽 호텔 안에 위치하며 안락한 분위기와 실력 있는 테라피스트들로 사랑받는 곳이다. 스파 전문 브랜드 페보니아 제품을 사용하며, 와일드 민트, 라벤더, 삼파귀타 오일 중 하나를 선택할 수 있다.

Data **지도** 173p-D **가는 법** 아바카 리조트와 비 리조트에서 도보 10분 **주소** Mövenpick Hotel, Punta Engaño Road, Lapu-lapu City, Mactan, Cebu **전화** 032-492-7777 **운영 시간** 10:00~23:00 **가격** 힐롯 마사지(90분) 3,800페소 **홈페이지** www.moevenpick-hotels.com

동양미 넘치는

레마 필리피노 스파 Lema Philiphino Spa

코스타벨라 트로피컬 비치 리조트에 속한 스파로 몹시 착한 가격이 강점이다. 대나무와 전통 문양으로 꾸민 오리엔탈 인테리어가 돋보이며, 모든 트리트먼트에 천연 제품을 이용한다.

Data **지도** 173p-G **가는 법** 화이트 샌드 비치 리조트&스파에서 도보 15분 **주소** costabella Beach H Island, Buyong, Mactan, Cebu **전화** 032-238-2700 **운영 시간** 11:00~23:00 **가격** 기본 마사지(60분) 1,300페소, 허브볼 마사지 (90분) 2,200페소 **홈페이지** www.costabellaresort.com

대부분의 리조트 스파는 10~20%의 세금이 따로 붙으며 팁은 별도다. 팁은 100페소 이상 주는 것이 일반적.

가격 대비 만족 최고의 실속 마사지

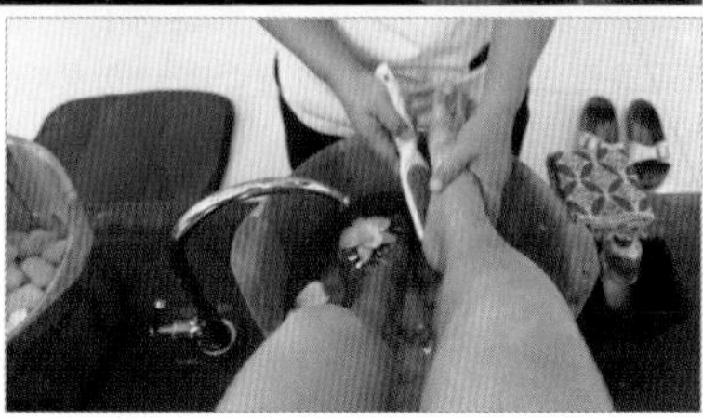

한국 여행객들의 사랑을 독차지하는

트리 셰이드 스파 Tree Shade Spa

여행 내내 매일 가는 사람이 있을 정도로 만족도가 높아 한국 여행객들의 발길이 끊이지 않는 곳이다. 세부 시티와 막탄 섬 두 곳에 지점을 두고 있으며, 원하는 시간대에 기다림 없이 받고 싶다면 예약은 필수다.
한국인이 운영하는 곳으로, 테라피스트들이 한국 사람들이 좋아하는 포인트를 잘 찾아서 뭉친 근육 위주로 야무지게 마사지해준다. 기본적인 지압과 오일 마시지 외에 핫 스톤이나 허브볼을 이용한 프리미엄 마사지도 비교적 저렴한 편이다.
호핑 투어나 야외활동으로 살이 익어 괴롭다면 몸의 열기를 빼주고 고통을 줄여주는 알로에 마사지가 딱이다. 두 지점 모두 공항까지 드롭 서비스를 실행하여 여행 마지막 날 몸을 말랑말랑하게 한 후 공항으로 향하기 좋다.
세부 시티 점은 공항 픽업 서비스, 마사지, 숙박, 조식이 포함된 나이트 패키지를 운영하고 있다. 자유여행객들을 위한 다양한 투어를 연결해주는 허브 역할도 시작해 더욱 편리해졌다.

Tip 다양한 프로모션이 있으니 인터넷 사이트에서 할인 쿠폰을 꼭 받아가자!

Data 세부 시티 지점
지도 179p-E
가는 법 세부 시티 살리나스 드라이브에 위치
주소 Salinas Drive, Lahug, Cebu City, Cebu
전화 032-232-7890
카카오톡 treeshadespa
운영 시간 24시간 **가격** 오일 마사지(60분) 450페소~, 스톤 마사지(90분) 980페소~ **홈페이지** cafe.naver.com/treeshadespa

막탄 섬 지점
지도 173p-C
가는 법 막탄 섬 뫼벤픽 호텔 맞은편
주소 Punta Engaño Road, Lapu-lapu City, Mactan, Cebu
전화 032-520-7777
카카오톡 treemactan
운영 시간 24시간
가격 아로마 마사지(60분) 670페소~, 스톤 마사지(90분) 1,000페소~

여행자들의 아지트

망고 봉봉 네일 스파 카페 Mango Bongbong Nail Spa Cafe

마리나 몰 스타벅스와 제이 파크 아일랜드 리조트 앞 보스 커피를 제외하고 딱히 모일만한 곳이 없는 막탄 섬에서 오아시스 같은 곳이다. 인디안 텐트에 아기자기한 소품들, 한국인 취향 제대로 저격한 귀여움 넘치는 공간은 여행자들의 만남의 장소가 되었다. 카페 안에는 네일과 풋 스파를 함께 운영하고 있으며, 한국인 네일 아티스트가 있어 커뮤니케이션이 쉽고 서비스 또한 만족스럽다.
족욕과 풋 스크럽, 풋 마사지가 포함되어 발이 행복해지는 패키지, 네일과 패디큐어를 함께 받는 뷰티 패키지, 아이도 함께 받을 수 있는 키즈 네일 아트 등 남녀는 물론 아이들까지 함께 받을 수 있는 프로그램들을 선보이고 있다. 트리 셰이드 스파 막탄 섬 지점과 같은 건물 2층에 위치하고 있으며, 마사지 이용고객은 20% 음료 할인이 주어진다. 마사지하는 일행을 기다리거나 더위를 식히며 음료 한잔하기 좋은 망고 봉봉의 망고주스는 직접 만든 망고 퓨레를 사용한다.
망고 샌드위치 또한 공항가기 전 일부러 들러 테이크아웃을 해갈 정도로 인기가 좋다. 세부 10년 차 터줏대감 여주인에게 이런저런 여행 팁을 얻는 덤까지 있으니 여행자들이 몰려드는 건 당연지사다.

Data **지도** 173p-C
가는 법 막탄 섬 뫼벤픽 호텔 맞은편. 막탄 세부 국제공항까지 차로 약 15분. 픽업 서비스 가능
주소 Punta Engaño Road, Lapu-lapu City, Mactan, Cebu
전화 032-505-3176
카카오톡 cafemango
운영 시간 11:00~23:30
가격 풋 스파 패키지(70분) 550페소
홈페이지 cafe.naver.com/mangobongbong

Tip 카페 한쪽 벽면에는 편지 봉투들이 붙어있는데 손님들이 직접 쓴 편지를 일 년 뒤에 발송해주는 추억의 우체통 역할을 하고 있다.

한국 도입이 시급합니다

몬트 알보 마사지 헛 Mont Albo Massage Hut

도시 생활이 바쁘기는 한국이나 필리핀이나 매한가지. 정신없이 쫓기는 현대인을 위해 10분 동안 원하는 부위를 꾹꾹 눌러주는 익스프레스 마사지는 정말 한국으로 가지고 가고 싶은 아이템. '놀 몬트 알보'라는 젊은 의사가 운영하던 작은 마사지 클리닉으로 시작해 필리핀 전통 마사지를 결합한 치료 방식이 인기를 끌면서 필리핀 전역에 지점을 내게 되었다. 따뜻한 바나나 잎과 코코넛 오일을 이용하여 등 쪽을 집중 공략하는 힐롯 마사지를 마치고 나면 어깨 위에 매달고 다니던 곰 한 마리를 내려놓는 기분이랄까.

Data **지도** 179p-B **가는 법** 세부 시티 살리나스 드라이브 AA 바비큐에서 도보 2분 **주소** Salinas Drive, Lahug, Cebu City, Cebu
전화 032-260-6608 **운영 시간** 12:00~02:00
가격 익스프레스 마사지(10분) 60페소, 힐롯 마사지(60분) 310페소

향기로움이 감도는
이바나 스파 Evana Spa

마사지 없이는 못 사는 두 친구가 뭉쳤다. 젊은 여성 특유의 세련됨과 섬세함이 묻어나는 곳이다. 카페 같은 인테리어와 소품들, 특히 마사지 전 체크리스트는 입에 저절로 미소를 띠게 만든다. 받고 싶은 마사지 강도를 물어보는 것에 그치지 않고 부위 별로 강도를 조절할 수 있는 체크 포인트를 따로 두었다.
고급 스파에서 사용하는 천연 아로마 에센셜 오일을 사용해 레몬그라스, 페퍼민트, 로즈, 라벤더 중 선택 가능하다. 정확한 시간 체크를 위해 마사지 전 시계를 보여준다. 인기 마사지는 네 손 마사지. 두 명의 테라피스트가 함께 마사지를 진행하는 네 손 마사지는 세부에 왔다면 꼭 누려야 할 호사다. 이바나 스파에서 놓치지 말아야 할 또 한 가지! 바로 몰링가와 칼라만시 유기농 비누다.
계면활성제 대신 코코넛 오일을 사용해 저온법으로 만들어 자극은 적고 효과는 탁월하다. 포장 또한 예뻐 선물용으로도 딱이다. 따로 주문을 받을 정도로 인기가 높다. 2인 이상일 시 픽업 가능하다.

Data **지도** 173p-G
가는 법 막탄 섬 어메이징 쇼 맞은편에 위치
주소 M.L. Quezon National Highway, Maribago, Lapu-Lapu City, Mactan, Cebu
전화 0906-293-0221
카카오톡 evanacebu
운영 시간 12:00~24:00
가격 네 손 마사지(90분) 1,600페소, 핫 스톤 마사지(90분) 1,100페소
홈페이지 cafe.naver.com/evanacebu

지친 몸과 마음에 선사하는 힐링 타임

로미 스파 Lomi Spa

시그니처 메뉴는 하와이 전통 마사지인 로미로미 마사지. 두 명의 테라피스트가 동시에 뭉친 곳을 시원하게 풀어주어 몸의 순환을 도와 묵은 피로를 날려준다. 로미로미 마사지를 업그레이드한 로미 트리트먼트는 역시 두 명의 테라피스트가 수제 코코넛 오일을 사용해 6가지 마사지 기법을 혼합하여 진행한다.
시작하기 전 몸 상태와 원하는 마사지 스타일에 대한 설문지를 작성하는 것부터 마사지 베드 아래 꽃잎을 띄운 물을 두어 마사지를 받는 동안 은은한 향기를 느낄 수 있게 하는 등 보이지 않는 부분까지 신경 쓴 배려가 돋보인다. 2인 이상 전신 마사지를 진행할 시 픽업 서비스를 무료로 해주니 잘 이용하면 교통편이 좋지 않은 세부를 편하게 여행할 수 있다.

Data **지도** 172p-B **가는 법** 막탄 섬 가이사노 막탄 아일랜드 몰에서 도보 3분, 막탄 세부 국제공항에서 차로 5분
주소 Quezon National Highway, Pusok, Lapu-lapu City, Mactan, Cebu
전화 032-238-8313 **카카오톡** lomispa **운영 시간** 10:00~02:00 **가격** 로미로미 마사지(90분) 1,360페소~
홈페이지 cafe.naver.com/lomispa

가성비 최고의 마사지

누엣 타이 Nuet Thai

저렴이 마사지의 대표주자로 시설은 단출하지만 마사지만 보고 찾아가는 곳이다. 1시간 타이 마사지가 단돈 150페소! 팁을 포함해도 한화 6,000원 정도의 파격적인 가격을 제공한다. 테라피스트의 실력 또한 어디를 내놓아도 빠지지 않아 가격 대비 만족도가 무척 높다. 보라색 바탕에 노란 글씨로 누엣 타이라 쓰여 있는 간판은 아마 세부를 여행하면서 가장 많이 보는 간판 중 하나일 정도로 각 지역에 널려 있다. 여행하면서 들리기 좋은 위치로는 막탄섬의 마리나 몰, 세부 시티의 살리나스 드라이브, SM 시티 맞은편 지점이 있다.

Data **막탄 섬 지점** **지도** 172p-B **가는 법** 막탄 섬 마리나 몰 스타벅스 맞은편
주소 2nd Floor, Mactan Tropics Center, Airport Road, Pusok, Lapu-lapu City, Mactan, Cebu **전화** 032-512-8757
운영 시간 11:00~23:00 **가격** 마사지(60분) 150페소~
홈페이지 www.nuatthaiph.com
라훅 지점 **지도** 179p-B **가는 법** 세부 시티 살리나스 드라이브 JY 스퀘어 몰 맞은편 **주소** Salinas Drive, Lahug, Cebu City **전화** 032-515-2360
운영 시간 24시간
SM 시티 지점 **지도** 186p-F **가는 법** 세부 시티 SM 시티 졸리 비 맞은편
주소 F. Cabahug Street, Cebu City, Cebu **전화** 032-231-227
운영 시간 11:00~23:00

|Theme|

스파! 나이트 프로그램 활용하기

한국에서 세부로 가는 비행기는 대부분 밤에 출발해서 새벽에 도착하기 때문에 하루 숙박비를 지불하는 것이 아까운 것은 사실. 이런 불만을 덜어주기 위해 한인 마사지 업소에서는 나이트 프로그램을 운영하고 있다. 나이트 프로그램은 마사지 룸을 대여해주는 것으로 일반적으로 픽업 서비스, 마사지, 룸과 베드 사용을 포함하고 있다. 1~2시간 마사지로 몸을 노곤노곤하게 풀어준 후 잠을 청한다. 도착 다음 날 아침 바로 보홀로 가는 여행자들이 많이 이용한다.

여행자들의 친구

오션 마사지 Ocean Massage

부담 없는 가격으로 사랑받는 곳. 개인실, 커플실, 단체실, 가족실이 마련되어 있으며, 공항 픽업 서비스와 오전 10시까지 수면을 취할 수 있는 공간, 샤워실, 타월을 포함하여 단돈 250페소이다. 마사지를 원할 시 마사지 비용만 추가하면 된다. 뿐만 아니라 24시간 출장 마사지를 제공하고 있어 언제든 편하게 숙소에서 받을 수도 있다.

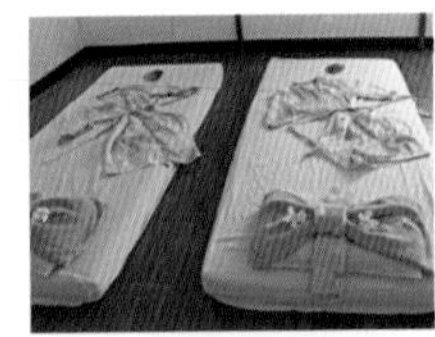

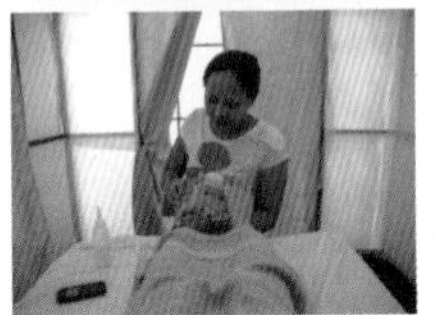

Data **지도** 172p-F **가는 법** 막탄 섬 가이사노 그랜드 몰 옆 골목으로 도보 3분. 막탄 세부 국제공항에서 차로 약 15분 소요 **주소** Basak-Sisi-Agus Road, Dakbayan sa, Lapu-lapu City, Mactan, Cebu **전화** 032-494-0011 **카카오톡** ilovespa **운영 시간** 24시간 **가격** 나이트 프로그램 250페소, 보홀팩 20,000원 **홈페이지** cafe.naver.com/cebumassag

고급스러움 풀풀

세부 가든 스파 Cebu Garden Spa

저렴함에 중점을 둔 다른 마사지 숍과 달리 럭셔리한 나이트 프로그램으로 차별화를 두었다. 넓고 쾌적한 공간, 개별 욕실이 있는 깔끔한 시설에 호텔처럼 조식을 제공한다.

마사지 베드가 아니라 매트리스를 사용해 훨씬 편하다. 천연 제품만을 사용하며, 마사지 테라피스트들의 실력도 좋아 여독이 날아가는 건 시간문제.

Data **지도** 172p-B **가는 법** 막탄 세부 국제공항에서 차로 3분 소요 **주소** Pusok 2, front of Keiner Hills Condominium, Lapu-lapu City, Mactan, Cebu **전화** 032-494-3693 **카카오톡** cebugarden **운영 시간** 24시간 **가격** 웰빙 패키지 2,150페소~ **홈페이지** cafe.naver.com/cebuloves

여행 속 여행

세부의 주변 섬으로 여행 떠나기

7,107개의 섬으로 이루어진 필리핀. 세부 섬 역시 아름다운 해안과 섬들로 둘러싸여 있으며, 세계적으로 유명한 다이빙 포인트들을 가지고 있다.
세부에 있는 특별한 섬 세 곳을 소개한다. 정보도 적고 낯설어 망설여지지만 늘 그렇듯 여행은 길 위에서 답을 준다. 명심하자! 용기를 내어 떠나는 자만이 남국의 푸른 바다를 껴안을 수 있다.

파란 나라의 파라다이스

카모테스 섬 Camotes Island

세부 시티에서 고작 3시간만 가면 눈앞에 파라다이스가 펼쳐진다. 바다에 떠있는 작은 섬, 그림처럼 늘어선 야자수가 만들어내는 작품은 보면서도 믿기지 않을 정도. 코발트블루의 하늘과 수정같이 투명한 바다의 만남은 동요 속에 등장하는 파란 나라를 연상시킨다.

울창한 야자나무 숲길과 해안도로를 교대로 달리며 카모테스의 속살을 들여다볼수록 자연 그대로의 아름다움에 경이로움이 느껴진다. 대자연 속에 파묻히다 보면 자신을 힘들게 하는 문제들이 티끌만큼 작게 느껴지고, 앞으로 나아갈 수 있는 힘을 선물해준다.

사람에게 받은 상처, 삶의 괴로움들을 카모테스의 고운 모래밭에 툭툭 묻어버리자. 아직은 관광객이 많지 않지만 세부 시티에서 멀지 않아 주말에는 이곳을 찾는 한국인 유학생들로 북적거린다고 하니 언제까지 보물섬으로 남아있어 줄지는 미지수!

카모테스 섬, 어떻게 갈까?

카모테스의 인기가 날로 높아지면서 교통편도 편리해졌다. 가장 일반적으로 이용하던 다나오 항구 외에도 세부 시티와 막탄 섬에서도 카모테스행 배를 탈 수 있게 되었다. 단, 하루에 2~3대 밖에 없으니 시간표 확인은 필수! 세부 시티 편은 리조트가 모여 있는 콘수엘로 항구가 아닌 포로 항구에 도착하니 참고하자.

다나오 항구로 가는 방법은 세부 시티 북부 버스 터미널에서 버스를 타거나 택시, 렌터카를 이용할 수 있다. 다나오 항구까지는 약 1시간에서 1시간 반 정도 소요되며, 택시비는 700~1,000페소 정도. 다나오 항구에서 카모테스 콘수엘로행 티켓을 사서 탑승하면 약 2시간 후 도착한다.

도착하면 지프니 기사들이 숙소로 모시기 위한 호객행위가 펼쳐진다. 공용 지프니 금액은 1인 50페소. 주말에는 나가는 배가 매진될 수 있으니 표를 미리 구입해 놓는 것이 좋다.

배 시간표

세부 시티 피어 1 → 포로	포로 → 세부 시티 피어 1
06:00, 10:00(성수기에만 운영), 15:00	08:00, 12:00(성수기에만 운영), 17:00

소요 시간 1시간 30분 **요금** 500페소 **전화** 오션 젯 032-255-0115 **홈페이지** www.oceanjet.net

막탄 섬(세부 요트 클럽) → 콘수엘로 항구	콘수엘로 항구 → 막탄 섬(세부 요트 클럽)
08:00, 12:00	10:00, 16:00

소요 시간 1시간 30분 **요금** 500페소 **전화** 0949-163-0892 **홈페이지** facebook.com/JomaliaShippingCorp
(시간표 변경이 잦은 편인데다 정기편 외 운항도 종종 하니 페이스북 페이지를 체크하는 것이 좋다.)

다나오 항구 → 콘수엘로 항구	콘수엘로 항구 → 다나오 항구
05:30, 08:30, 11:30, 14:30, 17:30, 21:00(금, 토)	05:30, 08:30, 13:30, 15:30

소요 시간 2시간 **요금** 220페소 **조말리아 쉬핑** 032-346-0421 **홈페이지** www.jomaliashipping.com

카모테스 섬, 어떻게 다닐까?

필리핀어로 고구마를 뜻하는 카모테스. 고구마처럼 길게 생긴 제법 큰 규모의 섬으로 구석구석 볼거리가 숨어 있다. 지프니를 대절하여 섬 투어를 하는 것이 일반적이며, 가격은 단독으로 빌리는데 1,500~2,000페소 정도다.

항구에 도착하면 달려드는 지프니 드라이버와 딜 하거나 리조트에 말하면 지프니를 불러준다. 인원수가 적으면 하발하발을 이용한 섬 투어도 좋다.

카모테스 섬, 1박 2일 일정표

여행 콘셉트 힐링
여행 스타일 뚜벅이
숙소 산티아고 베이

1일차

06:30 세부 출발
이른 아침, 택시 기사와 협상 후 다나오 항구로 출발. 배를 타야 하니 8시까지 도착해야 한다고 미리 신신당부하자(가격 700페소).

08:00 다나오 항구 도착
(배표와 터미널 사용료 215페소)

10:00 카모테스 콘수엘로 항구 도착
리조트로 이동하자.

14:00 수영장과 해변 누리기
산티아고 베이 수영장 옆 돌계단을 따라 내려가면 나타나는 바다는 한참을 들어가도 투명하다. 가지고 온 타월 하나 모래 위에 깔고 누우니 세상을 다 가진 것 같다.

19:00 먹는 게 남는 거다
산티아고 화이트 비치에 몇 안 되는 해변 레스토랑에서 다양한 필리핀 음식을 맛볼 수 있다.
싱싱한 갑오징어를 그릴에 구운 그릴드 스퀴드가 120페소, 매콤달콤한 새우 감바스가 120페소, 치킨 바비큐가 90페소! 이날만큼은 배가 터질 때까지 먹어보자. 산미구엘을 마시며 하늘을 바라보니 별들이 가득하다. 오늘은 별똥별이 떨어질까?

2일차

10:00 섬 투어 시작
300페소에 3~4시간 동안 섬을 돌아보는 걸로 리조트 앞에 있는 하발하발 기사와 직접 협상 완료. 중간중간 입장료가 있으니 작은 돈을 준비해 가는 게 좋다. 아니면 거스름돈을 깔끔히 포기하는 마음가짐이 필요하다(팁 포함 400페소).

11:00 다나오 호수Lake Danao에서 즐기는 한량놀이
바다처럼 드넓고 하늘을 머금은 다나오 호수. 148헥타르의 어마어마한 크기로, 카약을 타고 호수 가운데 떠있는 작은 무인도에 잠시 들렀다 올 수 있다. 물을 가르는 소리와 새 소리밖에 들리지 않는 고요한 호수다.
카약을 탈 줄 모른다면 카약 사공도 함께 빌릴 수 있다. 말을 타고 호숫가를 걷는 홀스 라이딩과 낚시도 가능하다(입장료와 카약 115페소).

12:00 티무보 케이브Timubo Cave에서 수영하기

꽤 넓은 공간에서 동굴 수영을 할 수 있는 곳으로 필리핀에서도 유명한 장소다. 자연적으로 형성된 동굴을 따라 내려가면 크리스털 빛 물이 고여 있는 천연 수영장이 나타난다. 오랫동안 식수로 사용된 천연수로 물이 맑고 깨끗하다. 좁은 입구와는 달리 수영하여 작은 터널 안쪽으로 들어가면 제법 깊고 넓은 천연 수영장이 펼쳐진다(입장료 20페소).

13:00 부호 록Buho Rock에서 다이빙 도전

부호 리조트 안에 있는 천연 다이빙대로 높이가 자그마치 11m다. 보기만 해도 아찔한 높이에서 '원, 투, 쓰리' 구호에 맞춰 바다로 과감히 뛰어내리는 전 세계 용자들에게 존경의 박수를 보낸다(입장료 20페소).

14:00 샌프란시스코 타운San Francisco Town 구경

카모테스 섬의 중심가인 샌프란시스코 타운을 둘러보며 소박한 삶을 배워본다. 더위를 피하기 위해 색색의 천막으로 둘러싸여진 작은 시장 을 구경하다 보면 물건보다는 사람들의 생활을 엿보는 재미가 더 쏠쏠하다. 은행과 환전소도 있으니 참고.

15:00 콘수엘로 항구에서 다나오 항구로 출발

아쉬운 마음 꾸욱 삼키며 옆에 별표까지 달아 '꼭 다시 돌아오고 싶은 곳' 리스트에 추가(배표와 터미널 사용료 205페소).

17:00 다나오 항구 도착

배에서 나오면 세부 시티로 돌아가는 고객들을 유치하기 위한 호객활동이 활발해 저렴한 가격에 벤을 구할 수 있다. 벤은 다른 사람들과 함께 타며, 만약 단독 택시를 원한다면 명확하게 말하는 것이 좋다(택시 700페소).

19:00 세부 시티 도착

SLEEP

천국 같은 전용 비치를 가진

망고들롱 파라다이스

Mangodlong Paradise Resort

망고들롱 파라다이스는 카모테스에서 가장 좋은 시설을 갖춘 곳. 망고들롱 록 리조트를 운영하다 옆에 업그레이드 된 망고들롱 파라다이스를 오픈한 것. 같은 주인에 바로 옆에 붙어있지만 파라다이스 쪽이 전용 비치와 시설이 월등히 좋다. 28개의 룸이 있는데 스탠더드룸부터 4명이 묵을 수 있는 카바나를 갖추고 있다. 콘수엘로 항구까지 픽업 서비스를 운영하고 있어 편리하다.

Data **가는 법** 콘수엘로 항구에서 차로 약 20분 소요
주소 Mangodlong, Heminsulan, San Francisco, Camotes, Cebu **전화** 032-583-9450
가격 2,500페소~ **홈페이지** www.ilink.ph/mangodlong-paradise-beach-resort

낮에는 바다, 밤에는 별

산티아고 베이 가든&리조트

Santiago Bay Garden&Resort

산티아고 베이의 최고의 자랑은 산티아고 화이트 비치를 끼고 있어 아름다운 전망을 자랑한다는 것. 투명한 아름다움을 지닌 해변에 입을 다물기 힘들 것이다. 바다와 맞닿아 있는 2개의 인피니티 풀을 가지고 있으며, 해변은 돌계단으로 연결되어 있다. 51개의 방은 3성급으로 베이직하지만 깔끔한 편. 단, 섬인 만큼 샤워 시 물이 졸졸졸 나오는 약한 수압은 감수해야 한다. 가격대비 만족도가 높은 편이다.

Data **가는 법** 콘수엘로 항구에서 차로 약 15분 소요
주소 Santiago, San Francisco, Camotes, Cebu
전화 032-345-8599 **가격** 1,000페소~
홈페이지 www.camotesislandph.com/santiago_bay

EAT

걸어서 다닐 수 없는 제법 큰 섬인데다 중심가로 나가도 딱히 먹을 만한 데가 마땅치 않아 리조트 내 식당을 이용할 수밖에 없다. 망고들롱 파라다이스는 피자, 치킨, 볶음국수 등 익숙한 메뉴들을 판매하고 있으며, 산티아고 베이에 묵는다면 산티아고 화이트 비치에 있는 해변 레스토랑들 중 하나를 이용하는 것을 강력 추천한다. 말도 안 되게 싼 가격으로 훌륭한 식사를 할 수 있다.

나만의 청정 놀이터

말라파스쿠아 섬 Malapascua Island

세부 끝자락에 달려있는 안아주고 싶을 만큼 아담한 섬이다. 머나먼 낯선 대륙에나 있을 법한 이국적인 지명 말라파스쿠아는 '우울한 크리스마스'라는 뜻. 스페인 군함이 이곳에 처음 도착했을 때가 비바람이 거세게 몰아치는 크리스마스여서 붙여진 이름이다. 이름과는 다르게 이곳은 지상낙원이 따로 없다. 그 흔한 슈퍼마켓도 마사지 숍도 없다. 고운 백사장과 에메랄드 빛 바다가 전부인 곳. 정말 말 그대로 시간이 멈춰버린 섬에서 느긋하게 천국을 경험할 수 있다.

주위에 다이빙 포인트가 많은 청정 놀이터로 다이빙을 즐기는 유럽 사람들이 장기간 휴양을 위해 찾는다. 메인 비치인 바운티 비치Bounty Beach 주위로 다이빙 숍과 함께 운영하는 숙소, 레스토랑이 모여 있다. 입소문을 타면서 찾는 사람은 늘고 있지만 대부분 다이버들이며 휴양을 위한 여행자들은 적은 편이다.

말라파스쿠아 섬, 어떻게 갈까?

세부 시티 ------▶ 마야 항구 ------▶ 말라파스쿠아 바운티 비치
차로 약 4시간 방카로 약 30분

세부 최북단에 위치한 말라파스쿠아는 천국으로 향하는 길이 쉽지 않다는 것을 몸소 증명한다. 세부 시티 북부 버스터미널에서 마야행 버스를 탑승 후 중간중간 사람을 태우며 천천히 달리다 보면 4~5시간 뒤 마야 항구에 도착한다. 약 3,000페소 정도로 택시와 협상하거나 차를 렌트하는 방법도 있다. 마야 항구에서 말라파스쿠아 섬으로 들어가는 정기선을 운영하기는 하지만 시간대가 일정치 않아 선착장에 있는 사람들과 함께 개인 방카를 빌려 들어가는 경우가 많다. 사람 수에 따라 금액이 달라지며, 인당 약 150~200페소 정도이다. 방카까지 들어가는 작은 보트도 따로 이용료를 내야하며 1인 20페소.

말라파스쿠아 섬, 어떻게 다닐까?

섬 길이 중 가장 긴 부분이 2km밖에 안 되는 몹시 아담한 섬. 걸어서 2시간이면 다 둘러볼 수 있어 특별한 교통수단은 필요 없다. 오토바이로 섬 한 바퀴 일주하는 투어는 100페소 정도.

Tip 환도상어와 함께 헤엄치는 스쿠버다이빙 즐기기

말라파스쿠아 섬은 일반인들에게는 잘 알려지지 않았지만 스쿠버다이버들 사이에는 성지로 통한다. 말라파스쿠아 섬에서의 스쿠버다이빙을 유명하게 해준 것은 바로 환도상어다. 수심 20~30m만 내려가면 긴 꼬리로 유영하는 환도 상어를 가까이서 볼 수 있다.
못 만나는 사람은 운이 없다 말할 정도로 환도상어는 매일 출몰한다. 순정만화 주인공처럼 눈망울이 큰 환도상어는 심해에 산다. 하지만 아침마다 해가 뜰 때 몸단장을 하기 위해 수면 위로 올라온다. 그럴 때면 작은 물고기들이 환도상어 주위를 맴돌며 몸에 묻은 찌꺼기를 먹는다. 환도상어는 작은 물고기의 도움으로 몸이 깨끗해지면 다시 물속으로 유유히 사라진다.
말라파스쿠아 섬에서 스쿠버다이빙을 즐기고 싶다면 솔 다이버스 클럽Sol Diver's Club을 추천한다. 이곳은 말라파스쿠아 섬에서 유일하게 한국 사람이 운영하고 있는 다이브 숍이다.. 게스트하우스를 겸하고 있다. 펀 다이빙(가격 100달러~)뿐만 아니라 자격증을 딸 수 있는 교육 프로그램을 갖추고 있다. 바운티 비치 동쪽 끝 골목 안쪽에 위치해 있다.
홈페이지 www.soldiversclub.com **카카오톡** hoya201

말라파스쿠아 섬, 1박 2일 일정표

여행 콘셉트 스쿠버 다이빙
여행 스타일 뚜벅이
숙소 테파니 비치 리조트

1일차

07:00 마야행 버스 타고 출발
에어컨 버스와 아닌 버스가 있는데 에어컨 버스는 매우 춥고 아닌 버스는 흙먼지를 뒤집어쓴다. 당신의 선택은? 운전석 쪽 말고 다른 쪽 창가에 앉으면 해안도로를 즐길 수 있다. 가다가 휴게소에서 한 번 쉰다(버스비 180페소).

12:00 마야 항구에서 말라파스쿠아행 방카 잡기
정기선이 있으면 정기선을, 없다면 이미 도착해 있는 사람들과 방카를 빌리면 된다(방카 170페소).

13:00 체크인 후 전용 해변에서 스노클링

15:00 보트 투어
작은 방카를 빌려 섬 주위 한 바퀴 돌아보기. 중간중간 스노클링 포인트를 즐기며 섬의 등대와 반대편까지 돌아보는데 약 2~3시간 정도 소요된다(5인승 방카 1,500페소).

18:00 아미한에서 저녁식사
멋진 노을을 감상하며 구운 새우와 피자, 스테이크 등 든든히 먹기(500페소).

2일차

04:30 환도상어를 만나러 출동
이른 새벽부터 방카로 1시간을 달려 환도상어 출몰 지역인 모나드 숄Monad Shoal로 향한다. 수심 20~30m 아래로 내려가면 환도상어를 만날 수 있다. 그 후 다이빙 포인트 1~2곳 더 입수하여 신기한 해안 생명체들과 눈도 마주치고 청정 놀이터를 맘껏 누빈다(100달러).

12:00 말라파스쿠아 섬 아웃
아쉬움을 뒤로 하고 마야행 방카에 몸을 싣는다. 오전 10시부터 1시 사이 나가는 사람들이 많아 정기선이 자주 다니므로 코코바나 리조트 앞에서 기다렸다가 타면 된다. 마야 항구에 도착하여 세부 시티행 세레스 버스를 찾아 탑승하자. 버스는 정기적으로 운행하는 편(방카+버스비 180페소).

17:00 세부 시티 도착

SLEEP

추천합니다!

테파니 비치 리조트 Tepanee Beach Resort

살짝 언덕에 위치하여 전망이 좋고, 아름다운 전용 비치를 가지고 있다. 친자연적인 코티지 스타일로 전체적으로 깨끗해 관리가 잘 되어 있다는 인상을 준다. 모든 룸에는 발코니가 있으며 저렴한 클래식룸과 버짓룸은 에어컨이 없다. 이탈리아 오너가 직접 요리하는 맛있는 리조트 레스토랑으로 화룡점정을 찍는다. 섬에 있는 리조트치고 수압이 좋은 편이며, 와이파이는 레스토랑에서만 적용된다.

Data **가는 법** 바운티 비치를 등지고 왼쪽으로 도보 5분
주소 Logon, Malapascua, Daanbantayan, Cebu
전화 032-317-0124
가격 1,200페소~
홈페이지 www.tepanee.com

노란색 인테리어가 인상적인

코카이스 말디토 다이브 리조트 Kokay's Maldito Dive Resort

노란 담벼락을 따라 들어가면 이럴 수가! 방도 노랗다. 이색적인 인테리어가 돋보이는 코카이스 말디토 다이브 리조트는 2013년에 지어진 신생 리조트로 룸 컨디션도 무척 좋은 편. 게다가 와이파이도 잘 터진다는 반가운 뉴스. 부속 레스토랑인 말디토 그릴은 다양한 나라의 음식을 즐길 수 있으며 만족도가 무척 높다. 코카이스 다이빙 센터도 함께 운영한다.

Data **가는 법** 바운티 비치를 등지고 왼쪽으로 도보 5분
주소 Logon, Malapascua, Daanbantayan, Cebu
전화 0929-149-2017
가격 1,500페소~
홈페이지 www.kokaysmalditodiveresort.com

EAT

내가 바로 이탈리안 요리사~

아미한 Amihan

테파니 비치 리조트에서 운영하는 말라파스쿠아 최고의 레스토랑. 이탈리안 오너가 직접 요리를 하며, 이탈라이 음식은 물론 그릴 메뉴와 해산물 요리도 포함하고 있다. 특히 피자는 말라파스쿠아 베스트 피자로 손꼽히는 꼭 먹어봐야 할 메뉴!

Data **가는 법** 테파니 비치 리조트 입구 옆 계단으로 올라가면 나온다 **주소** Logon, Malapascua, Daanbantayan, Cebu **전화** 032-317-0124 **운영 시간** 17:00~23:00 **가격** 피자 300페소~, 파스타 350페소~

Tip 과일을 살만한 마트가 없는 말라파스쿠아. 레스토랑에 이야기하면 메뉴판에는 없지만 망고 플래터를 주문할 수 있다.

저렴하고 맛있는 로컬 음식을 맛볼 수 있는

마부하이 Mabuhay

현지인이 추천하는 로컬 레스토랑. 바운티 비치 바로 앞에 위치하고 있어 백사장에 놓인 테이블에서 파도 소리와 함께 식사를 즐길 수 있다. 각종 바비큐와 현지 음식을 취급하며, 특히 오징어구이는 입에 살살 녹는다. 먹다보면 발밑에 옹기종기 고양이들이 모인다. 그들의 장화신은 고양이 눈빛 발사에 오징어를 기부당하게 될지도 모른다는 게 함정.

Data **가는 법** 바운티 비치 서쪽 끝 **주소** Bounty Beachfront, Malapascua, Daanbantayan, Cebu **전화** 0915-977-4301 **운영 시간** 17:00~23:00 **가격** 오징어구이 210페소

찾았다! 제2의 보라카이

반타얀 섬 Bantayan Island

누구는 말라파스쿠아가 리틀 보라카이라고 하고, 누구는 반타얀이 제2의 보라카이라고 한다. 정답은 없다. 아시아 최고의 해변의 칭호를 이어 받을 만큼 아름답다는 뜻이니까. 바다라면 물리게 봤을 필리핀 사람들마저 반타얀으로 휴가를 떠날 정도니 얼마나 황홀한 바다인지 짐작해볼 만하다.
포카리 스웨트 빛 바다를 따라 길게 뻗은 화이트 비치에는 휴식을 취하는 여행자들과 물놀이를 즐기는 필리핀 어린이들, 배를 손질하는 어부들이 평화로이 어우러져 있다. 서정적이기 그지없는 바닷가 마을. 딱 10년 전 보라카이 모습이 이러지 않았을까.
해변에는 인공 불빛을 내는 상점과 레스토랑이 거의 없어 밤이 되면 바다 위로 별 이불이 덮인다. 하이비스커스 꽃이 흐드러지게 핀 마을을 거닐고 있자면 어디선가 수줍은 눈길이 느껴진다. 눈이 마주치면 환하게 웃어주는 사람들 덕분에 반타얀은 더욱 사랑스럽다.

반타얀 섬, 어떻게 갈까?

세부 시티 ------▶ 하그나야 항구 ------▶ 반타얀 산타페 항구
차로 약 4시간 배로 약 1시간

세부 시티 북부 버스터미널에서 하그나야행 버스(에어컨 버스와 일반 버스 중 선택 가능)를 타고 하그나야 항구로 간다. 4시간 소요. 세부 시티부터 약 3,000페소 정도로 택시와 협상하거나 차를 렌트하는 방법도 있다. 하그나야 항구에서 반타얀 산타페 항구로 가는 티켓을 구매할 수 있다. 페리로 약 1시간 정도 소요된다.

페리 시간표

하그나야 → 산타페		산타페 → 하그나야	
01:00(I)	10:30(S)	03:00(I)	12:30(S)
02:00(S)	11:30(I)	04:00(S)	13:30(I)
03:00(I)	12:30(S)	05:00(I)	14:30(S)
04:00(S)	13:30(I)	06:00(S)	15:30(I)
05:00(I)	14:30(S)	07:30(I)	16:30(S)
06:30(I)	15:30(I)	08:30(S)	17:30(I)
07:00(S)	16:30(S)	09:30(I)	–
08:00(S)	17:30(I)	10:30(S)	–
09:30(I)	–	11:30(I)	–

※S=슈퍼 셔틀 페리 032-435-8090, I=아일랜드 쉬핑 032-343-7411

Tip 말라파스쿠아&반타얀 함께 여행하기

말라파스쿠아와 반타얀은 가깝지만 정기선을 운행하지 않는다. 직접 방카를 빌려 가는 방법이 있다. 금액은 약 3,000페소로 인원이 많다면 고려해볼 만하다. 파도에 따라 2~3시간 정도 걸리며, 만약 바람이 불고 파도가 강하다면 무리하지 말고 반타얀행 정기선을 이용하자. 정기선은 세부 섬 북쪽 하그나야 항구에서 출발한다.

말라파스투아 섬 마야 항구에서 반타얀 섬 하그나야 항구로 가는 방법은 세부 시티행 버스를 다시 타고 '보고'로 가서(약 1시간 소요) 트라이시클로 갈아타고 10분 정도 달리면 도착할 수 있다. 또는 마야 항구에서 오토바이 기사와 협상하여 바로 하그나야 항구로 가는 방법도 있다. 약 40분 소요되며 500페소 정도이다.

반타얀 섬, 어떻게 다닐까?

반타얀 섬은 반타얀 타운, 휴양지 산타페, 북쪽의 마드리데호스Madridejos 이렇게 크게 세 지역으로 나뉜다. 산타페는 리조트와 레스토랑이 몰린 작은 지역으로 걸어다닐 만하다. 하지만 더위 때문에 가까워도 트라이시클과 인력거를 이용하는 경우가 많다. 거리가 제법 먼 수산 시장이나 반타얀 타운으로 갈 때는 지프니나 오토바이를 이용한다. 섬 투어는 보통 오토바이로 많이 한다. 오토바이를 렌트하는 것도 가능하다.

반타얀 섬, 2박 3일 일정표

여행 콘셉트 어드벤처
여행 스타일 뚜벅이
숙소 코우 코우 바 호텔

1일차

07:00 **하그나야행 버스 타고 출발**(185페소)~

12:30 **페리 타고 산타페 항구로!**
산타페 항구에 내리면 리조트에서 나온 호객꾼들과 트라이시클 기사들이 달려든다. 아직 숙소를 정하지 않았다면 이 때 협상을 통해 예약할 수 있다. 산타페 마을까지는 트라이시클로 약 10분(페리+트라이시클 250페소).

14:00 **오토바이로 섬 투어 시작**
섬 투어 금액을 협상할 때 주유비 지불 여부를 정하고 가는 것을 권한다. 그렇지 않으면 주유소에 가서 자연스레 돈을 지불하게 만든다. 50~100페소로 많은 금액은 아니지만 갑자기 내야하면 기분이 상할 수도 있기 때문에 처음부터 "300peso, including gas."라고 당당히 외치자. 후불 정산이며 50~100페소 정도 팁을 주는 것이 일반적이다(팁 포함 400페소).

15:00 **오마기에카 맹그로브 정원**Omagieca Mangrove Garden **둘러보기**
바다에 뿌리를 내리고 자라는 신비로운 나무 맹그로브 숲 사이를 나무로 만든 다리를 따라 안쪽까지 둘러볼 수 있다. 파란 하늘과 뭉게구름, 맹그로브의 조화는 언제나 평화롭다(입장료 50페소).

16:00 **반타얀 타운 구경**
오토바이로 20분 정도 달리면 반타얀 타운이 나온다. 무려 400년 동안 전쟁과 재난의 역사 속 반타얀 주민들의 정신적 지주가 되어 준 성 베드로와 바울 성당을 구경한 후 맞은편 작은 공원으로 건너면 반타얀 마켓이 나온다. 2013년 태풍 하이옌에 의해 피해를 입은 시장은 일부를 새로 짓고 있으며, 아직 삶의 터전이 완성되지 않은 상인들은 길거리 임시 좌판에 물건을 내놓고 장사를 하고 있다. 해산물과 원하는 재료를 사서 옆 식당들이나 리조트에 가져가면 쿠킹 차지를 받고 요리해준다.

19:00 **HR 뮤직 바&네이티브 레스토랑에서 해산물 흡입하기**(300페소).

2일차

11:00 버진 아일랜드Virgin Island로 떠나는 소풍

반타얀에서 방카로 약 10분 정도 가면 나오는 버진 아일랜드. 아기자기하게 꾸며 놓은 사유지로 입장료를 내야하지만 그만큼 관리가 잘 된 깨끗한 해변을 만날 수 있다. 이곳의 바다는 맑다 못해 싱그러울 정도. 사람도 거의 없어 섬 하나를 통째로 전세내서 노는 셈이다. 파도가 잔잔하고 열대어가 많아 스노클링하기 좋다(방카 대여+입장료 1,300페소).

3일차

10:00 산타페 마을 구경

마지막 날 미션! 마을 속에 숨겨진 옥통 동굴을 찾아라! 보드라운 모래밭을 따라 옥통 동굴 리조트까지 간 후 천연 동굴 수영장에서 잠시 열기를 식힌다. 돌아올 때는 마을들을 통과하며 소박한 반타얀의 모습을 눈에 담는다(입장료 100페소).

12:30 페리로 하그나야 항구로

하그나야 항구에 도착해서 세부 시티행 세레스 버스를 타면 된다(페리+버스 370페소).

좋은 위치, 합리적인 가격, 쾌적한 방

코우 코우 바 호텔 Cou Cou Bar Hotel

바다 바로 앞에 위치하진 않지만 산타페 중심가에 있어 레스토랑, 상점, 작은 시장 등과 접근성이 좋다. 걸어서 3분이면 화이트 비치가 펼쳐진다. 현지 스타일의 친자연적인 건물에 방 상태도 깨끗하여 가격 대비 괜찮은 곳이다. 4명이 지낼 수 있는 패밀리룸은 이층 침대가 2개 놓여있어 친구들과 지내기도 좋다. 다만 약한 수압과 뜨거운 물이 잘 안 나온다는 점은 마이너스.

Data **가는 법** 산타페 항구에서 트라이시클로 약 15분 **주소** Batobalonos Street, Santa Fe, Bantayan, Cebu
전화 032-438-9385 **가격** 1,500페소~ **홈페이지** www.hotelbantayan.com

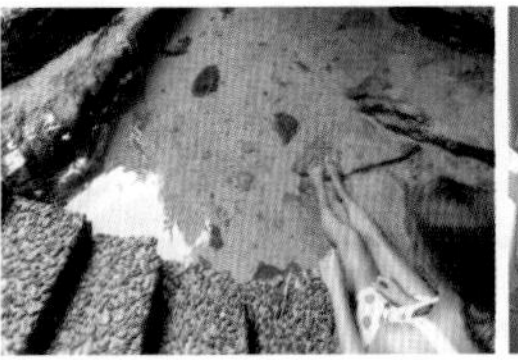

반타얀 유일한 럭셔리

옥통 동굴 리조트 Ogtong Cave Resort

반타얀에서 가장 고급스러운 시설을 가진 곳으로 천연 동굴 수영장으로 유명하다. 해가 강렬한 오후 지하 동굴에서 즐기는 수영은 색다른 재미를 선사한다. 한적한 해변과 더불어 자체 수영장 2개나 갖추고 있으며, 그중 하나는 허니무너 용으로 일반 고객들의 접근을 제한하고 있다.

Data **가는 법** 코우 코우 바 레스토랑에서 코타 비치를 따라 도보 20분 **주소** Pooc, Santa Fe, Bantayan, Cebu **전화** 032-438-9436 **가격** 1,200페소~ **홈페이지** www.ogtongcave.com

EAT

산타페 최고의 맛집

HR 뮤직 바&네이티브 레스토랑

HR Music Bar&Native Restaurant

로컬과 여행자 모두에게 인정받은 산타페 최고의 맛집. 다양한 현지 음식을 맛볼 수 있으며 시푸드가 주력 메뉴이다. 특히 통통한 새우 요리와 코코넛 크림소스로 찐 게요리는 해산물 킬러라면 놓치면 안 되는 음식.

Data **가는 법** 코우 코우 바 호텔을 등지고 오른쪽으로 직진 도보 3분
주소 Problacion Santa Fe, Bantayan, Cebu
전화 0949-710-3442 **운영 시간** 24시간
가격 시푸드 165페소~

여행자들의 친구

코우 코우 바 레스토랑

Cou Cou Bar Restaurant

주머니 가벼운 여행자들의 배를 든든히 채워주는 레스토랑. 친근한 음식부터 난생 처음 보는 로컬 음식까지 갖춘 다양한 메뉴와 만족스러운 맛으로 꾸준히 사랑받는 곳이다. 저렴한 가격에 푸짐하고 맛까지 있는 곳이니 주목하자. 와이파이도 무료로 사용 가능하다.

Data **가는 법** 산타페 항구에서 트라이시클로 약 15분
주소 Batobalonos Street, Santa Fe, Bantayan, Cebu **전화** 032-438-9055 **운영 시간** 07:00~23:00
가격 누들 165페소~

EAT

세부의 바비큐 클래스를 볼 수 있는
라르산 바비큐 Larsian BBQ

오후 5시 즈음이 되면 오스메냐 서클 로빈슨 맞은편 골목에서 매캐한 연기가 피어오른다. 저녁을 먹기 위해 몰리는 현지인들을 위해 라르샨 바비큐가 본격적인 활동을 개시한 것. 현지인을 대상으로 하다 보니 시설과 위생은 떨어지지만 저렴한 가격은 갑! 게다가 전체적으로 숯 향과 어우러져 겉은 바삭, 속은 촉촉한 바비큐 맛은 세부 사람들도 인정한 곳이다. 가운데 바비큐 전용 그릴들이 놓여있고, 그 주위를 'ㄷ' 자로 작은 가게들이 둘러싸고 있다.

국내 회센터처럼 마음에 드는 곳에 재료를 구입하면 가운데 그릴에서 구워 테이블로 가져다주는 시스템. 달짝지근한 특제 소스가 발라진 돼지고기꼬치와 닭꼬치, 오징어구이꼬치가 인기가 많다. 제공되는 비닐장갑을 끼고 바나나 나뭇잎에 찐 밥과 함께 손으로 먹는 것이 인상적이다. 육류의 느끼함을 달래주기 위해 해초 샐러드를 많이 먹는데 톡톡 터지는 식감과 식초 소스가 의외의 별미다.

Data **지도** 178p-A **가는 법** 세부 시티 오스메냐 서클 로빈슨 맞은편 골목 **주소** Capitol Site, Cebu City, Cebu
운영 시간 09:00~03:00 **가격** 돼지고기꼬치 20페소~, 오징어구이꼬치 60페소~

Tip **필리피노 스타일 바비큐 소스 만들기**

로컬 레스토랑에 가면 간장과 함께 작은 고추, 칼라만시가 테이블마다 놓여 있는 것을 볼 수 있다. 구운 요리라면 빠짐없이 등장하는 이 소스는 각자 입맛에 맞춰 제조해 먹는다. 간장을 붓고 칼라만시 1개를 즙을 내어 넣은 후 고추 2~4개를 넣으면 시큼하면서 짭조름하고 매콤한 소스 완성! 매콤한 맛을 더 내고 싶다면 고추를 반으로 쪼개서 넣으면 된다.

모던하게 즐기는 필리핀 바비큐

라메사 그릴 Lamesa Grill

패밀리 레스토랑 분위기에서 필리핀 전통 음식을 즐길 수 있는 곳이다. 각종 해산물과 육류를 이용한 그릴 요리가 대표 메뉴! 특히 라메사 콤보는 새우, 오징어, 치킨, 삼겹살 등 육해공 바비큐 요리를 한 번에 맛볼 수 있어 인기다. 우리나라 돼지갈비 격인 포크 랭구아Pork Lengua는 양념이 골고루 베인 고기가 어찌나 야들야들한지 요리법을 배우고 싶을 정도. 콤보 요리는 여자 둘이 먹기 적당한 양이며, 가리비구이 혹은 감바스 같은 애피타이저와 함께 주문하면 배부르게 먹을 수 있다.

Data **지도** 176p-J
가는 법 세부 시티 SM 시티 1층 브레드 토크 옆
주소 North Reclamation Area, Cebu City, Cebu
전화 032-236-2552
운영 시간 11:00~21:00
가격 라메사 콤보 525페소

남국에서 맛보는 브라질리언 츄라스코

이비자 비치 클럽 Ibiza Beach Club

브라질 전통 바비큐인 츄라스코는 두툼하게 썬 고기를 쇠꼬챙이에 구워 숯불에 천천히 돌려가며 굽는 요리다. 기름기가 적고 고기 맛이 담백한 것이 특징이다. 이비자 비치 클럽의 츄라스코는 요리와 샐러드바가 무한 제공되고, 세련된 레스토랑 분위기와 극진한 서비스로 비싼 금액이 전혀 아깝지 않은 곳이다. 여기에 500페소 더 추가하면 와인까지 무제한. 식사에 앞서 사용할 나이프부터 고른다. 육즙이 가득한 립아이 스테이크, 달콤한 베이비 백립, 로브스터와 대하구이, 이색적인 타조 고기 등이 쉴 새 없이 쏟아져 나온다. 셰프가 직접 꼬챙이를 들고 와서 서빙해주는데 속도가 무척 빠른 편이다. 테이블에 있는 동그란 플라스틱을 빨간색으로 돌려놓으면 서빙하지 않으니 음식 속도를 조절할 수 있다. 성수기에 야외 좌석에 앉고 싶다면 예약하는 것이 안전하며, 시끌벅적한 것을 싫어한다면 실내석이 좋다.

Data **지도** 173p-D
가는 법 막탄 섬 뫼벤픽 호텔 내 위치
주소 Punta Engaño, Lapu-lapu City, Mactan, Cebu
전화 032-492-7777
운영 시간 월~금 11:00~24:00, 토·일 11:00~02:00 (해피 아워 17:00~1800)
가격 츄라스코 2,000페소

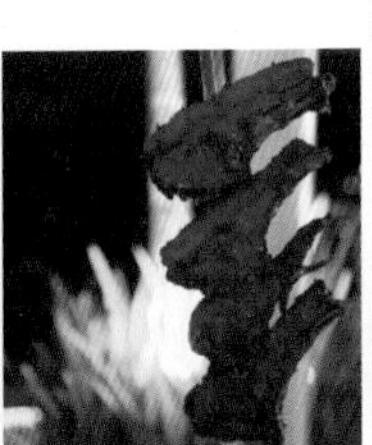

|Theme|

내 스타일에 맞는 바비큐는?

필리핀 사람들의 바비큐 사랑은 유별나다. 더운 나라임에도 불구하고 숯불 위에 육류와 해산물 위주의 다양한 재료를 올려놓고 땀을 뻘뻘 흘리며 굽는 사람들을 길거리에서 흔하게 마주할 수 있다. 피어오르는 연기와 함께 퍼지는 달짝지근한 냄새에는 진한 필리핀의 정취가 묻어있다. 여행은 짧고 위는 제한되어 있다. 내 입맛에 맞는 바비큐를 찾아보자!

여행은 짧고 위는 제한되어 있다

내 스타일에 맞는 바비큐는?

※Yes ------▸ No ------▸

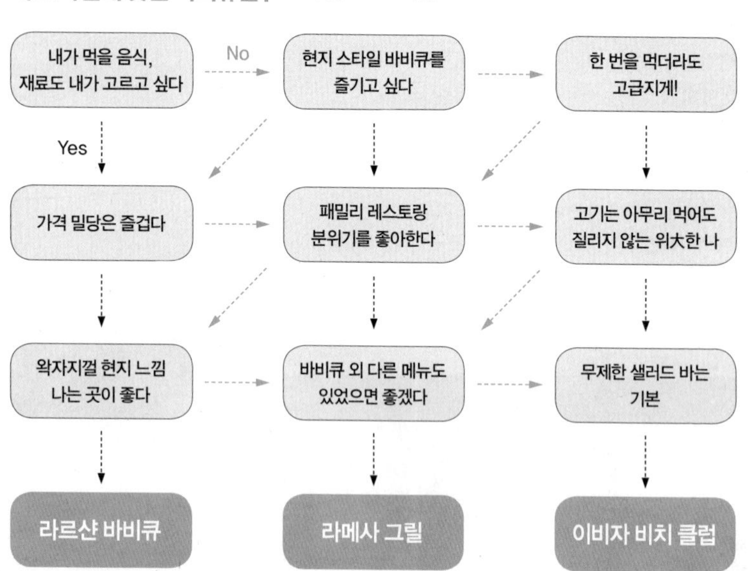

Are you 시푸드 러버?

살아 있는 시푸드 레스토랑

더 코브 The Cove

마리바고 블루워터 리조트 안에 위치한 코브는 바다 위에 떠있는 코티지 스타일의 레스토랑으로 무척 운치 있다. 들어서는 순간 조개껍질을 엮어 만든 거대한 샹들리에에 시선을 빼앗기고, 테이블에 앉으면 푸른 바다와 뭉게구름에 압도당한다. 레스토랑에 있는 수족관에서 직접 재료와 원하는 조리법을 고르면 그 자리에서 바로 요리해주어 신선도가 좋고 맛도 훌륭하다. 레스토랑 내 바 이름이 '오이스터 바'일 정도로 '굴부심'이 대단한 곳이니 세부 바다 내음 양껏 머금은 굴은 꼭 먹어줘야 하는 음식. 메인으로는 로브스터와 생선 요리를 추천한다. 생선을 좋아하지만 왠지 동남아에서 먹기 망설여졌다면 코브에서 도전해보자. 바삭하게 굽거나 특제 소스와 함께 쪄서 무엇을 선택해도 후회하지 않을 것이다. 살랑살랑 부는 바닷바람보다 더 기분 좋은 것은 직원들의 아름다운 미소. 소중한 사람들과 맛있는 음식을 먹으며 행복한 시간을 보내기 더할 나위 없이 좋은 곳이다.

Data 지도 173p-G
가는 법 막탄 섬 블루워터 마리바고 리조트 내 비치 사이드
주소 Maribago Buyong, Lapu-lapu City, Mactan, Cebu
전화 032-492-0100
운영 시간 11:00~15:00, 18:00~22:00 **가격** 그루퍼 100g 270페소, 로브스터 100g 695페소
홈페이지 www.bluewatermaribago.com.ph

©로숑

다채로운 해산물 세상

오이스터 베이 Oyster Bay

야자수가 우거진 정원과 상어가 사는 연못, 모래가 깔린 바닥이 마치 작은 해변을 연상시키는 레스토랑. 고급스러운 인테리어로 관광객들과 현지 부유층이 많이 찾는다. 수족관에서 싱싱한 재료를 직접 고를 수 있으며, 인기 메뉴는 로브스터와 필리핀 게 알리망오. 로브스터 한 마리를 시키면 2가지 요리법을 선택할 수 있다. 버터구이와 칠리소스의 궁합이 제일 인기가 좋다.

간판 메뉴는 갓 잡은 새우 사시미! 탱글탱글한 육질과 꿀에 절인 듯이 단맛이 예술이며, 입안에 넣는 순간 녹는다. 남은 머리와 껍질은 튀겨주는데 별미 중 별미. 초장을 구비해두고 있으니 요청하면 가져다준다. 스페인식 볶음밥 파에야는 큼직한 해산물이 들어있어 씹는 맛이 일품이다. 대부분 시가로 측정되며 가격대가 높은 편이다.

Data **지도** 172p-A
가는 법 세부 시티와 막탄을 잇는 막탄 뉴 브리지 근처
주소 #143 Plaridel Street, Alang-alang, Mandaue City, Cebu **전화** 032-344-4575
운영 시간 11:00~14:00, 17:00~22:00
가격 오이스터 베이 파에야 435페소, 새우 사시미 1마리 165페소
홈페이지 www.oysterbayseafoodrestaurant.com

알리망오 원 없이 먹어보기

점보 7 Jumbo 7

한국인이 운영하는 시푸드 전문 레스토랑. 알리망오와 다금바리 회를 푸짐하게 먹을 수 있는 세트 메뉴가 유명하다. 알리망오 세트는 알리망오 8마리, 달짝지근한 바비큐, 해산물, 감바스, 튀김, 파인애플 라이스 등 한 상 가득 차려진다. 필리핀어로 '라푸 라푸'라 불리는 다금바리. 몸값 비싸기로 소문난 다금바리를 한국식 회로 맛볼 수 있으며 매운탕을 제공한다. 소주도 판매한다. 실내에 룸이 마련되어 있어 조용하고, 야외는 널찍한 정원에 개별 코티지 형식으로 분위기가 좋다. 아이들이 놀기 좋은 수영장을 갖추고 있으며, 픽업, 드롭 서비스가 제공된다.

Data **지도** 173p-G
가는 법 막탄 섬 블루워터 마리바고 리조트에서 택시로 5분 소요
주소 Bagumbayan, Maribago, Lapu-lapu City, Mactan, Cebu
전화 032-239-6549
카카오톡 cebujumbo7
운영 시간 11:30~14:30, 17:00~22:0
가격 알리망오 스페셜 4,500페소, 다금바리 세트 2,900페소~

〈원나잇 푸드트립〉의 초이스

시푸드 아일랜드 Seafood Island

먹방 프로그램 〈원나잇 푸드트립〉 세부 편에서 그룹 코요테의 눈과 입을 사로잡은 그곳이다. 여러 가지 해산물을 함께 먹을 수 있는 세트메뉴 격인 부들 피스트가 인기다. 부들 피스트boodle feasts는 커다란 바나나 잎에 음식을 놓고 다함께 나눠먹는 필리핀 전통 식사 방법이다. 맨손으로 먹는 것이 포인트. 필리피노들은 손으로 먹어야 더 친해진다고 믿는다. 단순히 음식을 쌓아오는 것이 아니라 압도적인 비주얼을 자랑한다.

메뉴는 세부의 유명 지역 이름을 따고 있으며, 그 지역의 특성을 살려 플레이팅을 한다. 각종 해산물과 바비큐를 이용해 섬 모양을 만들기도 하고, 코코넛으로 산을 표현하기도 하는 등 창의력이 돋보인다. 게와 새우, 가리비, 굴, 오징어, 생선 등이 골고루 올라간다. 커다랗게 한 상 깔아두고 먹다 보면 가까워지는 것은 시간문제! 단품도 가능하다.

마볼로에 있는 본점보다는 아얄라 몰을 더 많이 찾는다. 최근 막탄 로빈슨 몰에도 오픈해 여행자들은 더욱 편해졌다.

Data 세부 시티 아얄라몰점

지도 176p-F
가는 법 아얄라 몰 4층
주소 4fl, Ayala Center, Cebu Business Park, Archbishop Reyes Avenue, Cebu City
전화 031-410-6399
운영 시간 10:00~22:00
가격 부들 피스트965페소~, 알리망오 795페소~
홈페이지 www.seafoodislandcebu.com

막탄점

지도 172p-B
가는 법 막탄 아일랜드 센트럴 몰 1층
주소 Mez 1, M.L. Quezon National Highway, Mactan, Lapu-Lapu City, Cebu
전화 0917-625-4695
운영 시간 10:00~22:00

새우는 사랑입니다~

버킷 슈림프 Bucket Shrimp

새우를 원 없이 먹을 수 있는 곳이다. 버킷bucket은 양동이를 뜻하며, 작은 양동이에 새우가 한가득 담겨 나온다. 소스는 갈릭버터, 커리, 케이준 중에 선택 가능하다. 특이하게도 그릇과 스푼을 따로 주지 않는다. 테이블에 앉으면 깔아주는 종이가 앞 접시의 역할을 한다. 테이블에 놓인 비닐장갑을 끼고 새우와 밥을 덜어 손으로 먹는다. 세부 시티와 막탄 두 곳에 지점이 있다. 막탄점은 요트 선착장에 위치해 해질 무렵에 가면 아름다운 노을을 즐길 수 있다.

Data **세부 시티 라훅점** **지도** 179p-E **가는 법** JY 스퀘어 몰에서 IT 파크 방향으로 도보 10분
주소 Salinas Drive, Lahug, Cebu City, Cebu **전화** 031-260-6520
운영 시간 08:00~24:00 **가격** 새우 버킷 390페소, 크랩 버킷 300페소

막탄점 **지도** 172p-B **가는 법** 아일랜드 센트럴 몰 오른쪽 골목 요트 클럽 방향
주소 M.L. Quezon National Highway, Lapu-Lapu City, Cebu
전화 0917-631-3720 **운영 시간** 09:00~23:00

이제껏 이런 맛은 없었다!

레드 크랩 Red Crab

세부에 오면 꼭 먹어봐야 하는 머드 크랩, 알리망오! 알리망오를 전문으로 다루는 리얼 알리망오 맛집이 나타났다. 커다란 수조에서 직접 고른 살아 있는 게로 바로 요리해 주는 싱싱함이 강점이다. 무게에 따라 가격이 측정된다. 6가지 요리법 중 선택할 수 있는데, 칠리와 블랙 페퍼가 가장 인기다. 칠리 크랩은 싱가폴 크랩으로도 잘 알려져 있으며, 매콤새콤한 맛이 일품이다. 싱가폴과 비교하면 3배 이상 저렴하게 맛볼 수 있어 더욱 각광받고 있다.

고소한 상하이 볶음밥에 소스를 비벼먹으면 감동이 배가 된다. 또 다른 대표 요리로 새우가 있다. 살이 꽉 찬 통통한 새우를 맛볼 수 있으며, 블랙 페퍼와 갈릭 버터 소스를 추천한다. 식사 후 디저트로 코코넛 셰이크와 잼이 제공되니, 마무리까지 완벽하다. 메인 홀과 별관, 야외 좌석까지 갖추고 있다. 규모가 제법 큰 편이나 저녁 시간대는 예약이 꽉 차는 경우가 많으니 미리 예약을 하는 것이 좋다. 마리바고에 위치하고 있으며, 픽드롭 서비스를 제공한다.

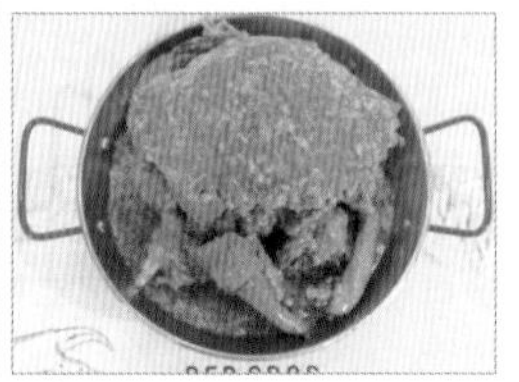

Data **지도** 173p-G **가는 법** 제이 파크 아일랜드 리조트에서 1.3km
주소 Bagumbayan II, Maribago, Lapu-Lapu City, Mactan
전화 0917-649-2550 **카카오톡** redcrab **운영 시간** 10:00~22:00
가격 알리망오 시가, 블랙 페퍼 프라운 590페소

훌륭한 음식은 기본, 멋진 전망은 보너스

세부 최고의 파인 다이닝

안자니 Anzani

뉴욕 타임즈에도 소개된 세부 최고의 파인 다이닝 레스토랑. 25년 동안 18개국 30개의 도시에서 미슐랭 출신 셰프들과 함께 활동한 마르코 안자니의 작품으로 품격 있는 인테리어와 그의 요리 철학을 담은 음식이 빛나는 곳이다. 세계 각국에서 들여오는 엄선된 재료로 만드는 지중해풍 요리에 이탈리아와 프렌치 쿠킹을 가미한 메뉴를 선보인다. 코스 요리는 가장 쉽고 고급스럽게 안자니를 즐길 수 있는 방법. 버섯처럼 부풀어 오른 식전 빵부터 특급 호텔 급의 음식이 차례차례 서빙된다. 가격은 우리나라 고급 이탈리안 레스토랑 정도이니 특별한 분위기를 내고 싶다면 강력히 추천한다.

Data **지도** 176p-B **가는 법** 세부 시티 마르코 폴로 가기 전 **주소** Panorama Heights, Nivel Hills, Lahug, Cebu City, Cebu **전화** 032-232-7375 **운영 시간** 12:00~14:30,17:30~24:00 **가격** 메인 요리 750페소~, 코스 요리 1,850페소~ **홈페이지** www.anzani.com.ph

샴페인 라운지

벨리니 Bellini

안자니의 오너가 함께 운영하는 바. 옆에 붙어 있으니 안자니에서 저녁 먹고 벨리니로 옮겨 칵테일과 함께 우아하게 야경을 즐기는 것을 추천한다. 화려한 입구로 들어서면 길게 늘어진 야외 테라스에 쇼파와 테이블이 일렬로 늘어서 있다. 지하에는 셀렉션이 훌륭한 와인창고가 있으며, 모엣&샹동, 뵈브 클리코, 돔 페리뇽 같은 최상급의 샴페인을 구비하고 있으니 프로포즈하기도 안성맞춤이다.

Data **지도** 176p-B **가는 법** 안자니와 같은 건물
주소 Panorama Heights, Nivel Hills, Lahug, Cebu City, Cebu
전화 032-232-7375 **운영 시간** 17:30~24:00
가격 맥주 165페소~ **홈페이지** www.anzani.com.ph

Tip **세부 부사이 힐에서의 저녁 만찬**

세부 최고의 전망을 자랑하는 톱스 전망대가 있는 부사이 힐에는 오고가는 번거로움을 감수하고서라도 가볼 만한 레스토랑들이 많다. 오후 5시쯤 방문하면 해질녘의 세부와 별이 가득한 세부 모두를 만날 수 있다. 랜드마크가 될 만한 큰 빌딩은 없지만 그래서 더 정겨운 곳. 작은 불빛들이 수놓아진 모습이 주는 낭만에 취해 밤이 깊어 간다.

톱스 다음으로 전망 좋은 곳
란타우 부사이 Lantaw Busay

필리핀 전통 음식점으로 좋은 분위기, 훌륭한 맛, 착한 가격 삼박자를 고루 갖춘 몇 안 되는 곳 중 하나다. 고풍스러운 분위기의 실내 레스토랑과 야외 테라스석이 준비되어 있으며, 테라스석은 인기가 많아 꼭 안고 싶다면 예약하는 것이 안전하다.
매콤한 양념이 중독적인 스파이시 스캘럽과 작은 새우를 마늘에 볶은 갈릭 슈림프, 오징어를 간장소스에 졸인 오징어 아도보 등 한국인 취향에 잘 맞는 음식들이 많다. 코코넛 물로 끓인 닭고기 수프는 다른 곳에서는 찾아보기 힘든 란타우 부사이의 시그니처 요리. 작은 잼통 같은 투명한 병에 담아 나오는 색색의 생과일 주스는 눈과 입을 즐겁게 해준다.
산 중턱에 있어 제법 쌀쌀하고 모기가 많아 가디건과 모기약을 준비하는 것이 좋다. 란타우 부사이를 방문하기 위해서는 택시 혹은 하발하발과의 협상이 필요하다. 택시는 웨이팅 시간을 포함해 아얄라 센터 기준으로 1,000페소 정도, 하발하발은 2인 기준 300~400페소면 적절하다. 한인 여행사에서는 시티 투어와 란타우 부사이를 묶은 프로그램도 판매하고 있으니 참고하자.

Data **지도** 176p-B
가는 법 부사이 힐 톱스 전망대 가기 전
주소 Busay, Cebu City, Cebu
전화 032-511-0379
운영 시간 11:00~23:00
가격 스파이시 스캘럽 160페소, 코코넛 치킨 180페소

Tip 막탄 섬과 연결된 코르도바 섬에도 란타우 코르도바가 있으며, 바다 위에 떠있는 플로팅 레스토랑으로 아름다운 석양을 볼 수 있다.

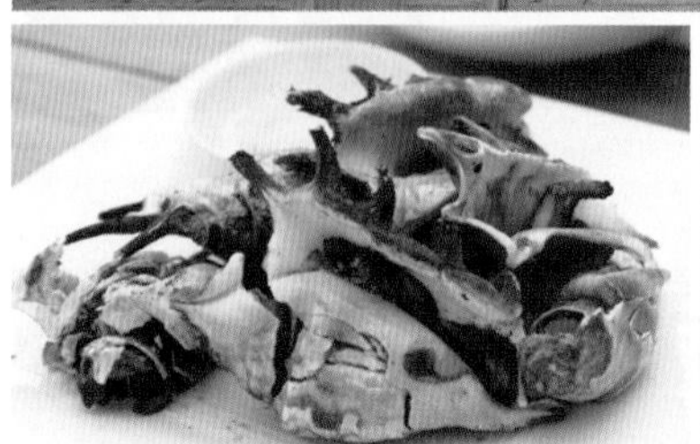

야경과 산미구엘의 만남은 언제나 옳다

미스터 에이 Mr. A

반짝거리는 세부의 야경을 보며 가볍게 맥주 한잔하기 좋은 장소. 현지인들 사이에도 인기가 높아 뷰가 좋은 야외 바깥쪽에 앉으려면 예약하는 것이 좋다. 야경을 감상하며 산미구엘 한 모금 시원하게 들이키자. 오징어튀김과 구운 치킨 같은 안주하기 좋은 음식들부터 스테이크, 베이비 백립, 파스타 등 든든하게 한 끼를 채울 수 있는 음식도 판매한다. 갈 때는 직원에게 택시를 불러달라고 하면 된다. 50페소 추가요금이 발생될 뿐이니 굳이 택시 웨이팅을 할 필요는 없다.

Data **지도** 176p-B
가는 법 부사이 힐 톱스 전망대 가기 전
주소 Busay, Cebu City, Cebu
전화 032-232-5200
운영 시간 12:00~02:00
가격 베이비 백립 240페소, 맥주 45페소~

시크하게 세련되게 로맨틱하게

블루 바 Blu Bar

마르코 폴로 플라자 세부 호텔 24층에 위치해 있다. 삼면이 탁 트인 오픈 바로 환상적인 도시 뷰를 자랑한다. 이름처럼 블루 톤의 인테리어로 은은하게 비추는 파란 조명이 신비스럽고 청량한 느낌까지 준다. 파인 다이닝 레스토랑을 겸하고 있으며 다른 곳보다 수준 높은 칵테일을 제공한다. 두 번째 칵테일을 주문 시 룰렛 같은 메뉴판을 돌려 자신이 고른 칵테일이 나오면 무료로 준다. 자신의 행운을 점쳐볼 수 있는 일명 포춘 칵테일이 소소한 재미를 준다. 눈부신 야경에, 음악에, 분위기에 취해 로맨틱한 시간이 보장되는 곳으로 이곳이다.

Data **지도** 176p-B **가는 법** 세부 시티 마르코 폴로 플라자 세부 24층
주소 Marco Polo Plaza Cebu, Cebu Veterans Drive, Cebu City, Cebu **전화** 032-253-1111 **운영 시간** 화~일 16:30~23:30
가격 칵테일 230페소~ **홈페이지** www.marcopoloplazacebu.com

필리핀에 왔으면 필리핀 음식!

필리피노들의 식탁 훔쳐보기

메사 Mesa

스페인어로 식탁을 뜻하는 메사는 필리핀 음식 문화를 제대로 보여주는 곳이다. 또한 한국어 메뉴판, 친절한 서비스, 모던한 분위기로 낯선 음식에 대한 거부감을 사라지게 만든다. 마닐라와 보라카이에서도 유명해 이미 알만한 사람은 다 아는 필리핀 대표 맛집. 필리핀 결혼식과 잔치에 빠지지 않는 전통음식 아기돼지 통구이 레촌이 유명하다. 한 마리부터 6분의 1마리까지 사이즈가 다양하니 인원수에 맞춰 시키면 된다. 주문 시 테이블에서 직접 살을 발라 일일이 전병에 싸주며 남은 고기는 소스에 볶아준다.

조금 더 필리핀스러운 음식에 도전하고 싶다면 새콤한 맛이 나는 시니강 수프와 코코넛을 넣고 끓인 치킨 비나콜, 땅콩소스로 요리한 카레카레, 바삭하고 쫄깃한 크리스피 파타 등을 추천한다. 2012, 2013년 필리핀 베스트 레스토랑 어워드를 수상한 메사이니 맛과 질은 걱정 말고 필리핀 요리 한 상 가득 차려 배 터지게 먹어보자.

Data **지도** 176p-F
가는 법 세부 시티 아얄라 센터 1층
주소 1fl, Ayala Center, Cebu Business Park, Archbishop Reyes Avenue, Cebu City, Cebu
전화 032-505-6372
운영 시간 11:00~22:00
가격 갈릭치킨 220페소, 레촌 1,050페소~

막탄 섬에 뜨는 별

피에스타 베이 Fiesta Bay

2014년 혜성처럼 나타나 훌륭한 음식과 호텔급 서비스로 순식간에 트립 어드바이저 5위를 강탈해버린 어마 무시한 레스토랑. 뫼벤픽 호텔과 도보 1분 거리로 뫼벤픽 호텔, 샹그릴라 막탄, 아바카 리조트, 비 리조트 투숙객들에게 무척이나 반가운 뉴스다. 발랄하고 부티크한 느낌으로 레스토랑 규모가 제법 커 여유롭게 식사를 즐길 수 있다.

사진이 있는 메뉴판이 있지만 직원이 아이패드를 들고 베스트 메뉴를 하나하나 친절하게 설명해주며 낯선 현지 음식에 대한 이해를 돕는다. 오픈 키친으로 신뢰를 더하며 음식은 전체적으로 깔끔하다. 다양한 해산물을 함께 맛볼 수 있는 피에스타 시푸드와 삼겹살구이 격인 포크 벨리, 바나나 잎에 싸서 튀긴 닭 날개 요리가 피에스타 베이의 추천 메뉴. 바나나 잎에 싸서 찐 아도보 피에스타 라이스도 색다른 경험이다.

Data **지도** 173p-C **가는 법** 막탄 섬 뫼벤픽 호텔에서 샹그릴라 막탄 방향으로 도보 3분 **주소** Punta Engaño Road, Lapu-lapu City, Mactan, Cebu **전화** 032-236-0897 **운영 시간** 11:00~14:30, 17:30~22:00 **가격** 피에스타 시푸드 475페소~, 아도보 피에스타 라이스 235페소

I say 레촌~ you say 주부촌~

주부촌 Zubuchon

이곳을 빼고 레촌을 논한다는 것은 어불성설일 정도로 세부를 대표하는 레촌 전문 레스토랑. 레촌은 5개월 미만의 새끼 돼지를 통으로 구운 요리로 세부에서 꼭 먹어야 하는 음식이다.

취급하는 곳은 많지만 잘못 요리할 시 돼지 특유의 냄새로 거부감을 줄 수 있어 어디서 먹느냐가 중요하다. 직접 유기농으로 키운 새끼 돼지만을 쓰는 주부촌의 레촌은 돼지 잡내가 전혀 없고 깔끔하다. 껍질은 바삭하고 속살은 수육처럼 부드러운 주부촌 레촌의 맛은 국내에도 잘 알려진 미국의 유명 셰프 앤서니 보뎅이 "인생 최고의 돼지!"라고 극찬했을 정도. 덕분에 세계적으로 유명한 식당이 되었다. 막탄 섬마리나 몰 지점과, 세부 시티는 IT 파크점이 여행자들이 방문하기 좋다.

Data **세부 시티 IT 파크점**

지도 179p-B
가는 법 IT 파크 내 더 워크에 위치
주소 The Walk, IT Park, Salinas Drive, Lahug, Cebu City, Cebu
전화 032-236-8256
운영 시간 10:00~02:00
가격 미디엄 레촌 330페소
홈페이지 www.zubuchon.com

막탄 섬 마리나점

지도 172p-B **가는 법** 마리나 몰 하버 시티 옆 1층 **주소** M.L. Quezon Avenue, Lapu-lapu City, Mactan, Cebu **전화** 032-505-0153 **운영 시간** 24시간

Tip 주부촌의 스페셜 드링크 '이바'는 스타 프루트 Star Fruit를 사용하여 고기의 느끼함을잡아 주는 일등공신 이므로 이때만큼은 망고 셰이크 대신 이바를 마셔보자.

30년 전통이 빛나는

치카안 사 세부 Chikaan sa Cebu

레스토랑이 우후죽순처럼 생겼다 사라지는 세부에서 30년의 전통을 가진 현지 음식점. 본점이 살리나스 드라이브 골든 카우리 맞은편에 위치해 본의 아니게 골든 카우리와 라이벌을 이루는 곳이다. 합리적인 가격과 맛있는 음식으로 현지인들도 즐겨 찾으며 아얄라 센터와 SM 시티에도 지점을 가지고 있다. 철판에 지글지글 익혀가며 먹는 시즐링 요리와 튀긴 족발인 크리스피 파타가 유명하다. 음식 양이 많은 편이 아니라 저렴한 가격으로 여러 가지를 맛볼 수 있어 식탐에 비해 위장이 작은 욕심꾸러기에게 딱이다.

Data 본점

지도 179p-B **가는 법** 세부 시티 살리나스 드라이브 중간 골든 카우리 맞은편 **주소** Salinas Drive, Lahug, Cebu
전화 032-233-0350 **운영 시간** 11:00~22:00 **가격** 시즐링 159페소~, 크리스티 파타 315페소~

SM 시티점

지도 176p-J **가는 법** 세부 시티 SM 시티 노스윙 1층 **주소** Northwing, SM City Cebu, Cebu City, Cebu
전화 032-412-2029 **운영 시간** 11:00~21:00

필리핀 어디까지 먹어봤니

골든 카우리 Golden Cowrie

없는 음식이 무엇인가를 찾아보는 것이 더 빠를 정도로 어지간한 필리핀 음식은 이곳에 다 있다. 메뉴 구성이 다양하고 음식도 맛있으니 평소 눈여겨보았던 메뉴가 있다면 도전해보자. 조개탕 임바오 수프와 지글지글거리는 불판에 나오는 생선구이 뱅거스처럼 필리핀에서 흔히 먹는 가정식을 만나볼 수 있다. 살이 많고 부드러운 등갈비구이도 추천 메뉴. 밥은 한 번 주문하면 무제한 리필이 가능하며, 직원이 북처럼 생긴 밥통을 메고 다니며, 바나나 잎으로 된 접시가 비면 쏜살같이 달려와 밥을 주는 장면이 이색적인 볼거리다.

Data **지도** 179p-E **가는 법** 세부 시티 살리나스 드라이브 중간 지점 IT 파크와 JY 스퀘어 몰 사이
주소 Salinas Drive, Lahug, Cebu City **전화** 032-233-4243 **운영 시간** 11:00~14:00, 18:00~22:00
가격 임바오 수프 139페소, 뱅거스 159페소

여행자들에게 사랑받는 레스토랑

색다른 맛에 도전하는 재미

골드 망고 그릴&레스토랑 Gold Mango Grill&Restaurant

한국인이 운영하는 필리핀, 이탈리안 퓨전 레스토랑이다. 피자와 스테이크처럼 친숙한 메뉴부터 커리, 케밥, 바비큐, 필리피노 디시까지 음식의 종류가 다양해 누구와 찾아도 만족도가 높은 곳이다. 게 한 마리를 통째로 올린 블루 크랩 로제 파스타는 게살이 가득한 특제 소스가 일품으로 입소문을 타 골드 망고 시그니처 메뉴가 되었다.

과연 필리핀에 와있기는 한 건가 하는 생각이 들 정도로 한국인이 많지만 그만큼 토종 입맛에 가장 잘 맞춘 필리핀 음식을 먹을 수 있다. 칵테일 새우와 채소들을 매콤새콤한 토마토소스에 버무린 감바스는 간장게장급 밥도둑. 한 숟가락 크게 떠서 갈릭 라이스 위에 올려 쓱쓱 비벼 먹다 보면 어느 새 한 공기 뚝딱이다. 원래는 돼지머리 고기와 귀를 이용해서 만드는 전통 요리 시식Sisig은 한국인이 좋아하는 뱃살과 껍데기를 이용하여 거부감은 줄이고 식감과 맛은 살린 음식으로 다시 태어났다. 모던한 외관과 공들인 메뉴로 늘 북적거리며, 성수기의 저녁 시간은 예약을 하는 것이 좋다. 개별 룸이 있어 프라이빗하게 먹기 좋다.

Data **지도** 173p-G **가는 법** 막탄 섬 블루워터 마리바고 비치 리조트에서 도보 5분
주소 Bagumbayan Uno Maribago, Lapu-lapu City, Mactan, Cebu **전화** 032-495-0245
카카오톡 goldmangomactan **운영 시간** 11:00~23:00 **가격** 블루 크랩 로제 파스타 450페소, 갈릭소스 로브스터 1,450페소 **홈페이지** cafe.naver.com/goldmangogrill

세부 속 작은 이탈리아

라 테골라 La Tegola

세부에서 손꼽히는 맛집으로 맛, 분위기, 가격 모두 훈훈한 곳. 크래커 위에 올리브유로 버무린 토마토를 올린 포카치아가 무료 애피타이저로 제공되는데 한입 베어 물면 이 집의 수준을 알 수 있다. 4가지 치즈만 올라간 콰트로 피자와 마늘과 올리브유만으로 맛을 낸 알리오 올리오가 대표 메뉴다. 모시조개로 맛을 낸 봉골레 파스타는 강력추천에 별표 하나 더 추가.

원목과 벽돌로 된 실내에 앤티크한 그림과 장식들이 더해져 마치 이탈리아 가정집 같은 편안함을 준다. 세부 여러 곳에 지점이 있으며 아얄라 센터와 마리나 몰, 부사이점은 여행자들이 찾기 좋다. 톱스 전망대 아래 부사이점은 오픈된 공간에서 야경을 보며 음식을 즐길 수 있다.

Data **아얄라 센터점**
지도 176p-F **가는 법** 아얄라 센터 1층 테라시스 스타벅스 옆
주소 1fl, Ayala Center, Cebu Business Park, Archbishop Reyes Avenue, Cebu City, Cebu
전화 032-233-3914
운영 시간 11:00~23:00
가격 파스타 300페소~, 피자 255페소~

부사이점
지도 176p-B **가는 법** 부사이 힐 톱스 전망대 가기 전 스타벅스 옆
주소 Cebu Transcentral Highway, Cebu City, Cebu
전화 032-419-2220
운영 시간 11:00~23:00

이 구역의 레촌은 나야!

하우스 오브 레촌 House of Lechon

수많은 레촌 식당들 사이 하우스 오브 레촌은 2016년 베스트 레촌 메어커로 선정되었다. 세부에서도 가장 유명한 카르카르 지역의 방식으로 요리하며, 껍데기는 바삭하고 속살은 입에서 살살 녹는다. 다른 곳에서 보기 힘든 스파이시 레촌도 꼭 먹어보자. 특제 고추 소스를 발라 굽는 동안 은은한 매콤함이 손을 뗄 수 없는 마력을 발휘한다.

레촌은 하루 3번 나온다. 오전 10시, 11시, 오후 6시. 스파이시 레촌은 순식간에 팔린다. 규모가 꽤 큰 레스토랑임에도 불구하고 주말에는 자리 찾기가 힘들 정도. 오후 8시 이후에는 테이크아웃 50% 할인을 하고 있어 호텔에 가져가서 먹기도 좋다.

Data **지도** 176p-F
가는 법 퀘스트 호텔에서 도보 5분
주소 Acacia Street, Kamputhaw, Cebu City, Cebu
전화 032-231-0958
운영 시간 10:00~22:00
가격 카르카르 스페셜 220페소~, 스파이시 레촌 250페소~

세계로 진출하는 필리핀 그릴

게리스 그릴 Gerry's Grill

마닐라에서 시작해 필리핀 전역을 사로잡은 걸로도 모자라 미국, 싱가포르, 카타르까지 진출해 세계적으로 성공한 체인점이다. 그릴 요리를 중심으로 하며 특히 갑오징어를 구운 이니하우 나 푸싯Inihaw Na Pusit은 주문받으러 온 웨이터가 먼저 "오징어?" 하고 물어볼 정도로 한국인들의 단골 메뉴. 치즈를 얹고 오븐에 구은 가리비버터구이, 달달한 소스를 발라 구운 포크 바비큐, 기름기를 쪽 뺀 삼겹살구이, 매콤달콤한 새우 감바스, 오동통한 튀김들, 갑오징어보다 더 부드러운 주꾸미구이, 시금치 요리 깐콩, 거기에 빠질 수 없는 갈릭 라이스가 유명하다.

Data **지도** 176p-F
가는 법 세부 시티 아얄라 센터 2층 테라시스
주소 2fl, Ayala Center, Cebu Business Park, Archbishop Reyes Avenue, Cebu City, Cebu
전화 032-232-4159
운영 시간 11:00~23:00
가격 오징어구이 355페소, 가리비버터구이 275페소
홈페이지 www.gerrysgrill.com

네가 있어 다행이야

마리바고 그릴 Maribago Grill

골드 망고 그릴&레스토랑이 생기기 전까지 막탄 섬의 바비큐를 책임지던 곳. 입구부터 푸름이 느껴지는 친환경적 레스토랑으로 메인 건물보다는 정원에 놓인 여러 개의 원두막에서 개별적으로 식사를 하는 것이 더 운치 있다. 단, 자연에 둘러싸인 만큼 모기 퇴치제는 필수.
필리핀 전통 요리와 바비큐를 다루며 두툼한 삼겹살구이 그릴드 리엠포와 참치 뱃살 스테이크 격인 그릴드 튜나 벨리가 유명하다. 음식은 대체적으로 맛있으며 현지 레스토랑인 만큼 느린 서빙에 대처하는 여유로운 마음은 필수.

Data **지도** 173p-G
가는 법 막탄 섬 블루워터 마리바고 비치 리조트에서 도보 3분
주소 Bagumbayan 1, Maribago, Mactan, Cebu
전화 032-495-8187
운영 시간 10:00~22:00
가격 그릴드 튜나 벨리 S 235페소, 그릴드 리엠포 255페소

달콤한 립으로 간첩 탈출하기
카사 베르데 Casa Verde

스페인어로 '초록집'이라는 뜻의 카사 베르데. 이름처럼 초록색 지붕으로 지어진 스페인 가정집 분위기의 패밀리 레스토랑이다. 한국 T.G.I 프라이데이에서 볼 법한 메뉴들로 구성되어 있으며, 이중 돋보이는 것은 브라이언스 립. 달콤한 양념과 야들야들한 고기가 예술이다. 세부 여행가서 카사 베르데 립 안 먹어봤으면 간첩이라고 할 만큼 유명하다. 또 다른 대표 메뉴는 마이티 톤 버거인데 지름이 무려 30cm. 한 단계 작은 빅뱅 버거 역시 지름 20cm가 넘는다. 한국 패밀리 레스토랑 한 접시 가격으로 2명이 배 터지게 먹을 수 있어 유학생들과 관광객들로 인산인해를 이뤄 식사 시간에 가면 웨이팅은 기본. 본점 외에 IT 파크 더 워크에도 지점이 있다.

Data **오스메냐 본점** **지도** 178p-C **가는 법** 오스메냐 서클 크라운 리젠시 호텔 뒷골목
주소 #69 Lim Tian Teng Street, Ramos, Cebu City, Cebu **전화** 032-253-6472
운영 시간 10:00~22:00 **가격** 브라이언스 립 268페소~, 빅뱅 버거 408페소 **홈페이지** www.casaverdecebu.com
아얄라 센터점 **지도** 176p-F **가는 법** 아얄라 센터 내 테라시스 3층 **주소** 3fl, Ayala Center, Cebu Business Park, Archbishop Reyes Avenue, Cebu City, Cebu **전화** 032-233-8885 **운영 시간** 11:00~22:00

사랑해요 타코스
문 카페 Mooon Cafe

이름만 듣고 카페라고 착각하면 안 된다. 컬러풀한 인테리어와 남미 특유의 활기가 느껴지는 유쾌한 멕시칸 레스토랑이다. 세부 5군데 지점 중 IT 파크 에 위치한 문 카페 분위기가 제일 좋다. 쾌적한 실내와 떠들기 좋은 야외석은 간단한 나초와 산미구엘 한잔 즐기기 최적의 분위기. 치미창가, 브리토스, 타코 같이 간단히 요기하기 좋은 음식을 여러 개 시켜 나눠먹어보자. 멕시칸 음식 외에도 피자와 스테이크 등 인터내셔널한 메뉴를 갖추고 있다.

Data **지도** 179p-E **가는 법** IT 파크 내 더 워크
주소 IT Park, Lahug, Cebu City, Cebu
전화 032-412-8795 **운영 시간** 11:00~23:00
가격 퀘사디아 175페소, 나초 238페소
홈페이지 www.mooncafe.ph

태국인 듯 태국 아닌 태국 같은
시암 크루아 타이 Siam Krua Thai

세부에서 가장 사랑받는 태국 음식점이다. 들어서는 순간 "싸와디캅"하고 반겨주는 소리에 여기가 태국인가 했다가 한국인 손님들을 보고 놀란다. 은근한 매콤함 뒤에 찾아오는 깔끔함이 매력인 타이 파파야 샐러드, 언제 먹어도 맛있는 태국 식 커리와 팟타이 등 맛깔나는 음식과 이국적인 분위기, 편리한 위치로 사랑받는 곳이다. 태국 음식 특유의 고수의 향이 싫은 사람은 주문 시 "노 코리엔더No Coriander"라고 말하자.

Data **지도** 172p-B **가는 법** 마리나 몰 1층 골든 카우리 옆
주소 Mactan Marina Mall, Barangay Ibo, Pusok, Lapu-lapu City, Mactan, Cebu **전화** 032-495-4818
운영 시간 10:00~14:30, 17:00~21:45
가격 타이 커리 170페소, 톰얌쿵 160페소

골드 망고 그릴&레스토랑의 아성을 잇는

골든 게이트 Golden Gate

한국 여행자들에게 사랑받는 레스토랑 1순위 골드 망고 그릴&레스토랑의 형제다. 2016년에 지어져 깨끗하고 개별 룸이 있어 조용하고 오붓하게 즐길 수 있다.
필리핀에 왔다면 꼭 먹어봐야 할 머드 크랩 알리망오는 그 자리에서 골라 바로 요리해준다. 페퍼, 커리, 칠리 갈릭 소스가 있으며, 소스 없이 그냥 찌는 것도 가능하다. 바삭하게 튀긴 어니언 링과 오징어튀김을 쌓아 올린 칼라마리 어니언 타워를 빼 먹으면 서운하다. 입에 침이 절로 고이는 비주얼로 골든 게이트의 시그니처 메뉴가 되었다. 매콤한 해산물 감바스와 함께 먹으면 더 맛있다. 한식도 판매해 가족끼리 여행 중에도 걱정 끝! 나란히 위치한 골드 문 스파와 함께 이용 시 할인해준다.

Data **지도** 172p-F
가는 법 제이 파크 아일랜드 리조트&워터파크 맞은편에 위치
주소 M.L. Quezon Highway, Brgy. Maribago, Lapu-lapu City, Mactan, Cebu
전화 0915-413-9865
카카오톡 goldengate7
운영 시간 11:00~23:00
가격 칼라마리 어니언 타워 250페소, 로브스터 1,650페소
홈페이지 cafe.naver.com/cebugoldengate

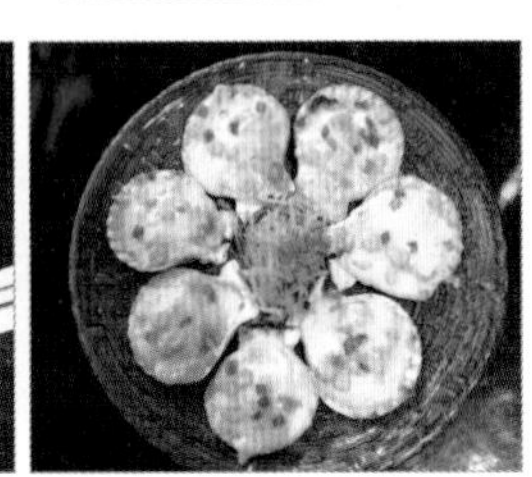

부담 없이 즐기기 좋은

더 오리지널 AA 바비큐 The Original AA BBQ

현지인, 여행자 할 것 없이 모두에게 인기가 많은 세부 대표 바비큐 집이다. 현지 스타일 바비큐를 더 쾌적한 환경에서 즐기자. 각종 꼬치와 육류, 해산물이 냉장고에 깔끔하게 진열되어 있다. 필리핀 소시지 롱가니사도 맛볼 수 있다. 취향대로 고르면 숯불에 구운 후 테이블로 가져다준다. 해산물은 원하는 방식으로 조리 가능하다. 달콤 짭조름한 바비큐와 산미구엘은 단연 최고의 궁합이다. 세부 내 몇 개의 지점을 가지고 있으며, 여행자들이 가장 많이 찾는 곳은 라훅과 막탄 마리나 몰 근처 지점이다. 최근 막탄 쑤엉에도 지점을 오픈했다. 리조트들과도 가깝고 시설도 훨씬 쾌적하다.

Data **세부 시티 라훅점**
지도 179p-A
가는 법 JY 스퀘어 몰에서 IT 파크 방향으로 도보 5분
주소 Salinas Drive, Lahug, Cebu City, Cebu
전화 031-238-2185
운영 시간 11:00~02:00
가격 닭꼬치 50페소~, 삼겹살구이 180페소

막탄 쑤엉점
지도 173p-G
가는 법 어메이징 쇼에서 도보 5분
주소 M.L. Soong 1', 2 M.L. Quezon National Highway, Maribago, Lapu-Lapu City, Cebu
전화 0922-845-2168
운영 시간 11:00~23:00

현지인 추천, 요즘 뜨는 맛집

막탄 최고의 파인 다이닝
아바카 레스토랑 Abaca Restaurant

세부 시티에 안자니가 있다면 막탄 섬에는 아바카가 있다. 아바카 리조트의 부속 레스토랑으로 우선 입장부터 남다르다. 일반적인 리조트와는 다르게 아바카 리조트의 입구는 검은 철문으로 굳게 닫혀 있다. 안이 보이지도 않는 높은 철문은 예약 리스트에 이름이 올라온 것이 확인된 후에야 열린다. 레스토랑 한 면이 바다로 트여 있어 낮에는 아름다운 바다 전망을 누리며 점심식사를 할 수 있다.
수프와 샐러드가 함께 나오는 샌드위치 세트 메뉴를 추천한다. 아바카의 샌드위치는 워낙 유명해 크로스로드에 캐주얼 다이닝 에이 카페 A Cafe를 론칭할 정도. 저녁에는 프라이빗 리조트답게 허니무너들이 은은한 촛불 속 로맨틱한 식사를 즐긴다.

Data **지도** 173p-D **가는 법** 막탄 섬 아바카 리조트 내
주소 Punta Engaño Road, Lapu-lapu City, Mactan, Cebu
전화 032-495-3461 **운영 시간** 11:00~22:00 **가격** 샌드위치 런치세트 695페소, 4가지 치즈 피자 485페소 **홈페이지** www.abacaresort.com/restaurant

Tip 메뉴에 적힌 가격에 22%의 봉사료와 세금이 추가로 붙는다.

내가 제일 잘나가~
마야 Maya

요즘 세부에서 가장 핫한 레스토랑을 꼽으라면 단연 마야다. 세부의 청담동 크로스로드에 위치한 마야는 아바카 그룹이 운영하는 멕시칸 레스토랑이다. 엘레강스한 인테리어와 대조적인 해골 문양의 장식들이 촛불과 어우러져 몽환적인 분위기를 자아낸다. 갤러리를 연상시키는 입구로 들어가면 1층과 2층으로 나뉘며, 2층에 있는 푹신한 소파 라운지는 식사 후 데킬라 한잔하기 좋다.
멕시칸 전통 음식을 고집하며 토르티야에 치킨과 치즈를 올려 구운 엔칠라다와 구운 토르티야에 치킨이나 비프를 얹고 채소와 사워크림을 듬뿍 넣고 싸먹는 화이타는 멕시칸 특유의 향과 식감으로 오감을 자극한다. 미식가들만 아는 집이었으나 요즘은 부쩍 여행자들이 늘고 있다. 고급스러운 인테리어와 수준 높은 요리에 비해 비싸지 않은 가격도 마야 열풍의 이유다.

Data **지도** 179p-F
가는 법 IT 파크에서 도보 15분
주소 Crossroads, Banilad, Cebu **전화** 032-238-9552
운영 시간 일~목 17:00~23:00, 금·토 17:00~02:00 **가격** 엔칠라다 365페소, 브리토 395페소
홈페이지 www.theabacagroup.com

와이키키를 담다
샤카 하와이안 레스토랑 Shaka Hawaiian Restaurant

하와이안 테마 레스토랑답게 입구부터 서핑 보드와 토템들이 줄지어 있다. 야외석은 컬러풀한 우산을 매달아 놓아 실용성과 디자인 모두 잡았다. 스팸 무스비와 코코넛 슈림프가 대표 메뉴. 파인애플이 큼직하게 올라간 레알 하와이안 피자도 추천. 도우가 얇고 담백해 부담 없이 즐길 수 있다. 그 외에도 파인애플 볶음밥, 피시 앤 칩스 등 해변 기분 나게 해줄 메뉴들이 가득이다. 맛도 서비스도 좋다. 매주 수요일 저녁 7시에는 훌라춤 공연이 펼쳐진다. 밤에는 조명때문에 낮과는 또 다른 분위기를 연출한다. 새벽 2시까지 오픈해 늦게까지 술잔을 기울이기도 좋다.

Data 지도 179p-C
가는 법 IT 파크 내 스카이 라이즈 1빌딩 서쪽에 위치
주소 Garden Bloc, IT Park, Lahug, Cebu City, Cebu
전화 031-514-2667
운영 시간 11:00~02:00
가격 무스비 180페소, 하와이안 피자 150페소
홈페이지 facebook.com/ShakaHawaiianRestaurant

내 마음대로 만드는 피자
피자 리퍼블릭 Pizza Republic

세부의 유명한 피자 전문점 주세페에서 새로 론칭한 피자집이다. 원하는 소스와 토핑을 골라 자신만의 스페셜한 피자를 만들 수 있다. 생기가 느껴지는 노란 간판의 입구로 들어서면 마치 뉴욕의 카페테리아를 연상시킨다. 먼저 토마토소스와 미트소스, 화이트소스 중 베이스를 정한 후 토핑을 고른다. 해산물 재료가 없는 것이 아쉽다. 주문 후 10분 정도 기다리면 나만의 피자가 완성된다.
페페로니와 햄의 종류가 10가지가 넘고, 올리브와 버섯, 피망, 파인애플, 달걀 등 다양한 토핑들이 준비되어 있다. 피자 한 판당 가격이 측정되어 있어 토핑을 마음껏 올릴 수 있다. 가벼운 스낵류도 주문 가능하다. 아얄라 몰에 2호점을 오픈했다.

Data 지도 179p-B
가는 법 골든 카우리 맞은편 골목 입구
주소 Salinas Drive, Lahug, Cebu City, Cebu
전화 032-266-3397
운영 시간 11:00~23:00
가격 피자 245페소

친근한 아시안 음식들 모여라

해장엔 이만한 게 없지

팟 포 Phat Pho

막탄 섬의 고급 식문화를 선도하는 아바카 그룹이 론칭한 베트남 음식점. 크로스로드에 위치하고 있으며, 관광객들에게는 아직 잘 알려지지 않았다. 세부 중산층들이 많이 찾는다. 오픈 주방을 둘러싸고 있는 테이블이 전부인 단아한 레스토랑 팟 포는 진하고 깊은 국물이 일품인 베트남 쌀국수가 대표 메뉴다. 라이스 페이퍼에 새우와 채소를 싼 월남쌈도 곁들이면 금상첨화.

Data **지도** 179p-F
가는 법 세부 시티 IT 파크에서 도보 15분
주소 Crossroads Banilad, Cebu City, Cebu
전화 032-416-2442 **운영 시간** 11:30~14:30, 17:00~22:00
가격 쌀국수 320페소~ **홈페이지** www.theabacagroup.com

스시는 망고를 좋아해

논키 Nonki

전체적으로 무겁고 간이 센 필리핀 음식을 먹다보면 산뜻한 일식이 자연스레 떠오른다. 사시미와 스시, 데판야키, 덴푸라 등 웬만한 대표 일식 요리들은 다 갖추고 있으며, 세계 어딜 가도 비싼 일식 요리를 합리적인 가격으로 즐길 수 있다. 망고를 넣은 논키 특유의 스시 롤은 달콤한 망고와 담백한 초밥의 색다른 조합이 의외의 찰떡궁합을 이룬다. 돈가스와 카레처럼 한 끼 든든히 먹을 수 있는 실용적인 메뉴들이 많다.

Data **지도** 172p-B **가는 법** 마리나 몰 스타벅스 맞은편 누엣 타이 건물 1층 **주소** Mactan Tropics Building, Airport Road, Pusok, Lapu-lapu City, Mactan, Cebu **전화** 032-236-7958
운영 시간 11:00~14:00, 17:30~22:30
가격 런치 벤토 260페소~, 우나기 망고 롤 270페소

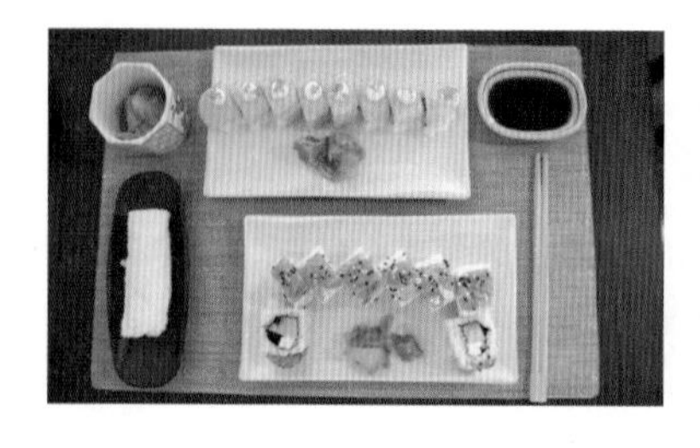

정갈한 일식 맛집

치보리 Chibori

일본인 주방장이 차려주는 깔끔한 일식을 맛볼 수 있다. 부담 없이 먹을 수 있는 라멘과 소바부터 고급스러운 요리까지 메뉴가 다양하다. 여러 가지를 골고루 맛볼 수 있는 벤토 세트가 인기다. 싱싱한 재료로 만든 사시미와 스시를 맛볼 수 있다. 스시는 알량미가 아닌 찰기가 있는 밥으로 쫀득쫀득하다. 밥을 좋아하는 필리피노의 성향에 맞추다 보니 밥 양이 많은 편이다. 스시와 샤부샤부 좌석으로 나눠져 있다. 샤부샤부는 일 인분도 주문 가능하다. 가격은 센 편이지만 늘 붐빈다.

Data **지도** 179p-C **가는 법** IT 파크 입구 오른쪽 스타벅스 골목으로 직진 **주소** Jose Maria del Mar Street, Apas, Cebu City, Cebu **전화** 032-231-0958
운영 시간 11:30~14:30, 17:30~22:30
가격 모둠 스시 490페소~, 치보리 벤토 750페소

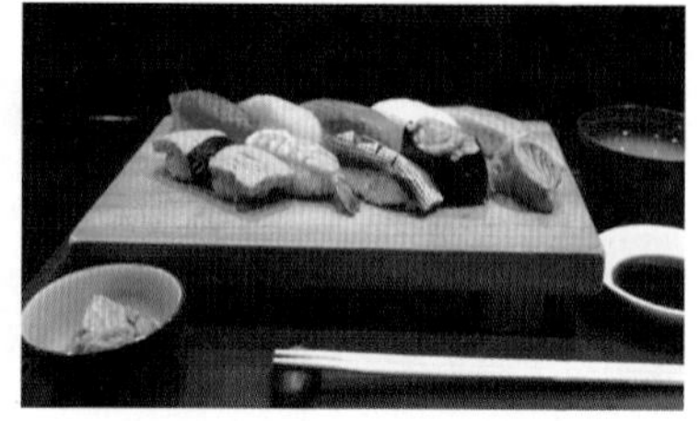

동남아의 향기가 물씬~

바나나 리프 Banana Leaf

접시 대용으로 커다란 바나나 잎을 사용하는 친자연적 아시안 레스토랑. 태국, 인도네시아, 말레이시아 등 동남아 음식을 얼추 다 어우르며, 어떤 메뉴를 시켜도 실패 확률이 적다. 거기다 양이 푸짐하고, 가격까지 경제적여서 언제나 사람들로 북적거린다. 인도네시아 전통 볶음밥인 나시고랭, 태국의 톰얌쿵과 팟타이 등 식욕을 돋우는 음식들이 한가득이다. 추천 메뉴는 말레이시아에 가면 꼭 먹어야 하는 볶음국수 차 퀘이 티아우Char Kway Teow. 짜파게티 같은 달달하고 짭짜름한 소스가 우리 입맛에 잘 맞다.

Data 지도 176p-F
가는 법 아얄라 센터 1층
주소 1fl, Ayala Center, Cebu Business Park, Archbishop Reyes Avenue, Cebu City, Cebu
전화 032-231-4006
운영 시간 11:00~22:00
가격 팟타이 188페소, 나시고랭 188페소

다채로운 아시안 푸드의 향연

스파이스 퓨전 Spice Fusion

필리핀과 아시안 음식을 함께 다루는 퓨전 레스토랑. 다양한 메뉴도 칭찬해줄 만하지만 색다른 요리가 많아 더욱 소중한 곳이다. 다금바리에 마늘 옷을 입혀 통으로 튀겨낸 갈릭 라푸 라푸가 바로 그 창의성의 산물. 다양한 아시안 누들과 볶음밥을 판매하는데 한 접시의 양이 어마어마하다. 필리핀 사람들이 가장 많이 먹는 누들, 판싯 칸톤을 배 터지게 먹을 수 있다. 맛있는 필리핀 스타일 디저트도 갖추고 있으니 밥 배와 디저트 배를 따로 구분하는 것은 필수. SM 시티에 입점해있는데다 그림과 함께 보기 편한 메뉴판을 갖추고 있어 편리하다.

Data 지도 176p-J
가는 법 SM 시티 1층
주소 North Reclamation Area, Cebu City, Cebu
전화 032-238-9591
운영 시간 11:00~21:00
가격 갈릭 라푸 라푸 528페소, 판싯 칸톤 298페소

BUY

막탄 섬에 위치한 실속 만점 쇼핑몰

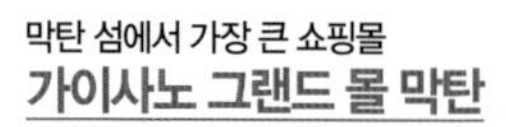

막탄 섬에서 가장 큰 쇼핑몰

가이사노 그랜드 몰 막탄

Gaisana Grand Mall Mactan

막탄에서 가장 큰 쇼핑몰. 4층으로 이루어진 건물은 넉넉잡아도 2시간이면 다 돌아볼 정도지만 슈퍼마켓, 의류, 잡화, 전자기기 등 필요한 건 다 갖추고 있다. 졸리비Jollibee와 차우킹Chowking 같은 필리핀 패스트푸드점과 여행자들이 사랑하는 식당 문카페, 휴대폰 사용이 필요한 경우 심 카드를 구입할 수 있는 글로브 매장이 있다. 여행자보다는 현지인과 교민들이 대부분이며, 여행 일정 동선에 있으면 슈퍼마켓과 환전 등으로 가볼 만하지만 굳이 시간을 만들어서 갈 필요까지는 없다.

Data **지도** 172p-F
가는 법 제이 파크 아일랜드 리조트에서 택시로 15분 소요
주소 Brgy, Basak Agus Road, Lapu-lapu City, Mactan, Cebu **전화** 032-273-2888
운영 시간 10:00~21:00

앞으로 핫 해질 예정

아일랜드 센트럴 몰 Island Central Mall

막탄 마리나 몰 맞은편에 새로 생긴 쇼핑몰이다. 아직 2층은 오픈하지 않았지만 1층에 있는 졸리비와 보스 커피, 로빈슨 슈퍼마켓만으로도 호평받고 있다. 더 이상은 졸리비를 먹기 위해 세부 시티나 가이사노 그랜드 몰까지 가지 않아도 된다는 사실! 왓슨스와 게리스 그릴 등 한국인에게 사랑받는 브랜드들이 점점 입점하면서 굳이 세부 시티까지 오갔던 시간을 줄일 수 있게 될 것이다. 공항과 가까워 출국 전 시간을 보내기 좋다. 몰 뒤쪽편의 요트 선착장은 아름다운 석양을 감상할 수 있는 비밀 장소다.

Data **지도** 172p-B **가는 법** 막탄 세부 국제공항에서 택시로 5분, 샹그릴라 막탄에서 택시로 15분 소요
주소 Mez 1, M.L. Quezon National Highway, Mactan, Lapu-Lapu City, Cebu
전화 032-513-1209 **운영 시간** 월~토 10:00~22:00, 일 10:00~21:00

실용적으로 시간을 보낼 수 있는

마리나 몰 Marinal Mall

쇼핑몰이라 부르기는 조금 민망한 규모지만 막탄 세부 국제공항과 가까워 여행자들이 많이 찾는 곳이다. 2층 건물에 상점들이 다닥다닥 붙어있어 지하상가 같은 분위기가 나며 살만한 물건은 딱히 없다. 옆에 대형 슈퍼마켓 세이브모어와 기념품 가게 아일랜드 스비니어에서 못다한 쇼핑을 할 수 있다. 저렴한 마사지 숍과 식당이 모여 있어 마지막 날 시간 때우기 좋다. 유명 맛집으로 라 테골라와 골든 카우리, 시암 크루아 타이가 있고, 막탄 섬 유일의 스타벅스가 자리하고 있다. 한인 식당과 마사지 숍에 짐 보관 서비스가 있어 이용하면 편리하다.

Data **지도** 172p-B
가는 법 막탄 세부 국제공항에서 택시로 5분, 샹그릴라 막탄에서 택시로 15분 소요
주소 Mactan Marina Mall, Barangay Ibo, Pusok, Lapu-lapu City, Mactan, Cebu
전화 032-341-3096
운영 시간 월~금 10:00~21:00, 토·일 09:00~22:00

Tip 공항까지 5분밖에 안 걸리는 거리지만 어떤 택시도 미터기를 켜지 않는다. 일반적으로 100페소에 가며, 택시 이용객이 적거나 협상을 잘하면 70페소까지도 깎아준다.

세부에도 드디어!

타미야 아웃렛 Tamiya Outlet

안전상의 문제로 밖에서 돌아다닐 만한 곳이 없는 막탄 섬이지만 타미야 아웃렛만은 예외. 세부 금융권이 모여 있는 곳이다 보니 매장마다 총을 든 가드들이 지키고 있어 돌아다니면서 쇼핑하고 밥 먹고 후식 먹고 하기에 타미야 아웃렛만큼 안전하고 깨끗한 곳도 없다. 아웃렛이라고 해서 파주를 생각하면 안 된다. 명품은 없고 나이키, 아디다스 등의 스포츠 브랜드와 리바이스, 지오다노 같은 의류 브랜드 위주로 15개 정도의 숍들이 들어서 있다. 일반적으로 20% 정도 더 싸며, 일부 품목은 50~70%까지 세일한다.

Data **지도** 172p-B
가는 법 가이사노 그랜드 몰에서 트라이시클로 15분 소요
주소 Pueblo Verde, Lapu-lapu City, Mactan, Cebu
전화 032-411-1610
운영 시간 10:00~21:00

세부 시티, 대표 쇼핑몰

세부 최고의 쇼핑몰
아얄라 센터 Ayala Center

흔히 '아얄라 몰'이라고 불리는 세부 대표 최고의 쇼핑몰. 추울 정도로 에어컨이 빵빵 나오는 쇼핑몰 안에는 뷰티, 패션, 스포츠용품, 전자기기 등의 숍들이 즐비하며, 한국인이 사랑하는 브랜드부터 아직 상륙하지 않은 미입점 브랜드까지 갖추고 있어 하루 종일 시간을 보내도 부족하다. 브랜드의 경우 국내와 비교했을 때 많이 저렴한 편은 아니니 지름신을 잘 다스리는 것이 관건이다.

푸른 광장을 둘러싼 테라스 형태로 꾸민 테라시스에는 레스토랑과 카페들이 집중 입점해 있어 세부 사람들은 물론 여행자들의 발걸음이 끊이지 않는다. 여행자들이 자주 찾는 식당 카사 베르디, 라 테콜라, 게리스 그릴 등이 모여 있다. 열대과일과 기념품을 사기 좋은 슈퍼마켓과 환전소, 짐 보관 센터 등 편의시설을 갖추고 있어 세부를 여행하는 사람들은 꼭 한 번 들르는 곳이다.

Data **지도** 176p-F
가는 법 막탄 섬 제이 파크 아일랜드 리조트에서 택시로 1시간 정도 소요
주소 Cebu Business Park, Archbishop Reyes Avenue, Cebu City, Cebu
전화 032-516-3025
운영 시간 일~목 10:00~21:00, 금·토 10:00~22:00
홈페이지 www.ayalamallcebu.com

|Theme|

여긴 꼭 가야 해, 아얄라 센터 편

대체 한국에는 언제 들어올 거니?

톱 숍 Top Shop

몇 년 전부터 국내 론칭 소문이 들려오고 있지만 아직까지 입점되지 않아 애간장을 태우는 톱 숍. 구매 대행 수수료라도 아낄 겸 아얄라 센터에서 실컷 쇼핑하고 가자. 기본적인 디자인부터 하나만 둘러도 느낌이 사는 포인트 아이템, 톡톡 튀는 스타일 등 신나게 골라 담다 보면 트렁크 하나 꽉 채우는 건 일도 아니다. 게다가 함께 코디하면 좋은 가방과 신발, 모자, 액세서리까지 취급해 쇼핑의 즐거움이 두 배다.

Data **가는 법** 아얄라 센터 1층 **전화** 032-233-4172

세련된 비치웨어의 끝판왕

낫씽 벗 워터 Nothing but H2O

보라카이를 여행한 사람이라면 반가운 브랜드 낫씽 벗 워터다. 디몰 내 남다른 포스를 자랑하더니 수십 배 큰 아얄라 몰에 진열되어 있어도 전혀 기죽지 않는 세련미를 가졌다. 비치웨어를 취급하며, 상하의가 다르게 믹스 매치하기 좋은 수영복이 가득하다. 저렴한 편은 아니지만 너무 비싸지도 않다. 세계적으로 사랑받는 탐스 신발과 선글라스도 있다. 뿐만 아니라 국내에서 많이 알려지지 않은 유명한 해외 브랜드를 만나볼 수 있다. 특히 말캉말캉 부드러운데다 향기까지 나는 멜리사 젤리슈즈와 수많은 셀레브리티들이 신어 유명해진 티키즈 플립플랍은 쇼핑목록에서 꼭 넣어야할 '잇 아이템'이다.

Data **가는 법** 아얄라 센터 2층 **전화** 032-516-3025

그 여자의 스니커즈

케즈 Keds

뛰어난 가창력에 패션 센스까지 갖춘 가수 테일러 스위프트가 애용하는 신발로 유명한 케즈. 고무 밑창을 사용한 스니커즈라는 신발을 최초로 탄생시킨 케즈는 빈티지와 모던함을 동시에 갖춘 디자인으로 100년이라는 긴 세월 동안 꾸준히 사랑받고 있다. 특히 멋 안 부린 듯 멋 나는 스타일을 완성시켜주는 아이템. 흰 티 같은 기본 아이템임에도 불구하고 유명 브랜드들과의 컬래버레이션, 시즌 한정품 등 끈임 없이 발전하는 디자인으로 패션 피플들의 지갑을 열지 않을 수 없게 만든다. 국내에 없는 디자인을 발견하는 행운을 잡을 수 있도록 두 눈 크게 뜨고 살펴볼 것.

Data **가는 법** 아얄라 센터 지하 1층 **전화** 032-516-3025

아얄라 센터와 양대 산맥을 이루는
SM 시티 SM City

아얄라 센터와 함께 세부를 대표하는 쇼핑센터 SM 시티는 필리핀에서 가장 많은 지점과 큰 규모를 자랑하는 복합문화공간이다. 필리핀에서 4번째로 큰 몰이며 크기만 본다면 아얄라 센터보다 더 크고, 500여 개의 가게가 입점해 있다. 메인 윙과 놀스 윙, 사우스 윙으로 나눠져 있으며 넓어서 길을 헤매기 십상인데도 불구하고 표지판이 잘 되어있지 않다. 포에버 21, 망고, 커피빈, 왓슨스 등 한국인에게 친숙한 브랜드들은 노스 윙에 많이 위치해 있다.
몇몇 특별한 브랜드를 제외하고는 아얄라 센터와 겹치니 쇼핑은 둘 중 한군데서만 해도 무방하다. 하루 유동인구만 십만 명. 사람 많은 곳에 맛집 많은 것은 당연지사. 라메사 그릴, 카라벤, 퓨전 스파이스, 골든 카우리 등 웬만한 프랜차이즈와 유명 레스토랑은 다 있다. 아얄라 센터처럼 녹지 공간은 없지만 영화관, 볼링 센터, 갤러리 같은 즐길 거리가 많다. 보홀 및 다른 지역으로 가는 페리 선착장과 가까우며, 아얄라 센터보다는 막탄 섬과의 접근성이 좋은 편이다.

Data **지도** 176p-J
가는 법 세부 시티 남쪽 페리 터미널과 인접
주소 North Reclamation Area, Cebu City, Cebu
전화 032-231-0557
운영 시간 10:00~21:00
홈페이지 www.smsupermalls.com/smcitycebu

|Theme|

여긴 꼭 가야 해, SM 시티 편

밥 배 따로, 빵 배 따로

브레드 토크 Bread talk

SM 시티 노스 윙 1층에 위치한 브레드 토크 매장은 항상 사람들로 인산인해를 이루며, 인기가 많은 빵들은 굽기가 무섭게 사라진다. 싱가포르 유명 베이커리로 국내에도 지점을 가지고 있지만 필리핀이 훨씬 저렴하다. 일명 쥐포빵이라고 불리는 '플로스Floss'는 브레드 토크를 세계적으로 이름 날리게 해준 일등공신. 부드러운 빵 위에 말린 육포를 다져서 뿌려놓은 다소 황당한 조합이지만 다양한 국가의 사람들을 매료시켰다. 안 들어가고는 못 베길 갓 구운 빵 냄새와 먹기 아까울 정도로 귀여운 빵들이 한가득한 달콤한 천국이다.

Data **가는 법** 노스 윙 1층
전화 0932-848-8232
가격 플로스 59페소

세부를 담아가세요

쿨투라 필리피노 Kultura Filipino

누군가 세부에서 기념품 사기 가장 좋은 곳을 묻는다면 단연 쿨투라를 추천한다. 필리핀을 상징하는 옷, 가방, 음식, 화장품 등 거의 모든 제품을 갖추고 있으며, 질 좋은 기념품을 저렴하게 구입할 수 있는 곳이다. 선물로 많이 찾는 진주 액세서리도 취급한다. 코코넛으로 만든 천연 제품과 건망고는 스테디셀러로 꾸준히 사랑받고 있다. 에코백은 디자인도 다양하고 부피도 적어 기념품계의 떠오르는 다크호스다.

Data **가는 법** 노스 윙 1층 **전화** 032-236-1083

패셔너블 어패럴

말디타 Maldita

2014년 필리핀 베스트 패션 어워드와 베스트 숍 어워드를 차지하며, 앞으로의 행보가 더욱 기대되는 로컬 브랜드이다. 세련되면서 실용적인 디자인으로 트렌드 세터들의 입소문을 통해 인기브랜드로 자리 잡은 말디타는 오피스룩으로 입기 좋은 블라우스와 깜찍한 미니 드레스 등 한국에서 입어도 전혀 손색없는 옷들이 가득하다. 남성복도 취급한다. 국제적인 브랜드 자라와 비슷한 분위기지만 가격은 더 저렴해서 올레를 외치게 되는 곳.

Data **가는 법** 메인 윙 2층 **전화** 032-371-1432

SLEEP

럭셔리 리조트 BEST 4

리조트계의 T.O.P

샹그릴라 막탄 Shangri-la's Mactan

세계적인 호텔 체인답게 규모, 시설, 인기 어떤 면을 따져도 세부 넘버 원 리조트. 남녀노소를 배려한 다양한 부대시설, 언어소통이 원활한 서비스, 깔끔하고 넓은 객실 등으로 인해 신혼 여행객이나 가족 여행객이 즐겨 찾는다. 세부에서 가장 넓은 부지와 손꼽히게 아름다운 해변을 가지고 있으며, 샹그릴라 앞 바다는 해양 보호구역으로 여느 리조트 해변에서 상상도 못할 스노클링이 가능하다. 넓은 메인 풀과 어린이 전용 수영장을 따로 갖추고 있다.

본관과 오션 윙으로 나뉘며 기본적인 디럭스룸과 스위트룸은 본관에 위치한다. 모든 객실은 샹그릴라 특유의 안락한 침대를 가지고 있으며, 군데군데 조개껍질과 자개 같은 열대 요소가 들어가 더욱 우아하고 고급스럽다. 북적거리는 본관과는 다르게 오션 윙은 출구, 리셉션, 수영장이 따로 있어 좀 더 조용하고 프라이빗하게 휴가를 보내기 좋다. 오션 윙 고객들만을 위한 클럽 라운지, 록시땅 어메니티, 무료 칵테일 등 다양한 혜택이 제공된다. 특히 조식이 맛있기로 유명해 9시쯤 가면 긴 줄을 서야 한다. 세부 최고의 럭셔리 스파 치 스파도 샹그릴라의 빼놓을 수 없는 자랑이다. 세부 시티까지 셔틀버스를 운영하며 편도 100페소.

Data **지도** 173p-C **가는 법** 막탄 섬 북동쪽. 막탄 세부 국제공항에서 차로 약 15분 소요 **주소** Punta Engaño Road, Lapu-lapu City, Mactan, Cebu **전화** 032-231-0288 **가격** 디럭스룸 11,200페소~
홈페이지 www.shangri-la.com/kr/cebu/mactanresort

Tip **막탄 섬 vs 세부 시티 어디에 묵을까?**

휴양을 위해 지어진 막탄 섬은 리조트 섬이라 불러도 무방할 정도로 유명 호텔 체인 리조트부터 현지 스타일 로지까지 다양한 숙소가 있다. 휴식 지향형 여행자라면 막탄 섬에, 다양한 세부를 보고 싶다면 세부 시티에 묵는 것이 좋다.

인피니티 풀이 환상적인

크림슨 리조트&스파 Crimson Resort&Spa Mactan

발리를 연상시키는 풀 빌라 리조트로 오픈과 동시에 화제를 모았다. 6만㎡나 되는 넓은 부지에 고층 빌딩이 아닌 2층짜리 디럭스 건물과 1층짜리 빌라로만 이루어져 북적거리지 않고 여유롭다. 트로피컬 정원이 예쁘게 꾸며져 있어 산책하는 맛까지 있다. 250개의 디럭스룸과 40개의 개별 빌라를 갖추고 있다.
가장 베이직한 디럭스룸마저 고급스러운 대리석 욕실을 보유해 대접받는 느낌이 들기 충분하다. 둘만의 오붓한 시간을 꿈꾸는 허니무너나 커플 여행자들은 풀 빌라에 머무는 것을 추천한다. 가든 뷰와 오션 뷰로 나뉘는데 오션 뷰가 전망은 좋지만 프라이빗함은 떨어진다.
크림슨 리조트를 빛내는 일등공신은 바로 스타일리시한 수영장. 커다란 직사각형 풀 3개가 해변으로 이어진 인피니티 풀은 마치 수영장과 바다가 연결된 듯한 착시를 불러일으킨다. 수영장의 경계에서 잘 찍으면 바다 위에 떠 있는 것처럼 보이는 사진을 건질 수 있다. 레스토랑, 스파, 부대시설도 최상급으로 샹그릴라보다 시설은 작지만 훨씬 진한 이국적이고 로맨틱한 향기를 머금고 있다. 우아하고 호사로운 휴가를 보내고 싶다면 크림슨은 탁월한 선택이다.

Data **지도** 173p-G **가는 법** 막탄 섬 북동쪽. 막탄 세부 국제공항에서 차로 약 15분 소요
주소 Seascapes Resort Town, Lapu-lapu City, Mactan, Cebu **전화** 032-239-3900
가격 디럭스룸 5,750페소~ **홈페이지** www.crimsonhotel.com

활기 넘치는 리조트

플랜테이션 베이 Plantation Bay

필리핀 최대 규모의 라군을 자랑한다. 라군은 바닷물을 사용한 수영장, 즉 해수풀을 뜻한다. 8헥타르나 되는 부지 한가운데 위치한 라군은 카약을 빌려 수영장을 따라 리조트를 구경할 수 있을 정도로 크다. 인공해변이 함께 조성되어 있어 아담한 해변가 같은 느낌을 주며, 밤이 되면 조명들이 은은하게 물에 반사되어 이색적인 풍경을 선사한다.

255개의 룸이 있으며 기본적인 룸부터 패밀리룸, 독채형 스위트룸 등 다양한 카테고리를 가졌다. 문만 열면 수영장으로 바로 연결되는 라군 사이드룸과 라군 위에 지어져 사다리를 타고 수영장으로 바로 뛰어들 수 있는 워터 에지룸이 가장 인기가 높다.

워터슬라이드와 다이빙대, 카약 등 물놀이는 물론 미니골프, 암벽 타기 같은 즐길거리 또한 다양하다. 세부에서 유학하는 학생들이 머리를 식힐 겸 데이 트립으로 자주 찾는 곳이기도 하다. 총 4개의 레스토랑을 갖추고 있으며, 저녁 6시 30분 해변에서 열리는 오픈 디너쇼는 꼭 가보기를 권한다. 매일 밤 하와이안 불쇼, 필리피노 피에스타, 비바 에스파냐 등 다른 테마를 가지고 쇼가 펼쳐지는데 실력이 수준급이다.

Data **지도** 172p-J **가는 법** 막탄 섬 남동쪽에 위치. 막탄 세부 국제공항에서 차로 약 30분 소요
주소 Marigondon, Lapu-lapu City, Mactan, Cebu **전화** 032-505-9800
가격 라군 사이드룸 160달러~, 워터 에지룸 220달러~ **홈페이지** www.plantationbay.com

들어는 봤니? 버틀러 서비스

아바카 리조트 Abaca Resort

아바타 리조트의 고객에게는 2~3명의 전용 버틀러(집사)가 붙어 최대한 만족스러운 시간을 보낼 수 있도록 도와준다. 공항부터 리조트까지 전용 자동차로 태워다 준다. 24시간 대기하고 있어 언제든지 각종 음료와 스낵을 추가 비용 없이 즐길 수 있다. 조식 역시 뷔페식이 아니라 버틀러를 통해 메뉴를 선택하면 객실로 배달, 원하는 장소에 세팅까지 해줘 시간에 구애받지 않고 객실에서 여유롭게 즐길 수 있다. 단 9개의 객실만을 보유하고 있다. 프라이빗과 럭셔리의 정점을 체험할 수 있는 곳으로 허니무너들과 세계 유명 인사들도 많이 찾는다.
6개의 디럭스 스위트룸과 3개의 풀 빌라로 이루어져 있으며, 방 크기가 넓고 원목과대리석으로 꾸며 고급스럽다. 바다와 맞닿은 인피니티 풀 주변으로 놓인 카바나를 무료로 이용할 수 있다. 수준 높은 음식을 자랑하는 아바카 레스토랑과 특제 아로마 오일을 사용하는 아바카 스파는 아바카에 머무른다면 반드시 체험해 봐야한다.

Data **지도** 173p-D
가는 법 뫼벤픽 호텔과 비 리조트 사이 위치
주소 Punta Engaño Road, Lapu-lapu City, Mactan, Cebu
전화 032-495-3461
가격 디럭스 스위트룸 15,900페소~
홈페이지 www.abacaresort.com

|Theme|

알아두면 유용한 호텔 영어회화

눈치껏 체크인 성공. 그런데 리조트에서 보내는 시간이 많다보니 영어가 필요한 순간이 불쑥불쑥 찾아온다. 주로 시설과 서비스에 대한 궁금증이 생길 때, 무언가가 만족스럽지 못할 때 영어가 필요하다.

필수 용어 모음

어메니티 Amenity
룸에 비치되어 있는 각종 편의 물품을 뜻한다. 요즘은 따로 수집하는 사람이 있을 정도로 어메니티에 대한 관심이 높아져 고급 호텔들은 유명 브랜드 어메니티 사용으로 차별화를 어필하고 있다.

패실리티 Facility
호텔이나 리조트의 편의 시설. 수영장, 헬스클럽, 스파 등 모두를 통합해 패실리티라 부른다.

바우처 Voucher
호텔 예약이 확정되었다는 보증서. 예약 사이트를 통해 예약 및 결제를 마치면 이메일로 보내주는 확인 바우처를 프린트 해가거나 사진 찍어가서 보여주면 된다. 쿠폰의 개념도 있다.

컨시어지 Concierge
프랑스어로 안내인을 뜻하며 호텔 고객의 요구를 일괄적으로 해결해주는 서비스. 레스토랑 추천, 투어 예약 등 각종 문의사항에 응대해주며 주로 특급호텔에 배치되어 있다.

룸서비스 vs 하우스 키핑
은근 헷갈려하는 사람들이 많다. 룸서비스는 방으로 음식을 주문하여 먹을 수 있는 서비스이고, 하우스 키핑은 객실 관리를 뜻한다. 따라서 청소가 마음에 들지 않다면 하우스 키핑으로 전화를, 배가 고프면 룸서비스로 전화해야 한다.

실전 BEST 7

수건을 더 받을 수 있을까요?
Can I have more towels?

세부 시티로 가는 셔틀버스를 운영하나요? 무료인가요?
Do you have a shuttle service to Cebu City? Is it free?

뜨거운 물이 안 나와요.
There is no hot water in my room.

화장실이 막혔어요.
The toilet is blocked.

방에 키를 두고 나와서 들어갈 수가 없어요.
I've locked myself out and my key is in the room.

벌써 30분이나 기다렸어요!
I've already waited for 30 minutes!

신용카드로 결제 가능한가요?
Can I use credit card?

Tip 레스토랑 및 부대시설 이용 시 "How would you like to pay?"라며 어떻게 결제할 것인지 묻는다. 현금, 신용카드, 방에 달아놓고 체크 아웃 시 한 번에 결제하는 방식이 있으며, cash, credit card, charge it to my room으로 대답할 수 있다.

1순위는 무조건 바다! 비치사이드 리조트

온 가족이 즐기는 물놀이 천국

제이 파크 아일랜드 리조트&워터파크

J Park Island Resort & Waterpark

세부 유일한 워터파크로 등장부터 센세이션을 일으켰던 임페리얼 팰리스가 제이 파크로 새로 태어났다. 총 객실 수가 556개에 달하며 기본적인 디럭스룸부터 스위트룸, 풀 빌라까지 갖추고 있어 허니무너부터 가족, 회사 단체까지 다양한 숙박 군을 커버한다. 거실이 넓고 미니 주방을 가지고 있는 스위트룸은 가족 여행자들에게, 개인 수영장과 자쿠지를 갖춘 풀 빌라는 오붓한 시간을 보내고픈 커플에게 인기가 높다.
제이 파크하면 뭐니 뭐니 해도 물놀이! 3개의 초대형 슬라이드와 파도 풀, 유수 풀, 키즈 풀까지 보유하고 있으며, 바로 앞 바다에서는 스노클링 등 다양한 워터 스포츠를 즐길 수 있다.
키즈 클럽, 쿠킹 클래스 등 하루 종일 놀아도 지루할 틈이 없는 엔터테인먼트와 '세부 고즈 컬리너리 2014Cebu Goes Culinary' 대회 종합우승에 빛나는 8개의 레스토랑을 갖추고 있어 특별한 일정 없이 리조트만 즐기기도 바쁘다. 본관 맞은편에 어른들을 위한 놀이터 카지노가 제법 웅장한 규모로 들어서 있다. 남녀노소를 위한 다양한 부대시설로 유독 부모, 자식, 손자 3대가 함께 휴가를 즐기는 가족들이 많이 보인다.

Data **지도** 173p-G
가는 법 막탄 세부 국제공항에서 차로 약 20분 소요
주소 M.L. Quezon Highway, Brgy, Maribago, Lapu-lapu City, Mactan, Cebu
전화 032-494-5000
가격 디럭스룸 11,050페소~
홈페이지 www.jparkislandresort.com

Tip 아얄라 센터와 SM 시티까지 무료 셔틀버스를 운영하고 있어 세부 시티 나들이에 편리하다.

유니크한 멋이 느껴지는

뫼벤픽 호텔 Mövenpick Hotel

막탄 섬에서 보기 힘든 22층의 고층 건물로 가슴 뻥 뚫리는 전망과 수준 높은 리조트 시설, 밤에 더 예쁜 스타일리시한 수영장을 자랑한다. 힐튼 호텔을 2011년 스위스에 본사를 둔 뫼벤픽 그룹이 인수하면서 리노베이션을 거쳐 더 세련되게, 더 우아하게 재탄생했다. 기본적인 디럭스룸부터 투 베드 스위트룸까지 245개의 룸을 보유하고 있으며, 장기 체류자를 위한 레지던스도 함께 운영하고 있다.

뫼벤픽에서만 볼 수 있는 독특한 객실은 바로 이비자 로프트. 21층과 22층을 함께 사용하는 복층구조이며, 위층에는 월풀 욕조가 있는 넓은 거실, 아래층에는 2개의 침실을 갖춘 펜트하우스로 주로 부유한 현지인들이 파티를 벌이는 사교 공간이다. 뫼벤틱에서 꼭 해야 하는 한 가지가 있다면 바로 커피 마시기. 로비 라운지에 있는 웅장한 커피머신은 이탈리아 장인 빅토리아 아르뒤노가 한 땀 한 땀 수작업으로 만든 전 세계 딱 2대 밖에 없는 아주 특별한 커피머신으로 나머지 하나는 프란치스코 교황이 살고 있는 바티칸에 있다. 깊은 풍미가 담긴 커피로 하루를 시작하는 것만으로도 휴가가 더 스페셜해진다.

Data **지도** 173p-C **가는 법** 막탄 섬 북동쪽. 막탄 세부 국제공항에서 차로 약 15분 소요
주소 Punta Engaño Road, Lapu-lapu City, Mactan, Cebu **전화** 032-492-7777
가격 디럭스룸 7,000페소~ **홈페이지** www.moevenpick-hotels.com

이건 특급 해변이야~

블루워터 마리바고 비치 리조트 Bluewater Maribago Beach Resort

필리핀 전통 가옥 형태로 지어진 리조트로 친환경적인 분위기다. 손 뻗으면 닿을 듯이 가까운 거리에 긴 화이트 샌드가 길게 펼쳐진 알레그라도 섬Alegrado Island이 있다. 수영을 하거나 작은 보트를 이용해 갈 수 있다. 특별히 할 것은 없지만 아무도 없어 자연의 경치와 함께 휴식을 취하기 좋다. 연인과 간단한 스낵과 맥주를 사들고 나들이 가면 무척 낭만적이다. 로비 건물 뒤쪽에 있는 연못에는 상어가 유유히 헤엄치는 것이 인상적인데 매일 오후 4시 상어 먹이 주는 모습을 구경할 수 있다. 3개의 수영장과 넉넉한 크기의 해변으로 물놀이를 즐기기도 손색이 없으며, 조식이 훌륭한 알레그로와 시푸드 레스토랑 코브 등 먹는 즐거움까지 더해 특급 칭찬이 아깝지 않은 리조트이다.

Data **지도** 173p-G **가는 법** 막탄 세부 국제공항에서 차로 약 20분 소요
주소 Buyong Maribago, Lapu-lapu City, Mactan, Cebu **전화** 032-492-0100
가격 디럭스룸 12,500페소~, 로열 방갈로 30,000페소 **홈페이지** www.bluewatermaribago.com.ph

Tip 블루워터 마리바고 비치 리조트와 독점 계약을 맺고 예약을 진행하고 있는 '더 세부 스타일 투어'에서는 다양하고 저렴한 패키지를 선보인다. 부대시설을 이용할 수 있는 선불카드를 판매하고 있어 리조트에서 많은 시간을 보낼 사람이라면 고려해볼 만하다.
더 세부 스타일 투어 cafe.naver.com/thecebustyletour

어느 귀족의 저택에서의 하룻밤

코스타벨라 트로피컬 비치 리조트

Costabella Tropical Beach Resort

마리바고 지역 안쪽에 숨어 있는 리조트. 이런 곳에 리조트가 있나 생각이 들 정도로 한적한 현지 마을을 지나면 나오는 코스타벨라는 입구부터 귀족의 별장에 초대받은 듯한 느낌이 든다. 크지 않은 규모에 스페인풍이 가미된 건물과 정원이 키 큰 야자수와 어우러져 있으며, '아름다운 해안'이라는 이름처럼 눈부신 바다를 품고 있다. 오래되어 낡은 시설이 단점이었지만 신관 구축과 리노베이션을 통해 극복하고 있다. 슈피리어룸과 프리미어룸은 신관에 있고, 디럭스룸은 구관과 신관 둘 다에 위치하고 있는데 미리 고를 수 없고 복불복이다. 빡빡한 일정 없이 조용한 리조트에서 무한 휴식을 취하고 싶은 사람에게 추천한다.
리조트 내 2개의 레스토랑을 갖추고 있으며, 음식이 맛있다는 호평을 받고 있다. 특히 라 마리나 레스토랑의 '코스타 버거'는 리조트 홍보 담당자가 적극 추천하는 메뉴. 리조트에서 운영하는 호핑 투어를 이용하면 해변에서 바로 출발하여 이동 시간을 줄일 수 있다. 가장 아름다운 스노클링 포인트인 날루수안 호핑 투어 가격도 1,960페소로 저렴한 편이다.

Data 지도 173p-G
가는 법 막탄 섬. 블루워터 마리바고 비치 리조트에서 메인 로드 안쪽으로 들어와 있음. 도보 20분
주소 Buyong, Lapu-lapu City, Mactan, Cebu
전화 032-238-2700
가격 슈피리어룸 8,000페소, 비치 프런트 스위트룸 14,000페소
홈페이지 www.costabellaresort.com

거품 쏙 뺀 센스만점 리조트
비 리조트 Be Resort

상큼 발랄함이 톡톡 터지는 스파클링 와인 같은 부티크 리조트. 모던한 오렌지색 건물에 163개의 룸을 갖추고 있는데, 디럭스와 슈피리어 같은 일반적인 룸 이름이 아닌 '비 쿨Be Cool', '비 시크Be Chic', '비 클래시Be Classy'로 부른다. 가든 뷰를 가진 쿨룸과 수영장과 바다가 보이는 시크룸은 퀸 사이즈 베드를 2개나 갖추고 있어 아이와 혹은 친구들끼리 여행하기에 좋다. 가장 높은 카테고리인 클래시룸은 킹 사이즈 베드와 욕조를 갖추고 있으며, 탁 트인 오션 뷰를 자랑한다. 컬러풀한 내부는 미국 라스베이거스에서 열린 호텔 엑스포에서 '베스트 객실 디자인 상'을 수상했다. 고급 리조트의 가격이 부담스럽고 시설은 좋은 중간급 리조트를 찾는다면 비 리조트가 제격이다.

Data 지도 173p-D
가는 법 막탄 섬 뫼벤픽 호텔 옆에 위치. 막탄 세부 국제공항에서 차로 약 15분 소요
주소 Punta Engaño Road, Lapu-lapu City, Mactan, Cebu
전화 032-236-8088
가격 비 쿨 6,844페소~
홈페이지 www.beresorts.com

한적하게 휴식을 취하기 좋은
화이트 샌드 리조트&스파 White Sands Resort&Spa

가격 대비 만족도가 높은 중급 리조트. 헤리티지 윙, 코트야드 윙, 마부하이 윙으로 나눠져 있으며, 연못과 정원이 아기자기하게 꾸며져 있다. 헤리티지와 코트야드에 있는 방들은 동양적인 느낌이 강하고, 마부하이는 8층짜리 건물로 조금 더 모던하며 전망이 좋다. 건물 옥상에 루프 톱 바를 오픈해 반짝이는 막탄 섬의 옹기종기한 불빛과 함께 칵테일을 즐길 수 있다. 전용 해변과 2개의 수영장을 가지고 있으며, 규모가 작아 굳이 데이 트립으로 찾을 필요는 없다. 객실 수에 비해 부지가 넓어 조용한 편이며, 시설은 낡았지만 깨끗하게 관리되어 있다.

Data 지도 173p-G
가는 법 블루워터 마리바고 비치 리조트에서 도보 5분
주소 Maribago Beach, Lapu-lapu City, Mactan, Cebu **전화** 032-268-9000
가격 디럭스룸 4,875페소~
홈페이지 www.whitesands.com.ph

휴양과 도시 두 마리 토끼 잡는 세부 시티 호텔

파란색이 주는 럭셔리한 행복

래디슨 블루 세부 Radisson Blu Cebu

그냥 래디슨이 아니다. 래디슨 계열 중 특급호텔에만 붙는 블루 등급을 획득한 5성급의 럭셔리함과 섬세한 서비스를 갖췄다. 로비에 위치한 레스토랑 페리아는 마르코 폴로 플라자 세부 뷔페와 함께 세부 시티에서 알아주는 뷔페 레스토랑으로 주말엔 예약을 해야 할 정도로 인기가 많다. 필리핀 음식과 인터내셔널 푸드를 취급하며, 특히 훌륭한 디저트 셀렉션으로 여자들의 사랑을 받고 있다. 크지는 않지만 기분 내기는 충분한 수영장과 스파를 갖추고 있다. 객실의 90%를 차지하는 슈피리어룸은 모던한 인테리어가 돋보이며 다른 숙소들의 디럭스룸을 넘어선 수준. 객실에 여유가 있다면 레이트 체크아웃을 무료로 해준다. SM 시티와 바로 연결돼 있어 쇼핑과 다이닝, 엔터테인먼트에 폭넓은 선택권을 가질 수 있는 것이 최고의 장점. 페리 터미널과 가까워 보홀 여행을 다녀오기도 편리하다.

Data **지도** 176p-J
가는 법 SM 시티 옆에 위치.
막탄 세부 국제공항까지 차로 약 40분 소요
주소 Serging Osmena Boulevard, Corner Juan Luna Avenue, Cebu City, Cebu
전화 032-402-9900
가격 슈피리어룸 5,500페소~
홈페이지 www.radissonblu.com

Tip 선 베드에서 마냥 늘어지는 휴양도, 스타일리시한 도시 라이프도 포기할 수 없는 당신은 욕심쟁이 우후훗. 바다는 호핑 투어와 데이 트립으로 커버하고, 세부 시티에 머무르면서 다이나믹한 세부를 느껴보자. 수많은 레스토랑과 마사지 숍, 쇼핑몰, 문화유산이 즐비해 한순간도 지루할 틈을 주지 않는다.

로맨틱한 감성이 충족되는 곳

마르코 폴로 플라자 세부 Marco Polo Plaza Cebu

세부 시티 내 위치하면서 번잡함을 피하고 싶다면 마르코 폴로는 최상의 선택. 톱스 전망대가 있는 부사이 힐 초입에 위치하여 아름다운 전망을 자랑하는 특급호텔이다. 앞쪽으로는 세부 시티와 바다가, 뒤쪽으로는 푸른 산이 펼쳐진다. 디럭스룸은 뷰를 지정할 수 없으며, 그랜드 디럭스룸부터 스위트룸까지는 오션 뷰와 마운틴 뷰 중 선택할 수 있다. 로비에 있는 레스토랑은 세부에서 손꼽히는 뷔페 레스토랑이며, 24층에 위치한 블루 바는 세부의 야경을 감상할 수 있는 로맨틱한 명소로 유명하니 꼭 한번 들려보자.

Data **지도** 176p-B
가는 법 라훅 부사이 힐 아래 니벨 힐에 위치. 막탄 세부 국제공항에서 차로 약 1시간 소요
주소 Cebu Veterans Drive, Nivel Hills, Apas Cebu City, Cebu
전화 032-253-1111
가격 마운틴 뷰 디럭스룸 3,700페소~
홈페이지 www.marcopoloplazacebu.com

필리핀 최초의 카지노 타이틀의 가진

워터프런트 호텔&카지노 Waterfront Hotel&Casino

라훅 지역 IT 파크 맞은편에 위치한 카지노 호텔이다. 필리핀 최초의 카지노이자 세부 최대의 카지노를 갖추고 있어 게임을 즐기는 사람이 아니더라도 한번 들러볼 만하다. 유럽의 고성을 연상시키는 외관이 인상적이며 로비 역시 호화스럽다. 다른 호텔에서 찾아보기 힘든 큰 규모의 쇼핑과 다이닝 구역을 갖추고 있다. 화려한 겉모습에 비해 객실은 베이직하고 낡은 편. 겜블러 위주 정책이다 보니 금연실에서도 담배 냄새가 날 때가 있는데 말하면 룸을 교체해준다.

Data **지도** 176p-B
가는 법 IT 파크 맞은편
주소 Salinas Drive, Lahug, Cebu City, Cebu
전화 032-232-6888
가격 디럭스룸 4,500페소~
홈페이지 www.waterfronthotels.com.ph

가격, 위치, 시설 모두 똑 부러진

퀘스트 호텔 Quest Hotel

2012년에 지어진 현대적인 감각이 돋보이는 비지니스 호텔이다. 10만원 미만의 저렴한 가격에 수영장과 레스토랑, 바, 헬스장 등을 이용할 수 있고, 식도락과 쇼핑을 책임지는 아얄라 센터와도 걸어서 5분 거리에 있어 실용성으로 인정받는 곳이다. 빠른 SNS 업로드가 가능한 와이파이는 작지만 큰 행복. 디럭스와 스위트룸이 있으며, 베이지톤의 인테리어가 안락한 느낌을 준다. 7층에 작은 수영장이 있어 도심 속의 여유도 맛볼 수 있다. 막탄 섬의 크림슨 리조트와 같은 계열사로 크림슨 데이 트립 이용 시 할인받을 수 있으며 셔틀버스를 운영하고 있다. 굳이 리조트에 큰 비중을 두지 않는 사람이라면 퀘스트에 묵으면서 시티 라이프를 즐기고, 크림슨 데이 트립과 호핑 투어 등으로 물놀이를 즐기는 것도 괜찮겠다.

Data 지도 176p-F
가는 법 아얄라 센터에서 도보 5분
주소 Archbishop Reyes Avenue, Cebu City, Cebu
전화 032-402-5999
가격 디럭스룸 5,700페소~
홈페이지 www.questhotels.com

스쿠버 다이빙이 목적이라면

뉴 그랑 블루 New Grand Bleu

세부를 대표하는 한인 다이빙 숍 뉴 그랑 블루에서 운영하는 숙소이다. 리조트와 풀 빌라 두 가지 타입이 있다. 리조트는 막탄 섬 바다 앞에 있어 다이빙을 나가기 편리하다. 풀 빌라는 세부 시티 바닐라드에 위치해 시티 라이프와 다이빙 둘 다 잡을 수 있다. 리조트는 스탠더드, 디럭스, 스위트룸으로 나뉜다. 풀 빌라는 도미토리와 2인과 3인실로 나눠져 있으며, 모든 방에 욕실을 갖추고 있다. 천혜의 바다를 가진 세부는 다이버들의 천국이다. 물이 따듯하고 시야가 탁 트여 초보자들이 다이빙을 배우기도 좋아 매년 세부를 찾는 사람들이 늘고 있다. 뉴 그랑 블루는 이런 다이버들을 위해 최적화된 숙소이다. 낮에는 함께 다이빙을 나가고 저녁에는 다 같이 술 한잔 기울이다 보면 친해지는 것은 당연지사. 혼자라도 부담 없는 것도 장점이다.

Data **지도** 173p-D, 177p-C
가는 법 리조트: 비 리조트 오른 편에 위치, 풀 빌라: 세부 시티 바닐라드 A.S 포츄나 스트리트 북쪽
주소 리조트: Palm beachresort, Punta Enagano, Mactan, Cebu, 풀 빌라: Maria Luisa Paseo Annabelle, Banilad, Cebu City, Cebu **전화** 0917-321-8282
카카오톡 newgrandbleu
가격 리조트: 스탠더드 60달러, 풀 빌라: 도미토리 25달러, 2인실 60달러
홈페이지 www.cebutour.co.kr

03

보홀
BOHOL

세부에 이어 보홀의 시대가 열렸다.
때 묻지 않은 천혜의 자연 속
그림 같은 해변들이 숨어 있다.
눈이 달콤해지는 초콜릿 힐과 세상에서
가장 작은 타르시어 원숭이를 만날 수
있는 보물섬이며, 한적한 에메랄드 빛
바다에서 여유롭게 휴양을 즐길 수 있어
여행자들의 관심이 쏟아지고 있다.
아직 개발이 많이 되지 않아
자연 그대로 아름다운 모습을 간직한
열대천국 보홀. 오래도록 이대로 있어주길!

Bohol
PREVIEW

보홀은 필리핀에서 10번째로 큰 섬으로 보홀 본섬과 팡라오 섬을 합쳐서 부르는 말이다. 두 섬은 다리로 이어져 있으며 여행자들은 대부분 팡라오 섬의 알로나 비치로 몰린다. 보홀 섬의 중심도시 탁빌라란과 차로 40분 정도 떨어져 있는 팡라오 섬은 아름다운 해변이 많고 한적해 휴양을 즐기기에 안성맞춤. 하지만 본섬에도 놓치기 아까운 볼거리들이 많으니 꼭 돌아보도록 하자.

ENJOY

아직도 보홀을 세부 여행에 곁다리로 가는 일일 여행지로 인식하고 있다면 큰 오산! 대표 명소 초콜릿 힐을 돌아볼 수 있는 육상 투어와 돌고래 점프를 바로 눈앞에서 볼 수 있는 해상 투어가 잘 발달되어 있다. 필리핀 최고의 수중 환경을 갖춘 발리카삭 섬과 수만 마리의 반딧불이 크리스마스트리처럼 빛나는 모습 등 보홀의 자연스러운 매력을 둘러보기에는 하루로 턱도 없다.

EAT

탁빌라란과 알로나 비치를 제외하고는 딱히 먹을 만한 곳이 마땅치 않다. 알로나 비치 주위로는 바비큐와 다양한 국적의 음식들이 넘쳐나며, 탁빌라란에는 쇼핑몰들을 중심으로 유명 프랜차이즈들을 만나볼 수 있다.

BUY

특별히 쇼핑할 곳은 없지만 알로나 비치 주위 상점들은 웬만큼 필요한 생필품은 거의 다 갖추고 있다. 차로 5분 거리에 재래시장 팡라오 퍼블릭 마켓이 위치하니 둘러보면 소소한 재미를 발견할 수 있을 것이다. 탁빌라란으로 나가면 보홀에서 가장 큰 아일랜드 시티 몰과 접근성이 좋은 BQ 몰이 있다. 오가는 시간을 절약하기 위해 도착 첫날 BQ 몰에서 장을 보고 들어가는 사람들이 많다.

SLEEP

여행객 대부분은 팡라오 섬 알로나 비치 근처에 머무른다. 탁빌라란에 더 저렴한 숙소들이 많지만 액티비티를 위해 알로나 비치까지 오가는 교통비와 시간을 따지면 거기서 거기다. 팡라오 섬은 5성급 리조트부터 로지 스타일까지 다양한 숙소를 갖추고 있다. 알로나 비치 로드에 위치한 숙소들은 평범한 시설에 비해 비범한 가격대를 가지고 있으니 참조하자.

Bohol
BEST OF BEST

놓칠 수 없는 경험이 가득한 보홀. 발걸음을 옮길 때 마다, 눈을 돌릴 때 마다 경이로운 자연의 아름다움이 펼쳐진다. 보홀에서 꼭 누려야할 자연이 주는 선물을 소개한다.

볼거리 BEST 3

눈이 달콤한 초콜릿 힐

세상에서 가장 작은 원숭이를 볼 수 있는 타르시안 원숭이 보호구역

환상적인 물 속 세상, 발리카삭 섬 수중 절벽

먹을거리 BEST 3

육해공 모두 섭렵하는 바비큐

귀하디 귀하다는 참치 턱살구이

직접 기른 유기농 재료로 만든 벌꿀 아이스크림

투어 BEST 3

보홀의 속살을 들여다보는 육상 투어

눈앞에 돌고래가! 돌핀 왓칭 투어

반짝반짝 신비로운 반딧불 투어

Bohol
GET AROUND

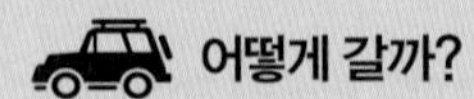

어떻게 갈까?

1. 항공

2017년 취항했던 보홀 직항이 아쉽게도 2019년 3월 단항되었다. 항공을 이용하고 싶다면 마닐라에서 보홀 행으로 갈아타야 한다. 한국에서 마닐라까지는 약 4시간, 마닐라에서 보홀까지는 약 1시간이 걸린다. 오전에 출발하는 비행기를 타면 오후 4시 전에 보홀에 닿을 수 있다. 마닐라 국제공항은 3개의 국제선 터미널과 국내선 터미널로 이루어져 있다. 규모가 굉장히 큰데다 복잡하니 환승 시간을 넉넉히 잡도록 하자.

주요 터미널과 이용 항공사

주요 터미널	이동 항공사
터미널 1NAIA 1	대한항공, 아시아나항공, 제주항공 등 외국항공사
터미널 2Centeniel	필리핀 에어 전용 터미널(국내선, 국제선 모두 운영)
터미널 3NAIA 3	세부 퍼시픽, 에어 필리핀 등
터미널 4Old Domestic	에어 아시아 제스트, 씨에어 등

※터미널 변동이 있을 수 있으니 탑승 전 다시 한번 확인하자.

2. 페리

보홀을 가는 가장 흔한 방법은 세부에서 배를 타고 이동하는 것이다. 세부 시티에서 페리호를 타고 1시간 30분이면 닿을 수 있는 자그마한 섬으로 아름다운 해변과 자연 환경을 갖고 있어 세부와 연계한 여행지로 인기가 높다. 페리 회사는 오션 젯, 슈퍼 캣 두 곳이 있다. 출발하는 부두Pier가 다르니 주의하자. 요금은 왕복 500~1,000페소 정도. 웹사이트와 티켓 부스에서 종종 할인 프로모션이 펼쳐지니 체크는 필수. 짐이 있다면 짐 붙이는 비용 50~100페소가 추가된다. 직접 부두에 가서 구입하거나 웹사이트, 쇼핑몰에 있는 대리점에서 예매 가능하다. 주말이나 성수기에는 원하는 시간이 매진되기도 하니 미리 예매해두는 것이 좋다. 영어 울렁증이 있는 사람들을 위해 소정의 수수료를 받고 대행 구매를 해주는 한인 여행사도 많다.

페리	구간	시간
세부 → 보홀	오션 젯	5:10, 6:00, 7:00, 8:00, 8:20, 9:20, 10:40, 11:40, 13:00, 14:00, 15:20, 16:20, 17:40, 18:40
	슈퍼 캣	5:50, 8:15, 11:00, 13:15, 15:35, 18:00

페리	구간	시간
보홀 → 세부	오션 젯	6:00, 7:05, 8:20, 9:20, 10:40, 11:40, 13:00, 14:00, 15:20, 16:00, 16:20, 17:00, 17:40, 18:30
	슈퍼 캣	5:50, 8:15, 11:00, 13:15, 15:35, 17:50

※스케줄은 변동될 수 있으니 각 회사 홈페이지에서 확인할 것.

오션 젯 www.oceanjet.net **슈퍼 캣** www.supercat.com.ph

대행 여행사 보홀 자유여행 부코투어 cafe.naver.com/bukotour

어떻게 다닐까?

보홀은 크게 두 부분으로 나뉜다. 보홀 섬의 중심도시 탁빌라란과 알로나 비치가 있는 팡라오 섬. 페리 선착장은 탁빌라란에 위치하고 있으며, 알로나 비치까지는 차로 약 40분 정도 걸린다. 페리에서 내리면 수많은 택시와 트라이시클의 호객행위가 시작된다. 알로나 비치까지 택시는 500페소, 트라이시클은 300페소 정도로 세부와 비교해보았을 때 말도 안 되게 비싸지만 항구에서는 이정도가 정가이다. 돈을 아끼고 싶다면 20페소를 주고 근처에 있는 BQ 몰까지 간 후 장을 보고 BQ 몰 앞에서 트라이시클을 타면 200~300페소에 갈 수 있다.

1. 트라이시클

오토바이 택시. 보홀 여행자들의 메인 교통수단. 팡라오 섬 내에서는 택시가 없어 탁빌라란으로 나오려면 트라이시클을 타야 한다. 덜컹거리는 등 약간의 불편함은 있지만 필리핀 현지 체험에 이것만큼 좋은 것도 없다. 거리상 측정되며 짧은 거리는 50페소 정도. 알로나 비치 내에서 이동은 기본 100페소부터 시작한다.

2. 오토바이

'하발하발'이라는 귀여운 이름으로 불리는 3인승 오토바이. 알로나 비치와 항구 근처에 엄청 많은 호객꾼이 있다. 하발하발을 잘 이용하면 보홀 구석구석을 트라이시클 반값 정도의 저렴한 가격으로 돌아다닐 수 있다. 오토바이 타는 여건이 좋으므로 운전할 수 있다면 렌트해서 자유롭게 돌아다니는 것도 괜찮다.

3. 택시

탈빌라란에만 있는 미터 요금제 택시. 팡라오 섬으로 들어갈 시 추가요금이 붙는다. 개인 자동차로 택시 영업을 하는 사설 택시들도 많은데, 4시간에 1,500페소 정도로 원하는 시간만큼 빌려 투어를 다닐 수 있다. 운이 좋으면 전문 가이드 뺨치게 보홀에 빠삭한 입담 좋은 기사를 만날 수 있다.

Bohol
FOUR FINE DAYS IN

명소들을 둘러보는 육상 투어에 하루, 신비로운 체험을 할 수 있는 해상 투어로 하루를 보내니 기본 2박은 필수. 여기에 알로나 비치에서 여유로움까지 즐겨줘야 제대로 보홀을 여행했다 할 수 있다. 보홀 섬에 발을 들이는 순간부터 알차게 보낼 수 있는 3박 4일 코스를 소개한다.

12:00
STK에서 참치 턱살구이
도전!

14:00
BQ 몰에 짐 맡기고
버즈 스파 깨알같이 즐기기

16:20
굿 바이 보홀~
세부로 돌아가기

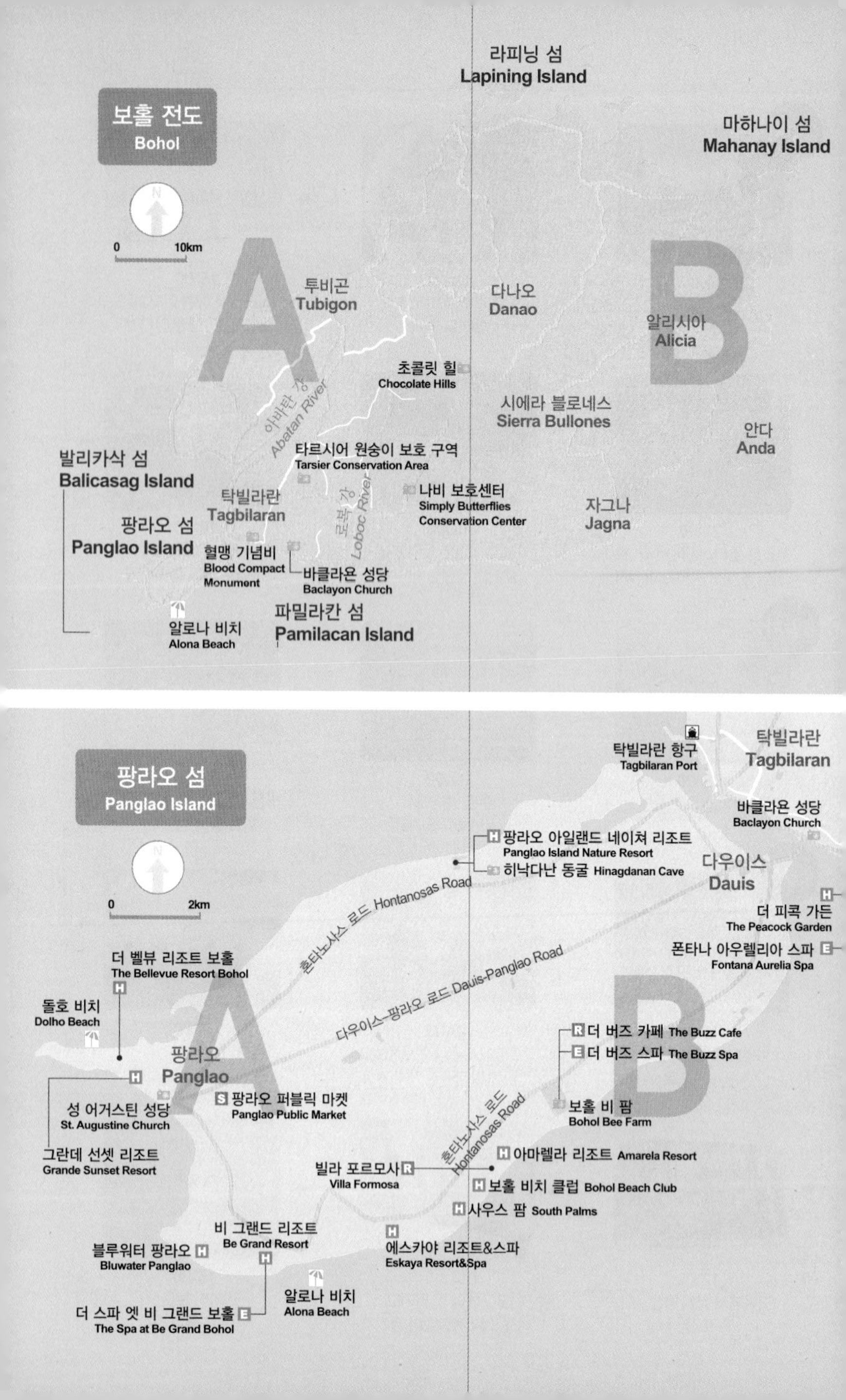

보홀 전도
Bohol
0 10km
라피닝 섬
Lapining Island
마하나이 섬
Mahanay Island
A
B
투비곤
Tubigon
다나오
Danao
알리시아
Alicia
초콜릿 힐
Chocolate Hills
아바탄 강
Abatan River
시에라 블로네스
Sierra Bullones
안다
Anda
타르시어 원숭이 보호 구역
Tarsier Conservation Area
발리카삭 섬
Balicasag Island
탁빌라란
Tagbilaran
로복 강
Loboc River
나비 보호센터
Simply Butterflies
Conservation Center
자그나
Jagna
팡라오 섬
Panglao Island
혈맹 기념비
Blood Compact
Monument
바클라욘 성당
Baclayon Church
파밀라칸 섬
Pamilacan Island
알로나 비치
Alona Beach
팡라오 섬
Panglao Island
0 2km
탁빌라란 항구
Tagbilaran Port
탁빌라란
Tagbilaran
바클라욘 성당
Baclayon Church
팡라오 아일랜드 네이쳐 리조트
Panglao Island Nature Resort
히낙다난 동굴 Hinagdanan Cave
다우이스
Dauis
혼타노사스 로드 Hontanosas Road
더 피콕 가든
The Peacock Garden
폰타나 아우렐리아 스파
Fontana Aurelia Spa
다우이스-팡라오 로드 Dauis-Panglao Road
더 벨뷰 리조트 보홀
The Bellevue Resort Bohol
돌호 비치
Dolho Beach
A
B
더 버즈 카페 The Buzz Cafe
더 버즈 스파 The Buzz Spa
팡라오
Panglao
성 어거스틴 성당
St. Augustine Church
팡라오 퍼블릭 마켓
Panglao Public Market
보홀 비 팜
Bohol Bee Farm
혼타노사스 로드
Hontanosas Road
그란데 선셋 리조트
Grande Sunset Resort
아마렐라 리조트 Amarela Resort
빌라 포르모사
Villa Formosa
보홀 비치 클럽 Bohol Beach Club
사우스 팜 South Palms
비 그랜드 리조트
Be Grand Resort
블루워터 팡라오
Bluwater Panglao
에스카야 리조트&스파
Eskaya Resort&Spa
알로나 비치
Alona Beach
더 스파 엣 비 그랜드 보홀
The Spa at Be Grand Bohol

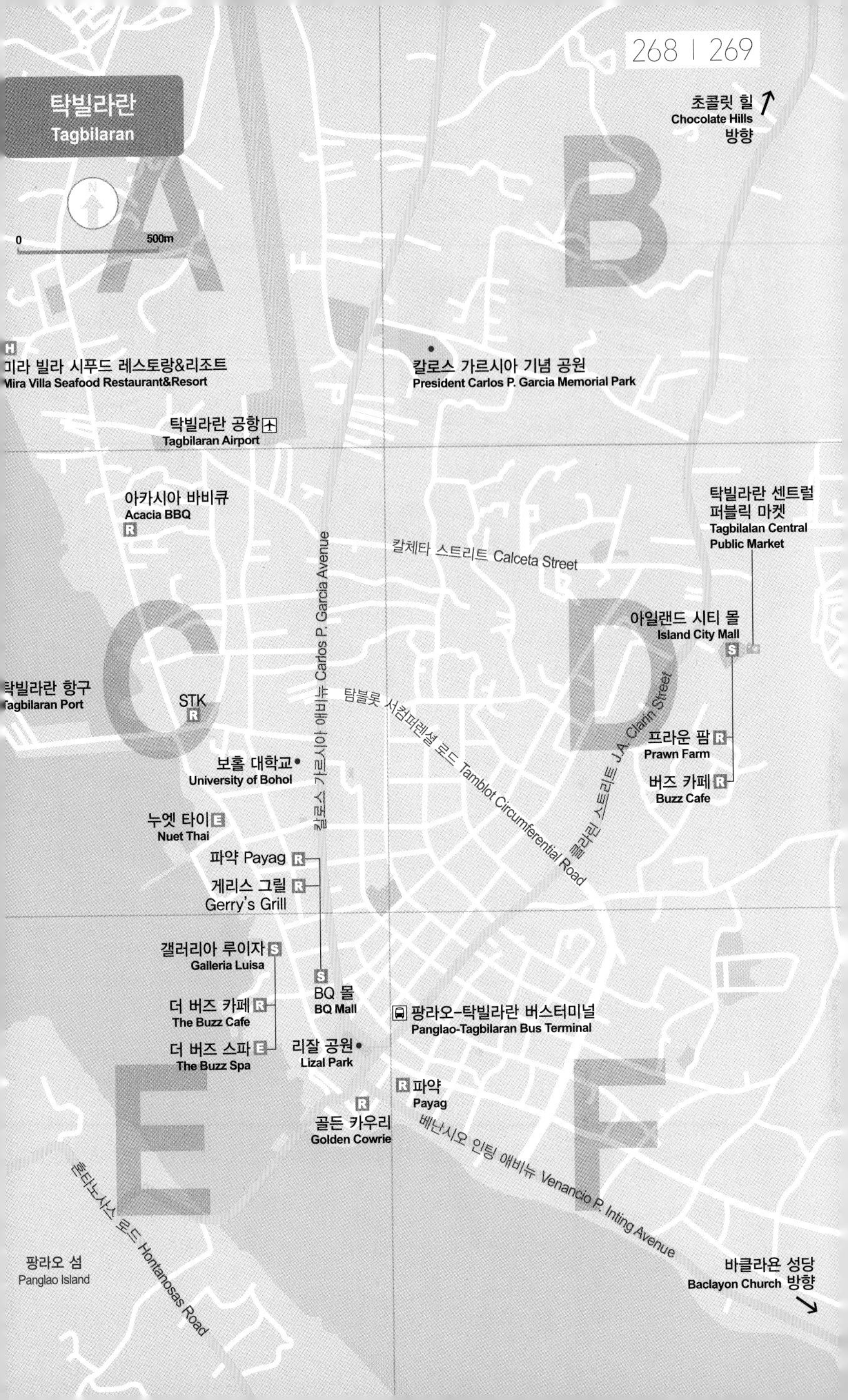

탁빌라란
Tagbilaran

0 500m

A B C D E F

초콜릿 힐 Chocolate Hills 방향

미라 빌라 시푸드 레스토랑&리조트
Mira Villa Seafood Restaurant&Resort

칼로스 가르시아 기념 공원
President Carlos P. Garcia Memorial Park

탁빌라란 공항
Tagbilaran Airport

아카시아 바비큐
Acacia BBQ

칼체타 스트리트 Calceta Street

탁빌라란 센트럴 퍼블릭 마켓
Tagbilalan Central Public Market

아일랜드 시티 몰
Island City Mall

칼로스 가르시아 애비뉴 Carlos P. Garcia Avenue

탁빌라란 항구
Tagbilaran Port

STK

탐블롯 서컴퍼렌셜 로드 Tamblot Circumferential Road

클라린 스트리트 J.A. Clarin Street

프라운 팜
Prawn Farm

보홀 대학교
University of Bohol

버즈 카페
Buzz Cafe

누엣 타이
Nuet Thai

파약 Payag

게리스 그릴
Gerry's Grill

갤러리아 루이자
Galleria Luisa

BQ 몰
BQ Mall

더 버즈 카페
The Buzz Cafe

팡라오-탁빌라란 버스터미널
Panglao-Tagbilaran Bus Terminal

더 버즈 스파
The Buzz Spa

리잘 공원
Lizal Park

파약
Payag

골든 카우리
Golden Cowrie

베난시오 인팅 애비뉴 Venancio P. Inting Avenue

혼타노사스 로드 Hontanosas Road

팡라오 섬
Panglao Island

바클라욘 성당
Baclayon Church 방향

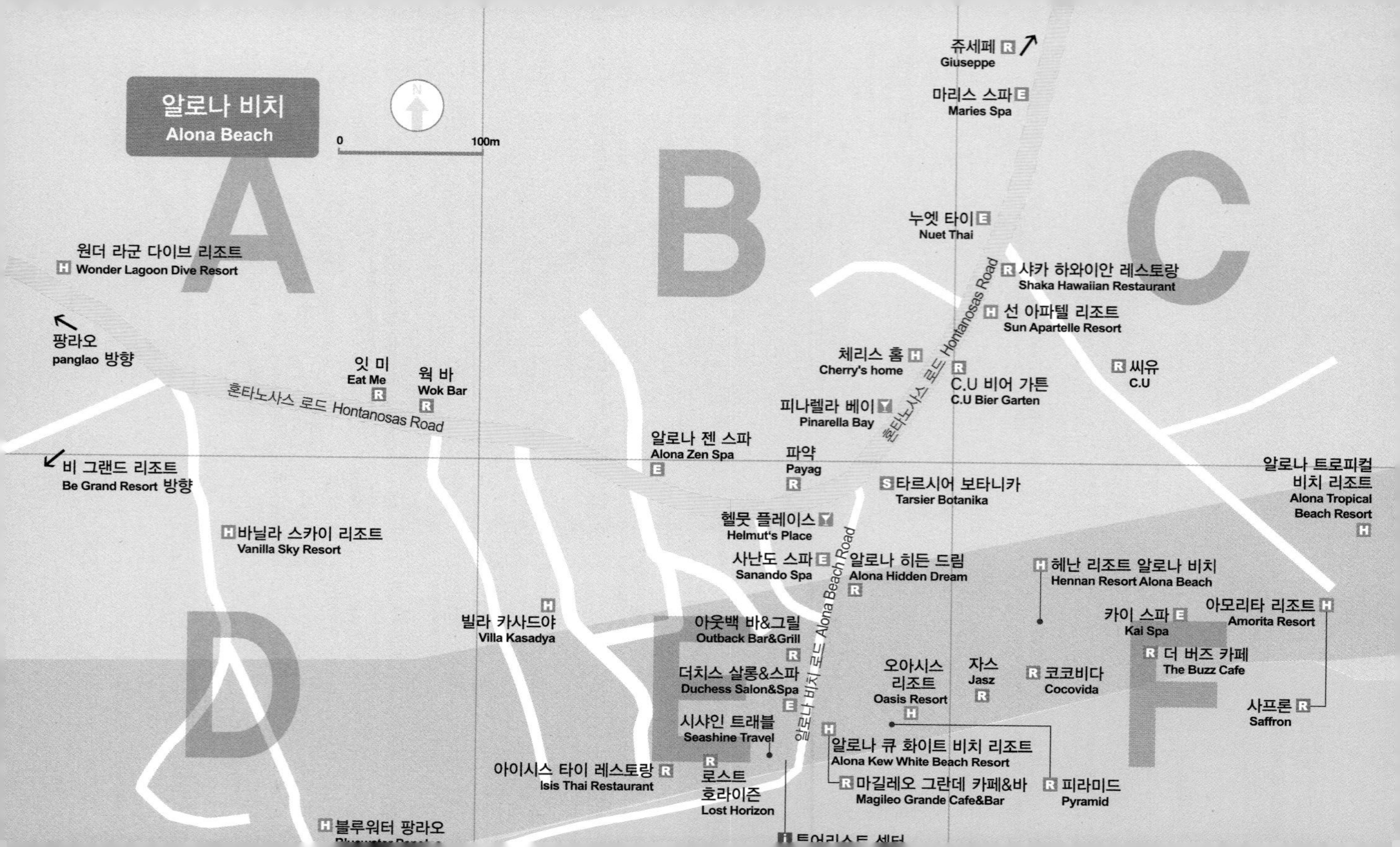

알로나 비치
Alona Beach
0
100m
A
B
C
D
E
F
쥬세페 Giuseppe
마리스 스파 Maries Spa
누엣 타이 Nuet Thai
샤카 하와이안 레스토랑 Shaka Hawaiian Restaurant
선 아파텔 리조트 Sun Apartelle Resort
씨유 C.U
체리스 홈 Cherry's home
C.U 비어 가튼 C.U Bier Garten
피나렐라 베이 Pinarella Bay
혼타노사스 로드 Hontanosas Road
원더 라군 다이브 리조트 Wonder Lagoon Dive Resort
팡라오 panglao 방향
잇 미 Eat Me
웍 바 Wok Bar
비 그랜드 리조트 Be Grand Resort 방향
알로나 젠 스파 Alona Zen Spa
파약 Payag
타르시어 보타니카 Tarsier Botanika
알로나 트로피컬 비치 리조트 Alona Tropical Beach Resort
헬뭇 플레이스 Helmut's Place
바닐라 스카이 리조트 Vanilla Sky Resort
사난도 스파 Sanando Spa
알로나 히든 드림 Alona Hidden Dream
알로나 비치 로드 Alona Beach Road
헤난 리조트 알로나 비치 Hennan Resort Alona Beach
빌라 카사드야 Villa Kasadya
아웃백 바&그릴 Outback Bar&Grill
카이 스파 Kai Spa
아모리타 리조트 Amorita Resort
더 버즈 카페 The Buzz Cafe
더치스 살롱&스파 Duchess Salon&Spa
오아시스 리조트 Oasis Resort
자스 Jasz
코코비다 Cocovida
사프론 Saffron
시샤인 트래블 Seashine Travel
알로나 큐 화이트 비치 리조트 Alona Kew White Beach Resort
아이시스 타이 레스토랑 Isis Thai Restaurant
로스트 호라이즌 Lost Horizon
마길레오 그란데 카페&바 Magileo Grande Cafe&Bar
피라미드 Pyramid
블루워터 팡라오

ENJOY

보홀은 자연의 아름다움이 그대로 간직된 열대의 천국이다. 키세스 초콜릿처럼 보이는 1,200개가 넘는 봉긋한 작은 오름이 모여 있는 초콜릿 힐과 환상적인 수중 세계를 펼쳐주는 발리카삭 섬의 해안 절벽처럼 땅 위와 바다 속 가리지 않고 자연미를 뽐낸다. 로복 강을 따라 열대우림의 강을 체험하는 크루즈와 반딧불 투어 등 다양한 프로그램을 통해 보홀의 진짜 속살을 파고들 수 있다.

보홀 땅과 친해지기

심쿵주의 발령지역

타르시어 원숭이 보호구역 Tarsier Conservation Area

보홀 섬의 마스코트 타르시어 원숭이가 사는 숲이다. 몸길이가 13cm밖에 안 되는 지구상에서 제일 작은 원숭이로 눈이 얼굴의 절반을 차지해 국내에선 안경 원숭이로 불린다. 현지 이름은 '마오막'. 작은 손과 발로 나뭇가지를 꽉 붙잡고 커다란 눈을 끔뻑이는 모습이 무척 앙증맞다. 보홀 섬과 인도네시아에서만 볼 수 있는 타르시아는 현재 개체수가 몇 마리 남지 않은 멸종 위기 동물로 정부의 보호를 받고 있다. 강제로 이주를 시키면 스스로 목숨을 끊을 만큼 환경에 예민하고 스트레스에 약한 동물이니 투어 시 조심해야 한다. 만지는 것은 금물, 야행성 동물이라 낮잠을 깨우지 않도록 조용히 관람해야 하며, 눈이 커 동공이 민감한 만큼 카메라 플래시는 꼭 꺼두도록 하자. 아끼고 사랑하는 만큼 오래 볼 수 있다.

Data **지도** 268p-보홀 전도 A **가는 법** 보홀 섬 로복 지역 위치. 알로나 비치에서 차로 약 1시간 정도 소요
주소 Loay Interior Road, Loboc, Bohol **전화** 타르시어 보호센터 0927-434-9119
운영 시간 08:00~17:00 **가격** 입장료 60페소

Tip **막간으로 산림욕 즐기기! 맨 메이드 포레스트**

타르시어 원숭이 보호구역을 방문한다면 근처에 있는 맨 메이드 포레스트Man Made Forest도 들려보자. 홍수를 방지하기 위해 사람들이 직접 나무를 심었는데 어찌나 울창하고 빽빽한지 인간의 힘은 위대하다는 것을 다시금 깨닫게 해준다. 볼 것은 없지만 그냥 지나치지 말고 한 번 내려 보길 권한다. 고개가 아플 만큼 높게 뻗은 마호가니 나무가 만들어내는 푸른 터널 속 숲 향기에 놀랄 것이다.

Writer's Pick!

달콤쌉싸름한 사랑이 샘솟는
초콜릿 힐 Chocolate Hill

세계문화유산으로 지정된 보홀에서 꼭 봐야할 명물 초콜릿 힐이다. 보홀 섬 한 가운데 키세스 초콜릿 모양의 아담한 산들이 모여 동화 같은 신비한 전경을 선사한다. 아주 먼 옛날 아고로라는 거인이 짝사랑하는 여인 알로야가 죽고 슬픔에 빠져 흘린 눈물이 땅에 닿으면서 초콜릿 힐이 되었다는 전설이 있다. 거인과 초콜릿이 만나 로맨틱한 명소가 된 초콜릿 힐. 전망대로 가는 계단의 수는 총 214개로 연인들이 사랑을 고백하는 밸런타인데이에 맞췄다. 함께 이끌어주며 오르다 보면 사랑이 샘솟지 않고는 못 베길 아름다운 풍경이 나타난다. 전망대에 오르면 거의 일정한 높이와 모양으로 솟아난 1,268개의 원뿔 모양 언덕이 지평선 너머까지 펼쳐져 있는 모습이 장관이다. 우기에는 진한 갈색으로 변해 더욱 초콜릿 같아 보인다.

Data **지도** 268p-보홀 전도 A
가는 법 보홀 섬 카르멘 지역 위치. 알로나 비치에서 차로 약 1시간 정도 소요
주소 Loay Interior Road, Carmen, Bohol
전화 1800-1888-7777
가격 입장료 50페소
운영 시간 08:00~23:30
홈페이지 www.chocolatehills.net

Tip **ATV로 초콜릿 힐 탐험하기**

전망대만 오르는 것보다 더 생생한 경험을 하고 싶다면 ATV나 버기카를 추천한다. 초콜릿 힐 입구 ATV 숍이 있으며, 30분부터 4시간 코스까지 직접 운전하며 초콜릿 힐 구석구석을 볼 수 있다. 내려다보는 모습뿐만 아니라 직접 그 속으로 들어갈 수 있다는 것이 제일 큰 장점. 현지 가이드가 포토 존을 알려주고 원하는 곳에서 언제든지 사진을 찍을 수 있다는 것도 빼놓을 수 없는 매력 포인트! 가장 무난한 1시간짜리 코스는 900페소.

필리핀의 아마존을 탐험하자

로복 강 크루즈 Loboc River Cruise

로복 강은 필리핀의 아마존이라 불릴 만큼 울창한 원시림을 따라 흐르는 보홀 섬에서 가장 큰 강이다. 선상 런치 뷔페와 함께 야자나무가 우거진 경치를 감상하는 로복 강 크루즈 투어는 야성미 넘치는 속살을 가장 잘 들여다 볼 수 있어 인기가 높다. 뷔페는 로컬음식 위주로 꼬치와 볶음누들류가 준비되어 있으며 종류는 별로 없지만 먹을 만하다. 따로 크루즈 시간표 없이 손님이 차면 출발하는데 대부분의 투어가 이곳을 들리기 때문에 오래 기다리지는 않는다.

투어 중간 원주민 마을에 들러 구경을 하거나 어린이 악단이 나와 공연을 펼친다. 함께 기념사진을 찍을 수 있으며, 원주민들을 돕기 위해 50페소나 1달러 정도 기부해야 한다. 오가는 동안 로복 출신 음악가들이 라이브 음악을 들려준다.

Data **지도** 268p-보홀 전도 A
가는 법 보홀 섬 로복 지역 위치. 타르시어 원숭이 보호구역에서 차로 약 15분 정도 소요
주소 Jamili-An, Loboc, Bohol
전화 038-537-9188
운영 시간 10:30~14:00
가격 1인 점심식사 포함 450페소

하나, 둘, 셋, 점프!

로복 어드벤처 파크 Loboc Eco-Tourism Adventure Park

로복 어드벤처 파크에서 운영하는 짚라인은 로복 강 협곡 절벽 한쪽 끝에서 다른 쪽 절벽까지 줄이 연결되어 있으며, 앉아서 타는 것이 아니라 엎드려서 슈퍼맨 포즈로 타 정말 나는 것 같은 느낌이 든다. 아래를 내려다보면 빽빽한 밀림 사이로 굽이굽이 흐르는 로복 강이 보이며 잊지 못할 시원함과 스릴을 선사한다. 건너편으로 갈 때는 짚라인으로 날아가고 돌아올 때는 케이블카를 타고 경치를 즐기며 오는 것을 권한다. 천천히 움직여 사진 찍기 좋다.

Data **지도** 268p-보홀 전도 A
가는 법 보홀 섬 로복 지역 위치. 로복 강 크루즈에서 차로 약 10분 정도 소요
주소 Loay Interior Road, Loboc, Bohol
전화 0922-543-3664
운영 시간 08:30~17:30
가격 왕복 400페소

나비 정원 그 이상

나비 보호센터 Simply Butterflies Conservation Center

나비 몇 마리 날아다니고 박제나 조금 있겠지라는 선입견을 깨고 기대 이상의 즐거움을 주는 곳이다. '나비 정원 그 이상More Than Jst a Butterfly Garden'이라는 슬로건을 내세우며 단순히 아름다운 나비들이 날아다니는 정원이 아니라 유충에서 번데기, 나비가 되는 과정과 짝짓기 등 나비의 일생을 보여준다. 보홀 섬에만 300종류나 되는 개체가 있는데, 이중 절반은 이곳에서 발견했을 만큼 나비에 대한 애착과 열정이 대단하다. 잘 조성되어 있는 정원을 따라 걷다보면 투어 가이드들이 중간중간 한국말을 사용해 재미있게 알려준다.

Data **지도** 268p-보홀 전도 A **가는 법** 초콜릿 힐에서 차로 약 10분 소요
주소 Poblacion, Bilar, Bohol **전화** 038-535-9400
운영 시간 08:00~16:30 **가격** 입장료 40페소
홈페이지 www.boholconservation.com

동과 서의 첫 맹세

혈맹 기념비 Blood Compact Monument

보홀 섬에 상륙한 스페인 총독 레가스피와 당시 추장 시카투나가 맺은 백인과 아시안 사이 최초의 우호 조약을 기리는 기념비이다. 서로의 손목을 칼로 그어 피를 와인에 담아 나눠 마시며 연맹을 다짐하였는데, 동상에 칼로 그은 자국까지 섬세하게 조각되어 있다. 피의 조약이라는 뜻으로 '산두고Sandugo'라고도 부르며, 매년 보홀에서는 산두고 축제가 열린다.

Data **지도** 268p-보홀 전도 A **가는 법** 보홀 섬 탁빌라란 지역 위치. 바클라욘 성당에서 차로 약 3분 소요
주소 Tagbilaran East Road, Tagbilaran City, Bohol **가격** 무료

기쁨과 아픔을 함께 나누는

바클라욘 성당 Baclayon Church

보홀 육상 투어의 필수코스였던 바클라욘 성당. 1596년에 지어져 필리핀의 가장 오래된 성당 중 하나로 추앙받아왔다.

성당 내 박물관에서는 16세기부터 보관된 교회 유품을 볼 수 있다. 로마 카톨릭 양식의 성당으로 산호 가루와 달걀흰자, 코랄 스톤을 섞어 만든 독특한 건축 방식이 인상적이다. 2013년 대지진으로 손상을 입고 대대적인 복구 작업 후 다시 오픈했다.

Data **지도** 268p-보홀 전도 A
가는 법 보홀 섬 바클라욘 지역 위치. 알로나 비치에서 차로 약 40분 소요 **주소** Tagbilaran East Road, Baclayon, Bohol **가격** 입장료 무료, 박물관 50페소

|Theme|

육상 투어 한인 여행사 vs 현지 예약

보홀 섬의 대표 여행지를 돌아보는 1일 투어를 육상 투어land tour라고 한다. 보홀은 필리핀에서 10번째로 큰 섬인데다 관광지가 여기저기 흩어져 있어 하루 날 잡고 육상 투어로 둘러보는 것이 좋다. 어떻게 보홀을 알차게 돌아다닐지 알아보자.

한인 여행사

가장 편리한 방법이다. 많은 세부 여행사들이 보홀 섬을 겸행하고 있으며 대부분 일행끼리만 다니는 개별 투어로 진행된다. 필리핀 운전기사가 가이드 겸 붙으며 한국말을 조금 할 줄 알고 서비스가 좋은 편이다. 쾌적한 차량을 보장할 수 있으며, 혹시 모를 사고에 발 빠르게 대처할 수 있다는 것이 가장 큰 장점이다.

투어 금액에 입장료와 로복 강 크루즈 런치 비용이 포함되어 있으며, 현지 여행사보다 가격은 비싼 편이지만 4인 이상일 경우 크게 차이나지 않는다. 항구에서 픽업하여 숙소에서 데려다 주거나 그 반대로 운영하는 상품도 있으니 첫날이나 마지막 날 이용하면 편리하다.

보홀 자유여행 부코투어 1,000페소~, cafe.naver.com/bukotour
와라 세부 2,700페소~, cafe.naver.com/treeshadespa

현지 예약

현지 예약은 개별과 그룹 여행으로 나뉜다. 개별 여행은 직접 차와 드라이버를 대절하는 방법으로 일행끼리 원하는 시간에 원하는 곳만 돌아볼 수 있는 것이 최대 메리트이다. 중간에 ATV를 타고 초콜릿 힐을 가는 등 일반적인 투어 코스가 아닌 곳을 추가하고 싶다면 개별적으로 차량을 빌리는 것이 좋다. 알로나 비치에는 여행사나 호객꾼들이 많아 어렵지 않게 예약할 수 있다.

금액은 차량의 종류와 코스에 따라 1대당 1,500~2,500페소 정도다. 택시기사와 협상하여 투어하는 방법도 있다. 대중교통인 버스와 지프니를 이용하여 다니는 방법도 있으나 시간 면에서나 효율 면에서나 정말 제대로 된 현지 체험을 하고 싶은 사람이 아니라면 권하지 않는다. 다른 사람들과 함께 여행하는 것이 상관없다면 가장 저렴한 가격으로 육상 투어를 즐길 수 있는 그룹 투어를 추천한다.

대부분 혼자나 둘이 여행하는 다양한 국적의 여행자들이 모여 있어 마음만 먹으면 금세 친구를 만들 수 있다는 장점이 있다. 아침 9시에 시작하여 오후 6시쯤 끝나며 알로나 비치에서 시작해 다 돌아본 후 알로나 비치로 돌아온다. 1인당 400페소로 입장료와 점심식사가 포함되지 않았지만 알로나 비치에서 탁빌라란까지 오가는 택시비만 따져 봐도 엄청나게 저렴한 편이다.

시샤인 트래블 그룹
1인 350페소, 개별 차량 1,800~2,300페소, www.seashinetravelandtours.com, 알로나 비치 입구에 있는 투어 센터에서 예약 가능

보홀 바다와 친해지기

보홀의 대표 해변
알로나 비치 Alona Beach

보홀하면 십중팔구는 알로나 비치를 떠올릴 만큼 보홀을 대표하는 해변이다. 팡라오 섬 남서쪽에 위치한 알로나 비치는 하얀 산호초 가루로 이루어진 백사장과 투명한 바다가 빚어낸 남국의 천국이다. 길이 600m의 아담한 해변을 따라 숙소와 레스토랑, 편의 시설들이 즐비해 있으며, 최고의 다이빙 포인트 발리카삭 섬과 가까워 다이빙 숍과 다이빙 수트를 입은 사람들이 유난히 많이 눈에 띈다. 아직은 개발의 열풍을 덜 맞아 순수한 아름다움을 가졌다.
바다는 수심이 완만해 물놀이를 즐기기 좋으며, 저렴한 가격으로 해변 마사지를 받거나 코코넛 나무 사이 해먹에 누워 여유로운 휴식을 취하는 사치를 마음껏 누릴 수 있다. 산미구엘과 함께 감상하는 황금빛 석양은 상상만으로 짜릿하다. 고급스러운 숙소도 레스토랑도 없다. 밤이 되면 모래밭에 테이블 몇 개 놓으면 VIP석 끝. 군데군데 흘러나오는 라이브 음악에 테이블마다 켜진 초는 분위기를 낭만적으로 만든다.

Data **지도** 268p-팡라오 섬 A **가는 법** 탁빌라란 항구에서 차로 약 40분 소요
주소 Tawala, Panglao Island, Bohol **홈페이지** www.alonabeach.co

수중 절벽 판타지아
발리카삭 섬 Balicasag Island

알로나 비치에서 필리핀 전통 배 방카를 타고 약 30분 정도 가면 닿는 발리카삭 섬은 수많은 다이빙 포인트 중에서도 단연 최고로 손꼽힌다. 섬 주변으로 얕은 수심의 바다가 이어지다 갑자기 바닥이 보이지 않을 정도로 깊어지는 절벽이 나오면서 드라마틱한 관경을 선사한다. 절벽 틈새를 오가는 형형색색의 열대어들과의 눈맞춤은 평생 잊지 못할 기억으로 남을 것이다. 운이 좋으면 발리카삭의 명물 바다 거북이와 함께 헤엄치는 영광을 누릴 수도 있다.
물이 맑아 가시거리가 좋은 데다 파도가 잔잔해 입문 다이버들에게도 좋다. 단, 해양 생태계 보호를 위해 발리카삭에서의 체험 다이빙은 금지되어 있다. 나흘간 다이빙 수업을 받으면 다이빙의 기본이 되는 '오픈 워터 자격증'을 딸 수 있으며, 가격은 300~400달러 사이이다. 스노클링은 발리카삭의 아름다움을 느낄 수 있는 또 다른 방법이다. 절벽 지역에서 대롱이 달린 물안경을 끼고 들어가면 펼쳐지는 울긋불긋한 산호들과 열대어들의 환영에 놀랄 것이다.

Data **지도** 268p-보홀 전도 A **가는 법** 알로나 비치에서 방카로 약 30분 **주소** Balicasag Island, Bohol
가격 스쿠버다이빙 100페소, 스노클링 50페소

Tip **체험 다이빙 예약**
알로나 비치에는 한 집 건너 다이빙 숍일 만큼 업체들이 즐비하니 예약하기는 어렵지 않다. 한인 업체도 많으니 영어를 못해도 상관없다.
홈페이지 오션어스(한인 업체) www.oceanusdive.com 시퀘스트 다이브 센터 www.seaquestdivecenter.net

보홀 바다 종합 선물세트

아일랜드 호핑 투어 Island Hopping Tour

보홀의 아일랜드 호핑 투어는 일반적으로 아침 일찍 돌핀 왓칭으로 시작해 발리카삭 섬에서 스노클링을 즐긴 후 버진 아일랜드로 이동한다. 버진 아일랜드는 포카리 스웨트의 광고 장소로도 유명한 작은 섬이다. 버진 아일랜드 구경 후 알로나 비치로 돌아오며, 오전 6시에 시작하여 오후 2~3시에 끝이 난다. 한인 여행사를 통하거나 알로나 비치에 있는 현지 여행사나 호객꾼을 통해 예약하면 된다. 직접 협상할 시 개별적으로 방카를 빌려 떠나는 호핑 투어는 1,500페소, 그룹 투어에 조인할 경우 350페소 정도면 적당하다. 점심, 발리카삭 입장료, 스노클링 장비 대여비는 포함되어 있지 않다.

Data 시샤인 트래블
알로나 비치 입구에 있는 투어 센터에서 예약 가능
가격 그룹 1인 350페소, 개별 호핑 1,500페소~
홈페이지 www.seashinetravelandtours.com

엔도르핀이 퐁퐁퐁

돌핀 왓칭 Dolphin Watching

알로나 비치에서 배를 타고 30분 정도 나가면 돌고래들을 직접 만나볼 수 있는 서식지가 있다. 작은 보트를 타고 바다를 누비다 보면 어디선가 모습을 드러내는 돌고래 한 마리. 순식간이라 못 본 아쉬움이 가시기도 전에 여기저기서 점프를 시작한다. 어릴 적 눈물 흘리며 보았던 영화 〈프리윌리〉의 감동을 다시 느껴지는 순간이다. 해 뜨는 시간에 가장 활발하게 움직이기 때문에 돌핀 왓칭 투어는 오전 5~6시에 시작한다. 야생이다보니 날씨에 영향을 받지만 높은 확률로 돌고래를 볼 수 있는 곳이다. 뜨는 해를 배경으로 무리지어 점핑하는 모습은 그야말로 가슴이 벅찰 지경. 일반적으로 스노클링과 엮어 발리카삭 섬 근처에서 돌핀 왓칭을 한다. 알로나 비치에서 더 떨어져 있는 파밀라칸 섬이 돌고래가 가장 많이 보이기로 유명하다. 파밀라칸 섬은 11종의 돌고래가 서식하는 곳으로 한때 고래 사냥으로 먹고 살았을 만큼 고래가 많으며, 이곳을 가려면 개별적으로 방카를 빌리거나 한인업체의 파밀리칸 호핑을 이용해야 한다.

보홀 자연과 친해지기

나무가 살아 있어요

반딧불 투어 Firefly Tour

정말 딱 반딧불만 본다. 다른 볼 것도, 할 것도 없다. 하지만 보홀을 대표하는 최고의 투어다. 환경오염이 없는 물가에서 서식하는 반딧불은 더 이상 국내에서 찾아보기 힘든 귀한 손님이 되었지만 깨끗한 환경을 자랑하는 보홀에서는 다르다. 칠흑 같은 어둠 속 반딧불의 움직임이 마치 나무에게 생명을 불어넣어 춤을 추는 것 같다. 알로나 비치에서 1시간 정도 떨어진 아바탄 강에서 투어가 진행되며 보트 혹은 카약을 이용한다. 반딧불은 환경에 무척 예민한 생물인 만큼 오래 보기 위해서라도 친자연적인 카약 투어를 적극 권한다. 카약 투어는 카약 아시아에서 맡고 있다. 작은 카약에 몸을 싣고 강에 거슬러 올라가다 보면 노가 물에 스치는 소리 밖에 들리지 않는다. 인공 조명하나 없이 달빛을 따라 1시간 정도 가면 보석 같은 반딧불이 나타난다. 카약은 2인승으로 드라이버와 함께 탑승하는데 프러포즈를 하고 싶다고 미리 얘기해두면 상대방 드라이버와 짜고 두 사람의 카약을 좀 더 깜깜하고 은밀한 곳으로 데려가준다.

Data **지도** 268p-팡라오 섬 A
가는 법 알로나 비치에서 차로 약 40분
주소 Abatan River, Bohol
전화 0932-855-2928
운영 시간 18:00~20:00
가격 카약 투어 1인 1,950페소
홈페이지 facebook.com/kayakasiaphilippines

Tip 사진에 담는 것은 거의 불가능하니 과감하게 포기하고 눈앞의 세계에 집중하는 것이 정신 건강에 좋다. 모기 퇴치제 안티 모스키토 제품은 선택이 아닌 필수.

|Theme|

자연을 소중히 하는 실천, 카약 투어

카약 아시아에서는 카약 투어를 보홀 천혜의 자연을 소중하게 대하는 또 하나의 방법으로 여기며 다양한 투어 개발에 앞장서고 있다. 이메일과 페이스북을 통해 문의하면 된다.

카약 투어

카약은 아직 국내에선 유명하진 않지만 서양에서는 즐겨하는 스포츠다. 오로지 사람의 힘으로만 가는 소형 보트로 길고 둥근 선체에 앉아 양날로 노를 저어 나아간다.

2인승으로 드라이버와 함께 탑승하는데 카약 아시아의 드라이버들은 카약 자격증을 보유한 사람들이니 안전에 대한 걱정은 하지 않아도 된다. 원할 시 노 젓는 법을 알려주어 함께 패들링을 할 수도 있다. 카약킹 코스를 통해 3시간 정도 배우면 혼자 패들링하며 자연과 하나 되어 여행할 수 있다.

카약 아시아 Kayakasia
0932-855-2928, kayakbohol@gmail.com
facebook.com/kayakasiaphilippines

카약 투어의 종류

반딧불 투어 Firefly Kayaking

가장 대표적인 카약 투어. 소음도 매연도 없는 카약은 연약한 반딧불에게 다가가는데 최적의 수단이다.

카약 투 처치스 Kayak 2 churches

카약을 타고 아름다운 해안을 따라 보홀의 가장 오래된 바클라욘 성당과 로복 성당을 방문하는 코스.

알로나에서 비 팜까지 Alona to Bee Farm

알로나 비치에서 해변을 따라 팡라오 섬 최고의 오가닉 레스토랑 보홀 비 팜까지 가는 코스. 중간에 나타나는 아름다운 화이트 비치에서의 스노클링과 보홀 비 팜에서의 유기농 커피는 보너스.

샌드바 다이닝 Sandbar Dining

알로나 비치 근처 무인도로 떠나는 카약킹. 무인도에서 즐기는 선셋 디너가 메인이다. 고급스럽지는 않지만 잊지 못할 경험임은 확실하다.

돌핀 왓칭 Dolphin Watching

이른 새벽 카약을 타고 돌고래를 찾아 떠나는데 조용한 카약은 돌고래들의 경계를 사지 않아 어떤 작은 방카보다 가장 가까이 다가갈 수 있다.

보홀을 강타한 꿀벌 파워

보홀 비 팜 Bohol Bee Farm

알로나 비치에서 6km 떨어진 곳에 위치한 아담한 농장. 유기농법으로 기르는 꿀벌과 각종 허브를 볼 수 있다. 30분에 한 번 있는 투어에 조인하면 이 농장의 하이라이트 양봉하는 모습을 볼 수 있다. 가이드가 벌통을 꺼내어 벌들을 소개시켜주며 꿀이 생기는 과정 등을 소개해준다. 윙윙거리며 날아다니는 벌들이 무섭지 않은 사람이라면 꿀이 모이고 있는 판을 들고 기념사진을 남길 수 있다. 농장과 허브에 대한 여러 가지 유익한 정보들을 재미있게 알려주니 영어가 가능한 사람이라면 신청해보자.

리셉션 옆의 기프트 숍은 한 번 들어가면 빈손으로 나올 수 없는 마성의 공간이다. 유기농 빵, 빵에 발라먹는 스프레드, 꿀, 허브차 등 농장에서 나오는 재료들로 만든 식료품과 오가닉 샴푸, 모기 퇴치제 등 각종 천연 제품들이 가득하다. 선물용으로 주기 좋으며 꿀, 망고 스프레드, 레몬그라스티가 가장 인기가 좋다. 리조트와 함께 버즈 카페, 아이스크림 숍, 스파를 함께 운영하고 있는데 워낙 인기가 많아 보홀 여기저기에서 지점을 찾아볼 수 있다.

Data **지도** 268p-팡라오 섬 B
가는 법 알로나 비치에서 트라이시클로 10분 소요(150~200페소)
주소 Dao, Dauis, Panglao Island, Bohol
전화 038-510-1822
운영 시간 10:00~23:00
가격 입장료 무료, 투어 1인 50페소
홈페이지 www.boholbeefarm.com

Tip 알로나 비치에 있는 버즈 카페와 보홀 비 팜을 오가는 셔틀버스를 운영한다. 편도 100페소.

여행의 백미는 뭐니 뭐니 해도 마사지

공작부인처럼 우아하게
폰타나 아우렐리아 스파 Fontana Aurelia Spa

피콕 가든 리조트에 위치하고 있는 폰타나는 좀처럼 고급스러운 곳을 보기 힘든 보홀에서 만나는 고품격 스파이다. 유러피언 건축 스타일로 발코니에 놓인 욕조는 마치 고대 로마 시대에서 스파를 즐기는 듯한 고풍스러운 분위기를 자아낸다. 트리트먼트룸은 작은 숙소 방 하나 크기만큼 넓다. 천장이 높고 커다란 창은 햇살을 가득 머금고 있어 따뜻하고 보송보송하다. 마사지 베드 위에 놓여 있는 긴 공작새의 꼬리 깃털은 우아하기까지 하다.

풀 보디 마사지부터 스파, 보디 스크럽, 페이셜, 헤어 케어까지 즉 머리부터 발끝까지 책임지는 다양한 트리트먼트가 있다. 천연 제품만을 사용하는데 고객의 니즈에 맞출 수 있도록 여러 가지 맞춤 상품을 갖추고 있다. 선번, 안티 에이징, 안티 셀룰라이트 등 듣기만 해도 예뻐질 것 같은 메뉴들이 한 가득! 2명의 테라피스트이 물 흐르는 듯 일치된 움직임으로 몸 구석구석까지 긴장을 풀어주어 2배 더 시원한 피콕 파라다이스 마사지도 일품이다.

Data **지도** 268p-팡라오 섬 B
가는 법 탁빌라란 항구에서 차로 약 15분 소요
주소 Dao, Dauis, Panglao Island, Bohol
전화 038-539-9231
운영 시간 14:00~22:00
가격 피콕 파라다이스(70분) 2,250페소, 젊음의 샘(50분) 4,250페소
홈페이지 www.thepeacockgarden.com

동양의 치유 철학이 담긴

카이 스파 Kai Spa

알로나 비치에도 드디어 품격 있는 스파가 들어섰다. 헤난 그룹의 부속 스파로 보라카이를 여행한 사람이라면 익숙한 이름일 것이다. '스트레스 프리 존stress free zone'이라는 표시를 따라 안쪽으로 들어가면 미니 대나무 가든을 중심으로 'ㅁ' 자로 룸들이 마주하고 있다. 오리엔탈 풍의 인테리어가 돋보인다.

추천 마사지는 필리피노 터치 테라피. 필리핀 전통 치유방식인 힐롯 마사지로 따듯한 바나나 잎을 몸에 덮어 근육을 풀어주는 것이 특징이다. 엑스트라 버진 코코넛 오일을 사용해 부들부들한 피부는 덤! 힐링 스톤 테라피는 뜨거운 돌과 차가운 돌을 번갈아 사용해 스트레스 해소와 혈액순환에 도움을 준다. 오일은 예쁘게 포장된 병에 판매하고 있어 선물용으로도 제격이다. 마사지 외에도 페이셜, 스크럽 등 다양한 트리트먼트를 경험할 수 있다.

Data 지도 270p-F
가는 법 알로나 비치 로드로 들어와 왼쪽으로 도보 10분
주소 Alona Beacjh, Tawala, Panglao Island, Bohol
전화 038-502-9141
운영 시간 10:00~24:00
가격 필리피노 터치 테라피(60분) 3,400페소, 로맨틱 파라다이스(2시간 30분) 15,500페소
홈페이지 henann.com/bohol/henannalonabeach

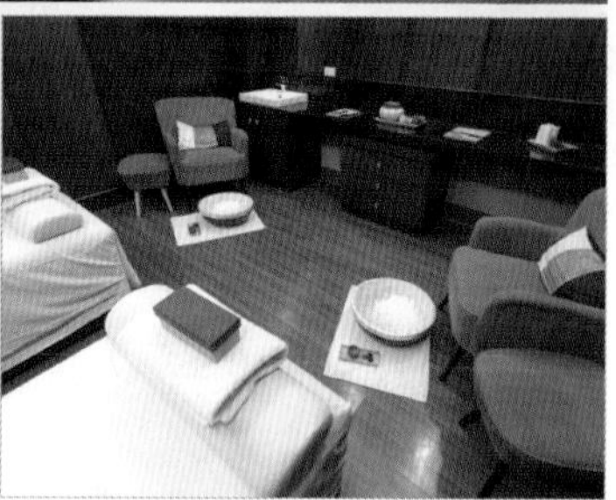

고급스럽게 누린다

더 스파 엣 비 그랜드 보홀 The Spa at Be Grand Bohol

비 그랜드 리조트의 부속 스파로, 럭셔리 스파 체인 아스마라 스파에서 운영하고 있다. 프랑스 의사 출신의 찰스 셔터Charles Sutter가 1996년에 오픈해 국제적인 스파 컨설팅 업체로 활동 중이다. 브라운 톤의 인테리어가 세련되면서도 따듯함을 풍긴다.

시그니처 마사지는 아로마 테라피. 특별하게 블렌딩한 세레니티와 에너지 오일 중 골라보자. 세레니티는 라벤더, 스위트 오렌지, 일랑일랑 에센스를 블렌딩해 달콤하고 부드러운 힐링을 가져다준다. 페퍼민트, 로즈메리, 유칼립투스 오일을 블렌딩한 에너지는 몸과 마음에 활력을 더해주는데 효과적이다.

마사지 외에도 보디 스크럽 프로그램도 갖추고 있다. 그중 필리핀 북쪽 민도로 섬에서 자란 빨간 쌀을 이용한 오가닉 레드 라이스 보디 스크럽은 어디서도 받기 힘든 호사이니 꼭 체크해보자.

Data **지도** 268p-팡라오 섬 A
가는 법 알로나 비치에서 크라이시클 타고 5분
주소 Danao, Panglao Island, Bohol **전화** 038-412-9000
운영 시간 10:00~22:00
가격 아로마 마사지(90분) 2,500페소, 보디 스크럽(45분) 2,200페소
홈페이지 www.begrandresort-bohol.com

건강한 꿀벌의 힘

더 버즈 스파 The Buzz Spa

유기농 농장 보홀 비 팜에서 운영하는 스파. 직접 기르고 만든 자체 제작 오일을 사용하여 피부가 민감한 사람도 안심하고 받을 수 있다. 모든 트리트먼트에 천연 오가닉 재료만 사용하며, 시그니처 마사지는 필리핀 전통적으로 내려오는 힐롯 마사지. 근육의 피로와 통증 완화에 탁월한 효과가 있는 레몬그라스 오일을 사용하여 부드럽게 눌러주며, 스트레스로 지친 몸과 마음에 생기를 준다.
팡라오 섬 보홀 비 팜 내부에 위치해 있으며, 탁빌라란에도 지점을 가지고 있다. 탁 트인 바다가 보이는 언덕에 위치한 본점은 삼면이 뚫려 있어 마사지를 받는 동안 살랑살랑 바닷바람이 온몸을 기분 좋게 간질인다. 탁빌라란 갤러리아 루이자에 위치한 버즈 스파는 아기자기한 인테리어가 마음을 사로잡으며 다양한 비 팜 오가닉 스파 제품들을 판매하고 있다.

Data **팡라오점** **지도** 268p-팡라오 섬 B **가는 법** 알로나 비치에서 트라이시클로 10분 소요
주소 Dao, Dauis, Panglao Island, Bohol **전화** 038-510-1822 **운영 시간**10:00~23:00
가격 힐롯 마사지(60분) 600페소 **홈페이지** www.boholbeefarm.com

탁빌라란점 **지도** 269p-E **가는 법** BQ 몰 옆 갤러리아 루이자 1층 **주소** Galleria Luisa, C. Gallares Street, Tagbilaran City, Bohol **전화** 038-510-0208 **운영 시간**11:00~22:00

알로나에서 누리는 럭셔리

사난도 스파 Sanando Spa

일본인 오너가 운영하는 알로나 비치에서 가장 고급스러운 마사지 숍이다. 일본인 특유의 정갈한 인테리어와 싹싹한 서비스가 돋보인다. 특히 보홀에선 상상도 할 수 없는 개인 라커와 여성용 일회용 속옷까지 갖추고 있을 정도로 고객을 위한 배려가 높다.
마사지 전 녹차, 생강, 레몬그라스로 직접 제조한 웰컴 드링크를 마시면서 '내공이 보통이 아닌데?'라는 생각이 든다. 마사지 후 제공되는 시원한 주스와 디저트를 마시다 보면 자연스레 '다음 예약은 언제로 잡지?'라는 생각이 절로 드는 곳이다. 마사지 베드가 7개밖에 되지 않아 예약은 필수.

Data **지도** 270p-E
가는 법 알로나 비치 로드 초입 알로나 히든 드림 맞은편
주소 Alona Beach Road, Panglao Island, Bohol
전화 038-502-4120
운영 시간 13:00~21:00
가격 오일 마사지(60분) 800페소, 핫 스톤 마사지(120분) 1,800페소

한국인 마음은 한국인이

알로나 젠 스파 Alona Zen Spa

깔끔한 시설과 합리적인 가격을 갖춘 한국인이 운영하는 마사지 숍. 필리핀 전통 가옥 스타일로 지어졌으며 내부는 차분하고 아늑한 느낌을 준다. 샤워시설이 마련되어 있어 물놀이나 호핑 투어 후 이용해도 좋다. 마사지 종류는 3가지로 코코넛 오일을 사용한 스웨디시 마사지와 아로마 오일을 이용한 아로마 마사지, 오일을 쓰지 않는 지압 마사지 시아추가 있다. 종류별로 발, 전신, 발과 전신을 함께 받는 코스 중 고르면 된다. 2인 이상일 시 팡라오 섬 내 무료 픽업 서비스를 제공하여 편리하다.

Data **지도** 270p-E
가는 법 알로나 비치 로드에서 메인 로드로 나와서 왼쪽 방향 도보 5분
주소 Hontanosas Road, Tawala, Panglao Island, Bohol
전화 0927-751-6727
운영 시간 10:00~23:00
가격 오일 마사지(60분) 600페소, 아로마 마사지(60분) 700페소

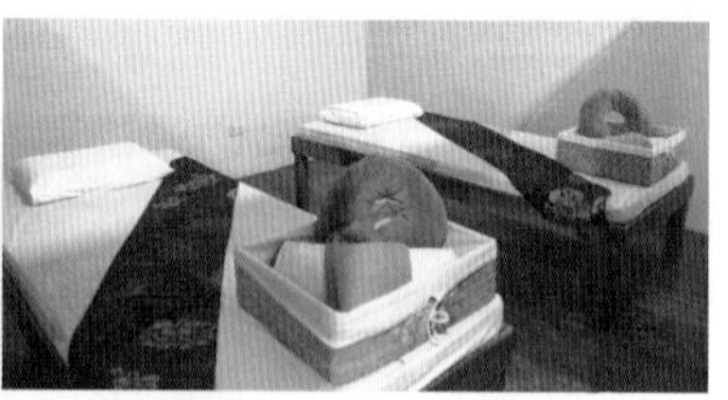

Tip 팁을 주는 것이 강요는 아니지만 예의다. 마사지 후 차와 함께 팁 박스를 내오는 곳이라면 박스에 넣으면 되고, 그렇지 않은 곳이라면 카운터나 직접 주면 된다. 1시간짜리 저렴이 마사지를 받았다면 50페소, 럭셔리 스파를 받았다면 100페소 이상 주는 것이 일반적이다.

아이 러브 해피 아워

더치스 살롱&스파 Duchess Salon&Spa

알로나 비치 바로 입구에 위치하며, 시선을 강탈하는 핑크색 간판으로 놓치려야 놓칠 수 없는 집이다. 공작부인이라는 이름답게 분홍과 보라색이 조합된 여자여자한 인테리어로 1층은 네일아트와 헤어살롱을, 2층에는 마사지를 받는 공간이 마련되어 있다. 매일 오전 10시부터 오후 4시까지 추가 할인을 받을 수 있는 해피 아워가 진행된다. 해피 아워 시 전신 마사지가 단돈 350페소!

Data **지도** 270p-E **가는 법** 알로나 비치 초입에 위치
주소 Alona Beach Road, Panglao Island, Bohol
운영 시간 10:00~22:30 **가격** 전신 마사지(60분) 450페소

필리핀 전통 스타일 건물

마리스 스파 Maries Spa

한인 여행사 부코 투어에서 함께 운영하는 마사지 숍이다. 필리핀 전통 가옥 스타일의 건물로 운치를 살렸으며, 에어컨이 나오는 개별 룸으로 쾌적함을 더했다. 샤워 서설을 갖춘 룸도 있으니 원할 시 미리 문의할 것. 메뉴는 전신 마사지와 핫스톤 마사지로 집중되어 있다. 전신 마사지는 오일과 건식 중 선택할 수 있다. 알로나 비치 인근은 무료로 픽드랍 서비스를 진행한다.

Data **지도** 270p-C **가는 법** 알로나 비치 로드에서 메인 로드로 나와 오른쪽으로 도보 3분 **전화** 0945-701-9257 **카카오톡** boholmaries
운영 시간 11:00~21:00 **가격** 전신 마사지(60분) 500페소, 핫스톤(90분) 1000페소 **홈페이지** cafe.naver.com/bukotour

마사지 얼마면 돼?

누엣 타이 Nuet Thai

세부를 여행한 사람이라면 반가운 누엣 타이가 보홀에도 있다. 필리핀 체인 마사지 숍으로 저렴이 마사지들 중에서도 지존으로 꼽히는 곳이다. 한 시간 전신 마사지가 150페소. 믿기지 않을 정도의 가격에 실력까지 갖춰 현지인들과 여행자들 모두에게 사랑받고 있다. 사실 마사지는 테라피스트에 따라 복불복인데 착한 가격 때문인지 좋은 실력 덕분인지 높은 만족도를 기록한다.

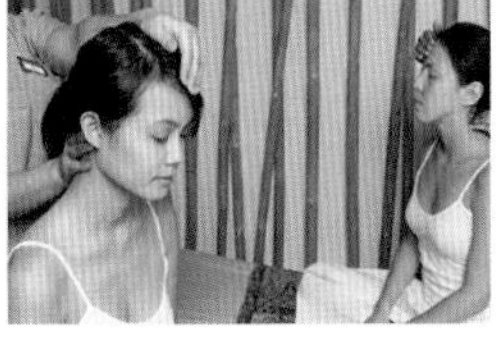

Data **탁빌라란점** **지도** 269p-C
가는 법 BQ 몰에서 항구 방향으로 도보 7분
주소 C. Gallares Street, Tagbilaran City, Bohol
전화 038-501-0766
운영 시간 10:00~01:00
가격 타이 마사지(60분) 400페소, 스웨디시 마사지(60분) 450페소
홈페이지 www.nuatthaiph.com

팡라오점 **지도** 270p-C
가는 법 알로나 비치 로드에서 메인 로드로 나와서 오른쪽 방향으로 도보 10분 **주소** Hontanosas Road, Tawala, Panglao Island, Bohol
전화 038-537-9188
운영 시간12:00~24:00

팡라오 섬 맛집

바다를 보며 특급 먹방

피라미드 Pyramid

피라미드 비치 리조트에서 운영하는 레스토랑이다. 알로나 비치 중심에 위치해 물놀이 도중 허기를 달래기 좋다. C.U. 비어 가든과 같은 독일인 오너로 음식 수준도 만족스럽다. 독일 사람답게 소시지와 슈니첼은 당연! 슈니첼의 종류가 세 가지나 된다. 피자와 파스타, 버거 등 해변에서 먹으면 맛이 두 배가 되는 메뉴가 한가득이다. 바비큐로 유명한 C.U 비어 가든의 바비큐를 이곳에서도 맛볼 수 있다. 같은 셀렉션과 세트 메뉴를 가지고 있어 이제는 바다를 보며 즐길 수 있다.

Data **지도** 270p-E
가는 법 알로나 비치 로드로 들어와 왼쪽으로 도보 5분
주소 Alona Beacjh, Tawala, Panglao Island, Bohol
전화 038-422-8531
운영 시간 06:00~23:00
가격 베이컨 치즈 버거 275페소, 바비큐 세트 430페소~

알로나에서 만나는 이탈리아

쥬세페 Giuseppe

훌륭한 피자와 와인을 만날 수 있는 곳. 이탈리안 셰프 쥬세페 스그로이의 이름을 걸고 만든 시칠리안 음식점이다. 이미 세부에서는 인기 레스토랑으로 모든 요리는 이탈리아에서 직접 공수해 만든다. 넓은 실내를 갖추고 있으며 뒤쪽으로 실외석도 마련되어 있다. 오픈 키친에서 도우를 만드는 사람들을 직접 볼 수 있으며, 한쪽에는 뜨거운 열기가 느껴지는 장작 화덕이 있다. 쫄깃하고 바삭한 도우에 신선한 토핑이 듬뿍 올라간 피자는 국내 패밀리 사이즈만큼 큰데 어찌나 담백한지 배가 고프다면 여자 둘이서도 한 판을 다 먹을 수 있을 정도. 추천메뉴는 이탈리아의 자랑 파마산 햄을 아낌없이 올린 그레고리오 피자. 와인 저장고에는 가격도 합리적인 이탈리아 와인들이 줄지어 있다.

Data **지도** 270p-C
가는 법 알로나 비치에서 트라이시클로 약 5분 소요
주소 Hontanosas Road, Tawala, Panglao Island, Bohol
전화 038-502-4255
운영 시간11:30~23:30
가격 그레고리오 피자 440페소, 시푸드 스파게티 480페소
홈페이지 www.giuseppebohol.com

꿀벌이네 건강한 식탁

더 버즈 카페 The Buzz Cafe

팡라오의 보홀 비 팜에서 운영하는 직영 레스토랑. 유기농법으로 정직하게 키운 채소와 허브를 이용하여 건강하고 맛있는 요리를 만든다. 비 팜 내에 위치하고 있으며 저 멀리 파밀라칸 섬이 보이는 바다 전망이 환상적이다. 식용꽃 부감빌리아를 사용해 먹기 아까울 정도로 컬러풀한 샐러드는 갓 딴 채소들의 싱그러운 향기와 아삭한 식감이 말 그대로 오감을 만족시켜준다.

피자와 파스타를 주로 선보이며 재료 본연의 맛을 느낄 수 있는 메뉴들이 많다. 허브 파스타가 너무 심심하다면 시푸드 파스타는 어떨까. 별다른 소스 없이 해산물과 허브로만 맛을 내 담백하고 깔끔하다. 달콤한 스페어 립 역시 인기 메뉴. 최근 알로나 비치에도 지점을 오픈해 더욱 쉽게 버즈 카페를 만날 수 있게 되었다. 버즈 카페만큼이나 유명한 것이 버즈 아이스크림. 알로나 비치에 있는 꿀벌 아이스크림 차 앞에는 천연 재료가 듬뿍 들어간 아이스크림을 맛보기 위한 여행자들의 발걸음이 끊이지 않는다.

Data 팡라오 본점

지도 268p-팡라오 섬
가는 법 알로나 비치에서 트라이시클로 10분 소요
주소 Dao, Dauis, Panglao Island, Bohol
전화 038-510-1822
운영 시간 06:00~24:00
가격 오가닉 가든 샐러드 240페소, 시푸드 파스타 360페소
홈페이지 www.boholbeefarm.com

탁빌라란점

지도 269p-E
가는 법 BQ 몰 옆 갤러리아 루이자 1층 **주소** Galleria Luisa, C. Gallares Street, Tagbilaran City, Bohol
전화 0917-791-4817
운영 시간 07:00~22:00

로컬 푸드도 고급스럽게

사프론 Saffron

알로나 비치의 고급 리조트 아모리타의 부속 레스토랑으로 필리핀 음식도 럭셔리할 수 있다는 것을 보여주는 곳이다. 수준 높은 맛은 물론 디스플레이까지 남다르니 먹스타그램 업로드 준비 완료. 치킨을 주문하면 민망할 만큼 달랑 치킨 하나 얹어져 나오는 로컬 음식점과는 달리 소스가 흐르는 모양까지 신경 써 먹기 전부터 눈을 호강 시켜준다. 레스토랑 앞 쪽으로는 인피니티 풀과 바다가 펼쳐져 있으며, 해질녘이면 수면에 물드는 붉은 하늘이 무척 아름답다. 매주 토요일에는 바비큐나 그릴 등 특별한 뷔페를 운영하니 체크할 것.

Data 지도 270p-F
가는 법 아모리타 리조트 내 위치
주소 #1 Ester A. Lim Drive, Barangay Tawala, Alona Beach, Panglao Island, Bohol
전화 038-502-9002
운영 시간 07:00~24:00
가격 이나살 450페소, 킹 프라운 450페소
홈페이지 www.amoritaresort.com

Writer's Pick!

푸짐한 바비큐를 저렴하게

알로나 히든 드림 Alona Hidden Dream

언제나 손님으로 북적거리는 알로나 비치 대표 맛집. 비치 로드에 들어서면 식당 앞의 얼음 위에 놓인 살이 알찬 해산물이 통통한 자태를 뽐내며 유혹하기 시작한다. 필리핀 바비큐 특유의 달짝지근한 숯 냄새가 발걸음을 잡는다.

해산물뿐만 아니라 육류도 고를 수 있으며, 좌판에서 취향대로 재료와 요리 방법을 선택하면 된다. 알리망오는 스팀이나 칠리소스, 로브스터는 갈릭 버터가 가장 인기가 많다. 오징어를 튀긴 칼라마리도 기대이상으로 산미구엘과 찰떡궁합을 이룬다. 바비큐와 밥, 음료가 포함된 콤보 메뉴를 이용하면 더욱 저렴하고 알차게 한 끼 식사를 해결할 수 있다. 알로나 히든 드림은 해변에 위치하고 있진 않지만, 메뉴 가격이 저렴하다.

Data 지도 270p-E
가는 법 알로나 비치 메인 로드에서 비치 로드로 들어오는 초입에 위치
주소 Alona Beach Road, Panglao Island, Bohol
전화 038-502-4089
운영 시간 11:00~23:00
가격 콤보 100~300페소, 포크 바비큐 25페소, 로브스터 시가 약 600페소~
홈페이지 www.alonahiddendream.weebly.com

한국인 입맛 저격 탕탕

마길레오 그란데 카페&바 Magileo Grande Cafe&Bar

알로나 비치 입구에 자리하고 있는 알로나 큐 화이트 비치 리조트의 해변 레스토랑. 바다 바로 앞에 있어 알로나 비치의 여유를 만끽하며 가볍게 한 끼 먹기 좋다. 특히 오징어를 간장소스에 졸인 스퀴드 아도보는 우리나라 오징어볶음과 비슷해 밥반찬으로도 맥주 안주로도 손색이 없다. 필리핀식 바비큐 치킨에 질렸다면 오렌지 치킨이나 허니 레몬 치킨을 먹어보자. 필리핀식 빙수인 할로할로를 먹는 사람들도 많다. 대부분의 음식은 200~300페소로 가격까지 합리적이다. 저녁에는 해변 앞에 해산물이 놓인 좌판을 두고 바비큐 레스토랑으로 변신한다.

Data 지도 270p-E
가는 법 알로나 비치로 들어서서 바다를 바라보고 왼쪽으로 도보 3분
주소 Alona Beach, Tawala, Panglao Island, Bohol
전화 038-502-9042
운영 시간 11:00~22:00
가격 스퀴드 아도보 275페소, 오렌지 치킨 225페소

현지인들의 친구

파약 Payag

현지인들이 적극 추천하는 레스토랑 파약. 로컬 음식을 다루는 보홀의 체인점으로 헉 소리 날 정도로 저렴한 가격을 자랑한다. 메뉴판이 큼지막한 사진으로 되어 있고, 세트 메뉴가 많아 어렵지 않게 필리핀 음식을 접할 수 있다. 밥과 바비큐로 이루어진 세트 메뉴가 주를 이루며, 밥을 무한 리필할 수 있는 업그레이드도 가능하다.
이왕이면 매콤달콤한 소스의 시즐링 감바스도 시켜보자. 고소한 갈릭 라이스에 감바스를 올려 쓱쓱 비벼먹는 맛은 먹어본 사람만이 알 것. 필리핀 누들과 수프 등 다양한 단품 메뉴도 갖추고 있어 저렴한 가격에 부담 없이 이것저것 시도해보기 좋다. 탁빌리란과 팡라오 섬 모두 지점이 여럿 있으며, 그중 BQ 몰 점을 가장 추천한다. 탁빌라란 항구를 바라보며 먹을 수 있는 테라스가 마련되어 있다.

Data **BQ 몰점** 지도 269p-F
가는 법 BQ 몰 5층
주소 5F, La Vista, BQ Mall, Tagbilaran City, Bohol
전화 038-412-0461
운영 시간 10:00~20:00
가격 포크 바비큐 밀 76페소, 시즐링 감바스 155페소

알로나점 지도 270p-E
가는 법 알로나 비치 로드에서 메인 로드로 나와서 왼쪽 방향으로 도보 2분 **주소** Hontanosas Road, Tawala, Panglao Island, Bohol
전화 038-501-7852
운영 시간 10:00~20:00
가격 포크 바비큐 밀 79페소, 시즐링 감바스 185페소

보홀에서 가장 맛있는 태국요리

아이시스 타이 레스토랑 Isis Thai Restaurant

필리핀 음식에서 찾아보기 힘든 매콤한 맛의 충전이 필요한 순간 아이시스로 가보자. 단연코 최고의 태국 요리를 맛볼 수 있다. 태국인 셰프가 장인정신 톡톡히 발휘하여 본토의 맛에 지지 않는 요리를 선보인다. 가격까지 저렴해 여행자들의 사랑을 듬뿍 받는 곳으로 제법 늦은 시간까지도 음식을 즐기는 사람들을 볼 수 있다. 기본적인 인기 메뉴 팟타이와 옐로 커리, 톰얌쿵 모두 엄지 척. 톰얌쿵에는 누들을 추가할 수 있어 더욱 든든하다. '좋아요'를 여러 번 누를 수 있다면 백 개쯤은 눌렀을 거다. 실내와 야외석으로 나눠져 있는데 야외 테이블은 해변에 바로 붙어 있어 별 보며 파도소리 들으며 먹는 맛이 있다.

Data **지도** 270p-E **가는 법** 알로나 비치로 들어서서 바다를 바라보고 오른쪽으로 도보 5분
주소 Alona Beach Road, Panglao Island, Bohol **전화** 038-502-9292 **운영 시간** 11:00~23:00
가격 팟타이 220페소, 톰얌쿵 누들 250페소 **홈페이지** www.isisbungalows.com

유러피안들의 아지트

웍 바 Wok Bar

한국에서 태어났지만 어릴 때 스위스로 입양된 한국계 스위스인이 운영하는 레스토랑으로 손님들 대부분은 유러피안이다. 높은 화력으로 재빠르게 볶은 '웍 요리'가 메인이며, 오픈키친을 통해 무거운 웍을 가뿐하게 다루는 요리사를 보는 맛도 있다. 매운 것을 좋아하는 사람이라면 스파이시 핫 웍에 도전해보자. 기름기 많은 필리핀 음식의 느끼함을 제대로 씻어줄 수 있을 것. 뿌리를 잊지 않기 위해 넣었다는 불고기 메뉴도 인상 깊다.

매주 금요일 밤 8시 뮤직 퀴즈가 열린다. 음악에 대해 관심이나 지식이 많고 영어가 가능하다면 참가해볼 것. 엉뚱한 대답과 함께 웃음이 끊이지 않고 누구나 쉽게 친구가 될 수 있는 분위기이다.

Data **지도** 270p-A **가는 법** 알로나 비치 로드에서 메인 로드로 나와서 왼쪽 방향으로 도보 10분 **주소** Hontanosas Road, Tawala, Panglao Island, Bohol **전화** 0999-581-7153
운영 시간 11:00~24:00 **가격** 치킨 웍 250페소, 시푸드 웍 270페소

건강한 하루 시작
샤카 하와이안 레스토랑 Shaka Hawaiian Restaurant

자연이 주는 건강함을 믿는 채식주의 레스토랑이다. 메뉴는 파워 볼Power bowl과 버거. 파워 볼은 코코넛 절반만한 크기의 그릇에 그래놀라와 요구르트, 과일 등이 듬뿍 올라간 메뉴다. 높은 항산화 효과로 잘 알려진 아사이 베리가 들어간 봄 디아는 상큼하고 든든해 아침식사로 적극 추천한다.
샤카 버거는 고기가 아닌 고구마, 완두콩 등으로 만든 수제 패티를 사용한다. 담백하고, 고기에 길들어진 입맛에도 의외로 잘 맞는다. 창의력 넘치는 조합으로 만든 건강 스무디도 인기다. 저녁에는 수준 높은 수제 생맥주로 자신을 대접해보자. 이미 세부에서 유명세를 치르고 있는 터닝 윌스 양조장Turning Wheels Craft Brewery에서 공수해 온 귀한 맥주다. 천연 재료만을 사용해 IPA와 스타우트 등 총 4가지 종류를 갖추고 있다.

Data **지도** 270p-C **가는 법** 알로나 비치 로드에서 메인 로드로 나와 오른쪽으로 도보 5분
주소 Hontanosas Rd, Tawala, Panglao Island, Bohol **전화** 0921-234-6033
운영 시간 06:30~22:30 **가격** 파워 볼 250페소, 버거 250페소~ **홈페이지** facebook.com/shakabohol

여행자들의 친구

아웃백 바&그릴 Outback Bar&Grill

딱 봐도 여행자들을 위한 레스토랑이다. 알로나 비치로 내려가는 길목에 스테이크 하우스를 연상시키는 노란 간판이 눈에 띈다. 주위 다른 곳들보다 세련되어 한눈에 알 수 있다. 벽에는 서부 영화의 대표 배우들이 그려져 있고, 서양 여행자들로 북적거린다. 알로나 비치에서 조금 떨어진 곳에 위치한 멕시칸 맛집 선셋 그릴과 같은 셰프로 맛있는 멕시칸 요리를 한층 더 쉽게 즐길 수 있게 되었다. 버거와 핫도그, 미트 파이 등 다양한 서양 음식을 판매한다. 대부분 주방이 마감하는 늦은 밤에도 야식 메뉴를 갖추고 있어 배고픈 영혼을 달래는 사람들로 붐빈다. 매일 저녁 9시부터 라이브 밴드 공연이 펼쳐져 더욱 흥겹다.

Data **지도** 270p-E **가는 법** 메인 로드에서 알로나 비치 로드로 들어와 도보 3분 **주소** Alona Beach Road, Tawala, Panglao Island, Bohol **전화** 0918-538-9367 **운영 시간** 07:00~03:00
가격 타코 280페소~, 피시 앤 칩 299페소 **홈페이지** facebook.com/LoneStarBohol

현지 사람들이 꼭꼭 숨겨놓은

빌라 포르모사 Villa Formosa

여행자들에겐 아직 낯선 곳이지만 팡라오에 사는 외국인 주민들 사이에서 사랑받는 레스토랑이다. 요리 자부심 넘치는 이탈리아 오너가 신선한 재료만을 사용해 정성껏 만든다. 화덕으로 구운 쫄깃쫄깃한 피자와 재료의 맛이 살아있는 파스타를 만날 수 있다. 또한 보홀에서 보기 힘든 수준급의 스테이크로 호평받고 있다. 두말라안 비치와 가까운 빌라 포르모사 리조트 내에 위치하고 있다. 잠시 관광객과 호객꾼들에게 벗어나 리조트에서 한가로이 시간을 보내기 좋다. 두말루안 비치는 현지인들이 많이 찾는 해변으로 알로나 만큼이나 아름다워 함께 들러보면 좋다.

Data **지도** 268p-팡라오 섬 B **가는 법** 알로나 비치에서 트라이시클 타고 약 15분(편도 150페소)
주소 Dumaluan Beach Barangay Sapa, Bolod, Panglao Island, Bohol **전화** 038-502-8024
운영 시간 07:00~22:00 **가격** 피자 300페소~, 파스타 340페소~ **홈페이지** facebook.com/VillaFormosa

알로나 비치 나이트 라이프

감미로운 음악이 흐르는 로스트 호라이즌 Lost Horizon

알로나 비치를 걷다 감미로운 목소리에 이끌려 자연스레 발길을 멈추게 되는 곳. 로컬 푸드부터 피자, 버거 등을 취급하는 인터내셔널 레스토랑으로 저녁에는 바비큐 스테이션이 오픈하여 시푸드 바비큐를 즐길 수 있다. 음식 수준이 높은 편이 아니라 메인으로 먹기보다는 가볍게 안주거리 할 정도만 시키는 것을 추천한다. 칵테일 종류가 많고 맛도 평균 이상인 편. 국내에서 사악한 가격을 생각해서라도 평소 맛보고 싶었던 칵테일에 도전해볼 수 있는 절호의 찬스! 저녁 7시부터 11시까지 해피 아워로 맥주가 35페소라는 엄청난 사실.

Data
지도 270p-E
가는 법 알로나 비치로 들어서서 바다를 바라보고 오른쪽으로 도보 2분
주소 Alona Beach Road, Panglao Island, Bohol
전화 038-502-9090
운영 시간 06:00~23:00
가격 칵테일 200~300페소, 어니언링 100페소
홈페이지 www.losthorizonresort.net

알로나 최고의 인기 라이브 바 코코비다 Cocovida

아침, 점심, 저녁 언제나 사람들로 가득한 곳이지만 코코비다가 가장 빛나는 시간은 밤이다. 매일 라이브 공연이 펼쳐지며 거의 바다 바로 옆까지 놓인 테이블에 앉아 밥 먹고, 맥주 마시고, 도란도란 수다 떨기 좋다. 우연히 올려다 본 밤하늘에 설탕 가루처럼 뿌려진 별들이 주는 감동에 모두 말을 잇지 못하는 순간이 오면 잔잔한 라이브 음악으로 채워진다. 피자, 파스타, 그릴 요리가 주를 이루며 평균 이상의 맛을 자랑한다. 피자를 안주삼아 시원하게 산미구엘 한 모금 들이키면 여기가 지상천국. 단, 음식이 늦게 나오는 편이니 참고하자.

Data
지도 270p-F
가는 법 알로나 비치로 들어서서 바다를 바라보고 왼쪽으로 도보 5분
주소 Alona Beach Road, Panglao Island, Bohol
전화 038-502-9180
운영 시간 07:00~02:00
가격 칵테일 200~300페소, 맥주 70페소~
홈페이지 www.alonavida.com

훌륭한 바비큐와 라이브

자스 Jasz

알로나 비치를 걷다보면 들려오는 필리피노 오빠의 소울 넘치는 목소리. 나이가 무슨 상관? 잘 생기면 다 오빠다. 옆 코코비다에 비교되는 허름해 보이는 외관과는 달리 알로나 비치에 위치한 바비큐 집 중 수준이 높은 그릴 요리를 선보인다. 해변에 앉아 맛있는 바비큐와 함께 라이브 공연도 볼 수 있어 님도 보고 뽕도 따기 위한 손님들로 저녁시간은 늘 북적

Data **지도** 270p-F
가는 법 알로나 비치로 들어서서 바다를 바라보고 왼쪽으로 도보 5분. 코코비다 옆에 위치
주소 Alona Beach Road, Panglao Island, Bohol **전화** 038-502-9141 **운영 시간** 11:00~22:00
가격 칵테일 150페소~, 맥주 50페소~

편하게 맥주 한잔하기 좋은

헬뭇 플레이스 Helmut's Place

독일인이 운영하는 작은 바. 알로나 비치 로드 초입에 위치하여 번잡한 해변을 피해 맥주 한잔하기 좋다. 해변보다 착한 가격에 맥주 한잔 즐기려는 서양 여행자들이 많이 찾는다. 한 쪽에 놓인 포켓볼 테이블 주위로 삼삼오오 모여 자유스레 이야기를 나누는 분위기. 함께 먹기 좋은 버거와 칼라마리 등을 판매한다.

Data **지도** 270p-E
가는 법 알로나 비치로드에서 메인로드로 나와서 왼쪽방향 도보 2분 **주소** Hontanosas Road, Tawala, Panglao Island, Bohol
전화 0908-774-2741 **운영 시간** 10:00~02:00
가격 칵테일 160페소

알로나 유일한 디스코

피나렐라 베이 Pinarella Bay

팡라오에서 뜨거운 밤을 보낼 수 없다는 것은 더 이상 풍문일 뿐. 알로나비치에도 흔들 수 있는 클럽이 생겼다. 클럽을 가려면 탁빌라란까지 나가야 하는데 비싼 택시비와 시간에 비해 만족도는 높지 않은 편이라 아쉬웠다면 이제는 그럴 필요가 없다. 규모는 작지만 나름 디제이와 사이키 조명도 갖추고 있다. 알로나에서 유일무의한 곳이다 보니 밤늦은 시간까지 늘 사람이 북적인다. 현지 여자들을 제외하고는 동양인들은 거의 없다.

Data **지도** 270p-B **가는 법** 알로나 비치 로드에서 메인 로드로 나와서 오른쪽으로 도보 10분
주소 Hontanosas Road, Tawala, Panglao Island, Bohol **전화** 0947-429-0750
운영 시간 월~토 18:00~04:00 **가격** 입장료 무료 **홈페이지** www.pinarellabay.com

탁빌라란 맛집

다양한 새우 요리

프라운 팜 Prawn Farm

새우가 입안 가득할 것 같은 이름부터 마음에 든다. 새우를 중심으로 각종 해산물 요리를 맛볼 수 있는 시푸드 전문점, 팡라오 섬에서 제법 떨어진 아일랜드 시티 몰에 위치해 있지만 이 레스토랑 하나만으로 갈 이유는 충분하다. 넓고 쾌적한 공간에 한쪽에는 수족관이 있으며, 오픈 키친으로 더욱 신뢰가 간다.
다양한 새우 요리가 존재하는데 가장 추천하는 것은 오븐에 우유와 치즈에 섞은 크리미한 소스를 얹어 오븐에 구운 새우 테르미도르Thermidor. 느끼한 것이 싫다면 갈릭과 칠리소스를 사용한 그릴드 프라운도 맛있다. 새우 다음으로 인기가 있는 것은 알리망오. 수족관에서 직접 알리망오를 고른 후 요리 방법을 선택하면 된다. 알리망오를 튀겨 칠리소스로 버무린 싱가폴 스타일을 많이 찾는다.
3명 이상이라면 새우, 게, 오징어, 가리비, 생선 필렛과 포크 바비큐를 한 번에 맛볼 수 있는 그랜드 그릴을 먹어보는 것도 좋다. 알로나 비치보다 해산물 가격이 훨씬 저렴하다.

Data **지도** 269p-D **가는 법** 아일랜드 시티 몰 1층 **주소** ICM, Rajah Sikatuna Ave, Tagbilaran, Bohol
전화 038-503-8328 **운영 시간** 10:00~22:00 **가격** 새우 테르미도르 258페소, 그랜드 그릴 905페소

참치턱살구이로 유명한

STK Sugba Tula Kilaw

허름한 외관의 이곳이 유명해진 것은 바로 참치턱살구이 '팡아Panga' 덕분. 귀한 음식인 만큼 가격의 압박으로 쉽게 먹을 수 없었던 팡아를 저렴한 가격으로 즐길 수 있다. 달짝지근한 간장 양념을 발라 구운 팡아는 미디엄, 라지, 엑스 라지, 엑스 엑스 라지 네 가지 크기로 나눠지는데, 가장 큰 사이즈는 4명이서 먹을 수 있을 정도로 넉넉하다. 참치턱살구이는 부위별로 다른 맛이 나는 것이 특징인데 먹을 것 없어 보이는 비주얼과는 달리 먹어도, 먹어도 살이 계속 나온다. 생선을 좋아하지 않는다면 해산물이나 삼겹살구이 리엠포도 괜찮다. 갈릭 라이스는 맛에서나 양에서나 최고. 라이스와 누들의 양이 많은 편이니 무작정 인당 하나씩 시키면 낭패를 볼 수도 있다. 탁빌라란 항구와 가까워 첫날이나 마지막 날 들리면 좋다. 굽는데 20~30분의 시간이 필요하니 배 시간에 맞춰서 여유 있게 가도록 하자.

Data **지도** 269p-C **가는 법** 탁빌라란 선착장에서 도보 10분 **주소** Graham Ave, Tagbilaran, Bohol
전화 038-411-4753 **운영 시간** 07:00~21:30 **가격** 팡아 450페소~, 리엠포 145페소

세계로 진출한 필리핀 그릴

게리스 그릴 Gerry's Grill

마닐라에서 시작해 필리핀 전역을 사로잡은 걸로도 모자라 미국, 싱가포르, 카타르까지 진출해 세계적으로 성공한 체인점이다. 그릴 요리를 중심으로 하며, 특히 갑오징어를 구운 이니하우 나 푸싯Inihaw Na Pusit은 게리스 그릴의 핫 메뉴. 90%의 한국인이 주문한다고 보면 될 정도로 한국인의 입맛에 잘 맞는다. 탁빌라란 항구에서 팡라오 섬으로 가는 길에 있는 BQ 몰에 위치하고 있어 첫날 '게리스 그릴에서 밥 먹고 슈퍼마켓에서 장보고 알로나 비치로 가기'라는 여행 루트가 생길 정도로 인기가 많다.

Data **지도** 269p-C **가는 법** BQ 몰 4층 영화관 옆
주소 CPG Avenue, Tagbilaran, Bohol **전화** 038-411-3164 **운영 시간**10:00~22:00
가격 이니하우 나 푸싯 355페소, 시즐링 감바스 275페소 **홈페이지** www.gerrysgrill.com

BUY

쇼핑 인 팡라오 섬

언제가도 즐거운 재래시장

팡라오 퍼블릭 마켓 Panglao Public Market

현지 사람들의 생활이 궁금하다면 팡라오 마켓으로 가보자. 'ㅁ'자 모양 건물이 마켓을 둘러싸고 있어 밖에서 보면 보이지 않는다. 구멍가게들이 다닥다닥 붙어있는 건물 사이로 들어가면 펼쳐지는 로컬 마켓에서는 각종 잡화와 생필품, 먹음직스러운 열대과일, 신기한 해산물들까지 잘 찾아보면 없는 거 빼고 다 있다. 특별히 살 게 없어도 호기심 삼아 좌판을 구경하는 재미가 있다.

물건을 사려면 아침 일찍 가는 것이 좋다. 좋은 상품은 일찍 팔리는 데다 손님이 별로 없으면 쿨하게 접고 집에 가버리는 장사꾼들도 많기 때문. 필리핀 사람들에게 매주 일요일은 장 보는 날. 가족끼리 미사를 보고 일주일치 먹을 음식과 생활용품을 사기 위해 들른다.

이 날은 파는 사람이나 사는 사람이나 경쟁이 치열하다. 새벽 5시부터 나와 좋은 자리를 차지하기 위해 분주한 장사꾼들과 득템을 하기 위해 매의 눈을 가진 소비자들과의 케미는 언제 봐도 뜨겁다. 세부에 비해 훨씬 안전하고 깨끗해 걸어서 타운을 구경할 수 있다. 마켓 주위로 사람들이 사는 마을도 구경해보고 친절한 사람들과 즐거운 수다도 떨어보자.

Data **지도** 268p-팡라오 섬 A **가는 법** 알로나 비치에서 트라이시클로 10분 정도 소요
주소 Dauis-Panglao Road, Panglao Island, Bohol **운영 시간** 05:00~20:00

Tip **성 어거스틴 성당St. Augustine Church**

팡라오 퍼블릭 마켓을 찾는다면 성 어거스틴 성당도 함께 들러보자. 성당 오른쪽 종탑과 팔각형으로 이루어진 제대 천장이 유명하다. 보기보다 우아하고 경건한 실내에 놀랄 것이며, 주위로 공원이 잘 조성되어 있어 피크닉을 즐기는 현지인들을 만날 수 있다. 팡라오 퍼블릭 마켓을 등지고 왼쪽으로 도보 5분 거리.

쇼핑 인 탁빌라란

여행자들의 친구
BQ 몰 Bohol Quality Mall

탁빌라란 항구 근처에 위치한 BQ 몰은 팡라오 섬에서 가까워 여행자들이 가장 많이 찾는 몰이다. 쇼핑보다는 주로 슈퍼마켓과 레스토랑을 이용하기 위해 찾는다. 유명 맛집 게리스 그릴과 로컬 음식점 파약이 들어서 있다. 짐을 맡아주는 서비스가 있어 첫날과 마지막 날 장을 보고 가기 좋다.

Data **지도** 269p-E **가는 법** 탁빌라란 항구에서 트라이시클 타고 5분
주소 CPG Avenue, Tagbilaran, Bohol
전화 038-411-2401 **운영 시간** 08:00~20:30

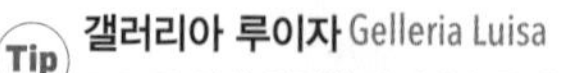

Tip **갤러리아 루이자** Gelleria Luisa
BQ 몰 옆에 위치한 갤러리아 루이자는 가장 최근에 지어진 쇼핑몰이다. 하지만 별로 볼 것도 살 것도 없어 더 버즈 카페와 더 버즈 스파를 제외하고는 굳이 찾을 이유는 없다.

보홀 최대의 쇼핑몰
아일랜드 시티 몰 Island City Mall

보홀 최대 규모의 복합문화공간으로 줄여서 ICM으로 부른다. 백화점과 유명 레스토랑, 영화관, 키즈 카페 등을 갖추고 있다. 옆에 탁빌라란 최대 규모의 재래시장 '탁빌라란 센트럴 퍼블릭 마켓'이 위치하고 있다. 보홀에서 손꼽히는 인기 맛집 프라운 팜이 있으며, 그 외 차우킹, 졸리비 등 인기 프랜차이즈를 만나볼 수 있다. 핸드폰을 사용할 예정이라면 이곳에서 심 카드를 구입하고 충전할 수 있다.

Data **지도** 269p-D **가는 법** 알로나 비치 로드에서 차로 1시간 소요
주소 Rajah Sikatuna Avenue, Tagbilaran, Bohol
전화 038-501-3000 **운영 시간** 08:00~21:00
홈페이지 www.icmbohol.com

Tip **주목! 보홀에서 사야하는 잇템 칼라마이** Kalamay
설탕이라는 뜻의 칼라마이는 코코넛 밀크와 브라운 슈거, 찹쌀을 죽처럼 쑤어서 만드는 필리핀 디저트. 보홀의 칼라마이는 코코넛 속을 파고 내용물을 넣고 봉한 것이 특징이다.
그냥 먹어도 되고 빵에 발라먹어도 잘 어울린다. 보홀에서만 살 수 있는 특산품으로 코코넛 통에 담겨있어 선물용으로도 좋다. 무게가 부담스럽다면 플라스틱 통에 담긴 제품을 사면된다. 육상 투어 장소의 기념품 숍이나 BQ 몰 슈퍼마켓에서 구입할 수 있다.

SLEEP

럭셔리 BEST 5

품격이 느껴지는 휴양

더 벨뷰 리조트 보홀 The Bellevue Resort Bohol

예쁜 돌호 비치에 위치하고 있다. 아담하지만 생크림처럼 부드러운 백사장을 갖추고 있는 프라이빗 해변과 인피니티 풀은 벨뷰의 자랑이다. 수영장 경계에 서서 각도를 잘 맞춰 찍으면 바다 위에 서 있는 듯한 사진을 건질 수 있다. 유아 풀, 성인 풀, 다이빙 풀로 나눠져 있다. 시설이 깨끗하고, 객실이 넓은 편이라 한국인들의 사랑을 받고 있다. 크게 디럭스룸과 스위트룸으로 나뉘며 벨뷰 스위트와 프레지덴셜 스위트에는 해변이 보이는 발코니에 자쿠지가 있다. 알로나 비치에서 조금 떨어져 있어 한적하게 해변을 즐길 수 있다.
주위에 상권이 발달되지 않아 딱히 리조트를 제외하고는 먹거리나 즐길거리가 없는 대신 레스토랑, 스파, 키즈 클럽, 해양 스포츠 숍 등 다양한 부대시설을 갖추고 있다. 레스토랑은 뷔페와 시푸드 두 종류로 평이 좋은 편이다. 리조트 내 아즈리아 스파는 한 시간 전신 마사지가 1,800페소로, 이런 고급 리조트에서 상상도 못할 가격을 펼치니 굳이 멀리 나가지 않아도 된다.

Data **지도** 268p-팡라오 섬 A **가는 법** 알로나 비치에서 차로 10분 소요
주소 Barangay Doljo, Panglao, Bohol **전화** 038-422-2222 **가격** 디럭스룸 18,000페소~, 스위트룸 22,000페소~ **홈페이지** www.thebellevue.com/bohol

역사와 전통이 돋보이는 피콕 가든 The Peacock Garden

유럽에서나 봄직한 가족이 대대로 운영하는 기품 있는 부티크 호텔이다. 필리핀과 사랑에 빠진 독일인이 오픈해 현재 그의 아들이 물려받아 호텔을 이끌고 있다. 규모가 크진 않지만 5성급으로 최고의 시설과 격조 높은 서비스를 자랑한다. 더욱 섬세하고, 다가가는 서비스를 제공하기 위해 규모를 키우지 않고 있다.
바클라욘 언덕 위에 위치하며 뭉게구름이 그대로 비치는 2단 인피니티 풀과 어우러진 바다 전망이 일품이다. 유럽식으로 지어진 2층짜리 건물들과 정원이 어우러져 유럽의 작은 마을에 여행 온 듯한 느낌마저 든다. 동서양의 조화를 이룬 인테리어와 앤티크 수집가인 오너가 유럽 곳곳에서 사다 모은 1800년대 골동품이 구석구석 전시되어 있다.
모든 방에서 바다가 보이며 직접 제작한 원목 가구로 꾸며져 있다. 보자마자 까악 소리나오는 유난히 높은 침대와 록시땅 어메니티는 여자들의 환상을 제대로 충족시켜준다. 픽업 서비스는 기본, 팡라오 섬까지 셔틀버스를 운행한다.

Data **지도** 268p-팡라오 섬 B **가는 법** 탁빌라란 항구에서 차로 약 15분 소요
주소 Upper Laya, Baclayon, Bohol **전화** 038-539-9231 **가격** 디럭스 프리미어룸 8,640페소
홈페이지 www.thepeacockgarden.com

|Theme|

철학이 깃든 피콕 가든 100배 즐기기

올드 하이델베르크 레스토랑
Old Heidelberg Restaurant

로비와 붙어있는 레스토랑에 들어서는 순간 웅장한 샹들리에가 압도적이다. 유럽의 고성에서 하나하나 사서 모은 고풍스러운 가구들로 이루어져 있다 보니 같은 의자와 테이블이 하나도 없는 것이 특징. 메인 디시는 독일과 필리핀 요리. 매일매일 다른 스페셜 메뉴를 준비하고 있어 며칠씩 묵어도 음식이 겹치지 않도록 신경 썼다. 음식 수준은 말이 필요 없는 투썸스 업! 오전 11시부터 밤 10시까지 오픈한다.

올드 하이델베르크 와인 창고&핌스 뮤직 클럽 Old Heidelberg Wine Cellar&Pims Music Club

지하로 내려가면 와인 수집가였던 아버지 때부터 내려온 금쪽 같은 와인들이 보관되어있다. 동굴 모양의 보관창고 옆으로 테이블이 마련되어 있어 와인과 스낵을 즐길 수 있다. 옆에는 파티를 할 수 있는 공간이 있다. 가라오케와 춤을 출 수 있는 스테이지와 조명까지 갖추고 있어 웨딩 리셉션 같은 친목 파티를 하기 안성맞춤이다.

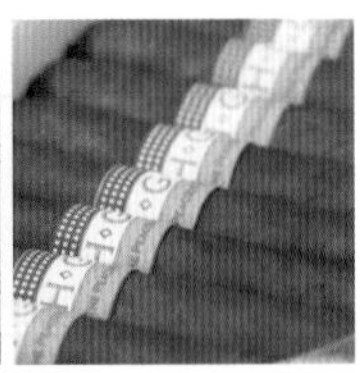

헤밍웨이 시가 라운지
Hemingway Cigar Lounget

아직 우리에겐 익숙지 않은 시가 문화. 시가는 시간을 가지고 여유롭게 태운다는 점에서 담배와 다르다. 1개비를 피는데 1~2시간이 소요되는데, 그동안 음악을 감상하거나 책을 읽으며 여유를 즐기는 시가 문화가 유럽에서는 많이 발달되어 왔다. 과거 고급 사교클럽에 있을 법한 시가 라운지를 재현해놓아 남자들의 로망을 자극한다. 예약한 액티비티를 다 취소하고 시가 라운지에서만 시간을 보내는 사람도 있다고 할 정도로 마니아층이 강하다. 쿠바의 시가부터 다양한 종류를 갖추고 있으니 이 기회에 시가의 매력과 새로운 문화를 배워보는 것도 괜찮겠다.

액티비티 Activities

수영장 앞 바다에 위치한 파밀라칸 섬으로 떠나는 돌핀 왓칭 액티비티를 운영한다. 섬이 육안으로 보일 만큼 가깝기 때문에 누구보다 빠르고 이른 시간에 야생 돌고래를 만날 수 있다.

호텔이 위치한 바클라욘 언덕을 ATV를 타고 신나게 누빌 수 있는 스페셜 투어는 피콕 가든만의 별미다.

알로나 비치 최고의 리조트
아모리타 리조트 Amorita Resort

알로나 비치에 위치한 리조트 중 가장 최고급 시설을 갖춘 곳이다. 해변 동쪽 끝 절벽에 위치해 전망이 끝내준다. 특히 레스토랑 앞 인피니티 풀에서 바라보면 하늘과 바다의 경계가 없는 듯 파란 세상이 펼쳐진다. 수영장 옆으로 난 길을 따라가면 나오는 알로나 비치에는 선 베드가 있어 수영장과 바다 모두 편리하게 이용할 수 있다. 최근 이스트 윙을 완공해 객실 수를 대폭 늘렸으며, 기본적인 디럭스룸과 스위트룸, 풀 빌라로 나뉜다.

스페인어로 '작은 사랑'을 뜻하는 아모리타 이름 덕분인지 아름다운 사랑을 꿈꾸는 커플 여행자들이 많이 찾는다. 머무는 동안 머리맡에 달콤한 간식과 함께 손수 쓴 메모를 두고 가 친절하고 보살핌을 받는 듯한 기분이 들게 한다. 스노클링, 카약, 바이크를 이용한 투어가 무료로 진행된다. 2박 이상 묵을 시 조식, 마사지, 육상 투어가 포함된 패키지가 마련되어 있으니 참고하자.

Data **지도** 270p-F
가는 법 알로나 비치 동쪽 끝으로 가면 숙소로 향하는 길에 있음
주소 #1 Ester A. Lim Drive, Barangay Tawala, Alona Beach, Panglao Island, Bohol
전화 038-502-9002
가격 디럭스 가든룸 8,500페소~
홈페이지 www.amoritaresort.com

보홀에서 가장 큰 규모

헤난 리조트 알로나 비치 Hennan Resort Alona Beach

보라카이 화이트 비치에 대형 리조트를 3개나 가진 헤난 그룹이 보홀에 들어섰다. 총 객실 수 400개로 보홀에서 가장 큰 규모다. 알로나 비치와 마주하고 있으면서도 3개의 커다란 수영장을 갖추고 있다. 무척 잘 꾸며놓아 바다보다는 풀장을 선호하는 동양인들과 어린아이를 동반한 가족들로 연일 만실을 이어가고 있다.

스탠더드와 디럭스, 프리미어, 패밀리, 스위트룸으로 나뉘며, 모든 방에 발코니를 갖추고 있다. 패밀리룸은 방 두 개, 침대 네 개로 가족 단위 여행자들에게 안성맞춤이다. 가장 인기 있는 카테고리는 테라스와 수영장이 연결된 풀 액세스 프리미어룸이다. 풀 빌라도 있어 로맨틱한 시간을 원하는 연인들이 많이 찾는다. 헤난 그룹이 자랑하는 레스토랑들을 만나볼 수 있다. 시 브리즈 카페에는 풍성한 조식과 저녁 뷔페가 매일 열리고, 크리스티나에서는 한층 더 고급스러운 이탈리안 요리를 즐길 수 있다.

Data 지도 270p-F
가는 법 알로나 비치 로드로 들어와 왼쪽으로 도보 10분
주소 Alona Beacjh, Tawala, Panglao Island, Bohol
전화 038-502-9141
가격 디럭스룸 6,000페소~, 프리미어룸 7,500페소~
홈페이지 henann.com/bohol/henannalonabeach

휴양을 위한 탁월한 선택

비 그랜드 리조트 Be Grand Resort

감각 있는 시설과 합리적인 가격으로 많은 사랑을 받고 있는 세부의 비 리조트가 2016년 보홀에 상륙했다. 리조트는 누리고 싶지만 번잡함은 싫은 사람들에게 추천한다. 알로나 비치에서 1.2km 떨어져 있으며 전용 해변을 가지고 있다. 전용 해변은 해양 보호구역으로 지정되어 있을 만큼 깨끗하고 수중 환경이 잘 보존되어 있다. 넓은 수영장을 자랑하며 세부 막탄 지점보다는 규모가 훨씬 크고 고급스럽다.
크게 리조트와 빌라로 나뉜다. 리조트는 메인 빌딩에 위치하며 디럭스와 스위트룸이 있다. 신설 건물인데다 방 크기가 넓어 쾌적하다. 빌라는 수영장과 해변을 둘러싸고 총 19채가 있다. 드림 빌라와 그랜드 빌라로 나뉘며 모두 다이닝 공간을 갖춘 레지던스 타입이다.
그랜드 빌라는 2개의 침실이 복층 구조로 꾸며져 있으며 바로 앞에 수영장이 연결되어 있다. 메인 건물과 떨어져 있지만 자체 수영장과 레스토랑이 있어 오히려 더 안락하게 즐길 수 있다. 특히 메인 건물 4층에 있는 루프톱 바 룬Lune은 시원하게 펼쳐지는 수평선을 볼 수 있는 명소이다. 해질 무렵이 무척 아름다우니 놓치지 말자.

Data **지도** 268p-팡라오 섬 A **가는 법** 알로나 비치에서 트라이시클 타고 5분 소요
주소 Danao, PanglaoIsland, Bohol **전화** 038-412-9000 **가격** 디럭스룸 6,200페소~, 드림 빌라 32,500페소~ **홈페이지** www.begrandresort-bohol.com

특급 힐링을 위한 리조트

아름다운 프라이빗 비치를 가진

사우스 팜 South Palms

보홀에서 가장 아름다운 해변을 소유한 리조트. 원래는 옆에 위치한 보홀 비치 클럽과 하나였으나 경영상의 문제로 나뉘었다. 그 후 대대적인 리노베이션을 거쳐 시설 자체만 보면 보홀 비치 클럽보다 세련되고 시설이나 서비스 등이 한 수 위다. 그림처럼 파란 바다를 따라 시원하게 쭉 뻗은 백사장은 보라카이 화이트 비치와 비교해도 손색이 없을 만큼 아름답다.

전용 비치이다 보니 훨씬 더 한적하게 해변을 즐길 수 있으며 어떻게 찍어도 포카리 스웨트 모델이 될 수 있는 마법의 장소다. 비치로 이어진 듯 보이는 인피니티 풀 주변에 놓인 알록달록한 의자, 평범한 선 베드가 아닌 나무에 묶어 흔들 침대 같은 카바나 등 세심하게 신경 쓴 소품들이 돋보인다. 디럭스룸과 스위트룸, 빌라로 나뉘며 쾌적하고 깔끔하다. 단점은 리조트 내 레스토랑이 하나밖에 없어 먹거리를 해결하기 위해선 매번 알로나 비치로 가야한다는 것.

Data **지도** 268p-팡라오 섬 A **가는 법** 알로나 비치 동쪽으로 차로 10분 소요
주소 Barangay Bolod, Panglao Island, Bohol **전화** 038-502-8288
가격 디럭스룸 12,000페소~, 스위트룸 19,000페소~ **홈페이지** www.southpalmsresort-panglao.com

넓은 수영장이 인상적인
블루워터 팡라오 Bluewater Panglao

블루워터 팡라오의 자랑은 뭐니 뭐니 해도 드넓은 수영장. 수영장 주위로 'ㄷ'자 모양으로 2층 코티지 스타일의 숙소들이 둘러싸여 있다. 수영장 가운데 나무로 된 징검다리가 놓여 있는데 로비 쪽에서 바라보면 크리스털 수영장과 징검다리, 코티지가 어우러져 휴양지 느낌이 제대로 난다.

가장 기본 카테고리인 프리머어 디럭스룸은 1층에 위치하며, 수영장으로 바로 입수가 가능한 풀 사이드와 2층 풀 뷰로 나뉜다. 패밀리 로프트는 4인 가족용으로 복층구조가 인상적이다. 둘만의 로맨틱한 시간이 중요한 커플 여행자들을 위해 허니문 풀 빌라까지 갖추고 있어 다양한 여행자를 만족시킨다.

메인 레스토랑 아팔라야 앞으로 전용 비치와 인피니티 풀을 하나 더 보유하고 있는데, 전용 비치는 자연보호구역으로 정해져 있을 만큼 맑은 물을 자랑한다. 알로나 비치에서 조금 떨어져 있어 리조트에서 여유롭게 쉬고 싶은 사람에게 권한다.

Data **지도** 268p-팡라오 섬 A
가는 법 알로나 비치에서 차로 10분 소요
주소 Danao, Panglao Island, Bohol **전화** 038-416-0695
가격 디럭스룸 15,000페소~, 허니문 풀 빌라 26,000페소
홈페이지 www.bluewaterpanglao.com.ph

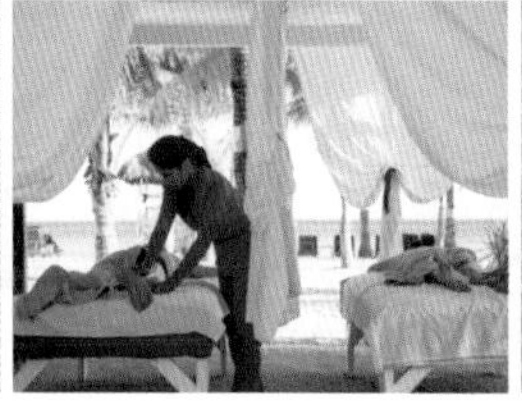

보홀의 리조트 역사를 연

보홀 비치 클럽 Bohol Beach Club

해변과 작은 경계선을 하나 두고 사우스 팜과 보홀 비치 클럽이 나뉜다. 원래는 보홀을 대표하는 팡라오 섬 최고의 리조트였으나 부실한 관리로 점점 하락세를 타다가 사우스 팜에 자극받아서인지 장장 8개월의 리노베이션을 마쳤다. 오로지 디럭스룸과 스위트룸으로만 구분되며, 오렌지 색깔로 적절히 포인트를 주어 들어서는 순간 기분까지 화사하다. 데이 트립을 운영하고 있어 숙박을 하지 않아도 해변과 시설을 즐길 수 있다. 레스토랑에서 파는 BBC 버거는 이것만을 위해 데이 트립을 구입하는 사람이 있을 정도로 팬 층이 두텁다. 바닷가 바로 앞에 야외 마사지를 받을 수 있는 공간이 따로 마련되어 있어 해변 마사지보다 더 쾌적하게 바닷바람 맞으며 마사지를 즐길 수 있다.

Data **지도** 268p-팡라오 섬 B **가는 법** 알로나 비치 동쪽으로 차로 10분 소요
주소 Bo. Bolod, Panglao Island, Bohol **전화** 038-502-9222 **가격** 디럭스룸 8,500페소~, 스위트룸 13,000페소~ **홈페이지** www.boholbeachclub.com.ph

맹그로브 숲 속으로

그란데 선셋 리조트 Grande Sunset Resort

팡라오 섬에서 유일하게 맹그로브 숲을 끼고 있다. 바다에서 자라는 나무 맹그로브 숲을 가로지르는 대나무 다리를 따라 산책을 즐길 수 있는 자연 친화적 리조트이다. 고급스러운 시설은 아니지만 한국인 매니저가 있어 특유의 정과 편안함이 묻어나는 곳이다. 스탠더드룸부터 커플 여행자들을 위한 허니문 스위트룸와 가족 여행자들을 위한 투 베드룸 빌라까지 다양한 룸 타입을 갖추고 있다.

전용 해변이 없다는 것이 단점이지만 커버할 수 있을 만큼 커다란 수영장이 있다. 또한 걸어서 5분이면 아기자기하고 소박한 매력을 가진 돌호 비치에 닿을 수 있어 아쉬움은 크지 않다. 오히려 잘 가꿔진 전용 비치보다 물놀이하는 현지 아이들과 코코넛 주스를 파는 주민들과 마주하며 아기자기하고 소박한 진짜 필리핀 해변의 매력에 푹 빠질 것이다.

Data **지도** 268p-팡라오 섬 A **가는 법** 알로나 비치에서 차로 15분 소요 **주소** Doljo, Panglao Island, Bohol
전화 038-502-8133 **가격** 스탠더드룸 123달러, 투 베드룸 빌라 182달러

알로나 비치 숙소 모음

알로나 비치의 중심

오아시스 리조트 Oasis Resort

알로나 비치에서 위치, 시설, 가격 모두를 만족하는 리조트. 알로나 비치 중심 바다 바로 앞에 위치하고 있으며, 안으로 들어가면 꽤 넓은 정원이 나타난다. 중간중간 열대 꽃들이 피어있고 오솔길과 연못으로 아기자기하게 꾸며져 있다. 수영장 주위로 동그랗게 방갈로 스타일의 숙소들이 놓여 있다. 스탠더드와 디럭스룸은 팬과 에어컨 룸 중 선택할 수 있으며, 스탠더드룸은 많이 어두운 편이다.

객실은 원목가구와 화이트 톤으로 깔끔하게 꾸며져 있다. 해변 가까이 새로 지은 신축 건물에는 복층 구조로 가족 여행자들에게 적합하다. 6명까지 채울 수 있는 커다란 룸은 친구들끼리 여행 와서 묵으면 밤새 수다 떨기 딱 좋다. 눌러앉아 도란도란 하기 좋은 비치 바와 레스토랑을 갖추고 있으며, 바로 옆 다이브 숍도 운영하고 있어 다양한 프로그램을 이용할 수 있다.

Data **지도** 270p-E **가는 법** 알로나 비치 로드로 들어와서 왼쪽으로 해변을 따라 도보 3분 **주소** Alona Beach, Tawala, Panglao Island, Bohol **전화** 038-502-9083 **가격** 스탠더드룸 2,400페소~, 디럭스룸 2,700페소~ **홈페이지** www.oasisresortbohol.com

네가 있어 다행이야

원더 라군 다이브 리조트 Wonder Lagoon Dive Resort

보홀이 알려지지도 않았을 시절부터 이곳의 매력에 사로잡힌 한국인이 운영하는 리조트. 터줏대감 운영자로부터 투어와 다이빙을 편리하게 예약할 수 있고 알짜배기 꿀 팁도 얻을 수 있다. 바다가 있어도 수영장이 중요한 한국인 여행자들의 마음을 제대로 읽고 알로나 비치에서 가장 큰 수영장을 보유하고 있다.

수영장 주위로 버섯집 같이 귀여운 방갈로들이 둘러싸고 있다. 디럭스와 스위트룸으로 구분되며 최대 3인과 5인까지 가능하다. 옷가지를 널 수 있는 개별 발코니와 해먹이 걸려있다. 가족 단위로 이용하기 좋다.

한국 음식을 판매하는 레스토랑에서는 제육볶음, 김치전 등을 맛볼 수 있다. 엄청 저렴한 마사지 숍도 갖추고 있다. 알로나 비치와 1.5km 떨어져 있으며 횟수 제한 없이 왕복 셔틀버스를 운영하고 있다.

Data **지도** 270p-A **가는 법** 알로나 비치 로드에서 메인 로드로 나와 차로 5분 **주소** Hontanosas Road, Tawala, Panglao Island, Bohol **전화** 038-502-8420 **가격** 디럭스룸 2,900페소, 스위트룸 3,900페소 **홈페이지** www.wonderlagoonresort.com

프라이빗하게 즐기는 럭셔리

빌라 카사드야 Villa Kasadya

빌라 카사드야는 가운데 수영장을 두고 단 3개의 독채 빌라만을 가지고 있어 거의 풀 빌라에 가깝다. 가격은 3성급 호텔 수준. 코티지 스타일의 빌라는 천장이 높고 내부 사이즈가 넉넉해 무척 쾌적하다. 프랑스인 오너의 감각적인 인테리어 감각이 돋보이며, 넓은 방만큼이나 넓은 화장실도 마음에 든다. 안락함과 프라이버시를 중시하는 유럽인들에게 인기가 많아 현재 독채를 더 짓는 중이다. 수영장 옆 파빌리온 레스토랑에서는 전통 프렌치 요리를 맛볼 수 있으니 놓치지 말자.

Data **지도** 270p-E **가는 법** 알로나 비치에서 도보 3분
주소 Daorong, Danao, Panglao Island, Bohol
전화 0988-510-8801 **가격** 가든 뷰 빌라 5,400페소~
홈페이지 www.villakasadya.com

위치가 갑

알로나 큐 화이트 비치 리조트 Alona Kew White Beach Resort

알로나 비치 초입에 딱 보이는 하얀 건물. 바로 앞에 바다가 있고, 주위에 노천카페와 편의 시설이 있다. 구관과 신관으로 나뉘며 신관은 로비가 있는 메인 건물이고 구관은 방갈로 스타일의 룸이다. 방갈로의 방은 좁고 많이 낡았으니 관리가 잘 되어 있는 신관으로 달라고 미리 요청하자. 작지만 수영장도 갖추고 있고 부속 레스토랑 음식도 괜찮은 편. 위치가 깡패라고 베이직한 시설에 비해 가격은 비싸지만 편의성 하나만큼은 최고다.

Data **지도** 270p-E **가는 법** 알로나 비치 초입 위치
주소 Alona Beach Road, Panglao Island, Bohol
전화 038-502-9042 **가격** 슈피리어룸 4,500페소
홈페이지 www.alonakewbeachresort.com

집처럼 편하게 지낼 수 있는

선 아파텔 리조트 Sun Apartelle Resort

침실과 거실, 부엌이 나눠져 있는 콘도식 리조트. 웬만한 취사도구를 거의 갖추고 있어 요리가 가능하고, 방 2개짜리부터 4개까지 있어 가족끼리 묵기 좋다. 녹색이 우거진 와일드한 정원과 지하 동굴을 이용한 작은 수영장이 있다. 해변에 위치하고 있지는 않지만 걸어서 15분 정도면 알로나 비치에 다다를 수 있다. 대로변에 있어 저녁에 오가는데도 크게 무리는 없다.

Data **지도** 270p-C **가는 법** 알로나 비치 로드에서 메인 로드로 나와 오른쪽으로 도보 10분 **주소** Hontanosas Road, Tawala, Panglao Island, Bohol **전화** 038-502-9063
가격 투 베드 룸 63달러 **홈페이지** www.sunapartelle.com

여행 준비 컨설팅

세상에서 가장 설레는 시간은 여행 계획 짤 때가 아닐까 싶다. 물론 가보지 않은 나라다 보니 기대만큼 걱정도 크겠지만 아래 미션들을 하나하나 클리어 하다 보면 어느덧 걱정 대신 흥분으로 가득 찰 것이다. 여행 준비 또한 여행의 일부이니 달력을 펼치고 디데이를 세어보자. 원래 손꼽고 기다릴 때가 더 짜릿한 법!

D-40

MISSION 1 여행 일정을 계획하자

1. 내 여행 스타일은?

패키지 투어 vs 자유여행. 가격적인 부분보다는 자신이 어떤 스타일인지를 먼저 고민해봐야 한다. 패키지 투어는 저렴해 보여도 옵션 등을 따지면 자유여행과 비슷하다. 정해진 일정에서 단체로 움직이는 것이 좋은지, 스스로 계획해서 다니는 것이 편한 사람인지를 알아야 한다.

요즘 추세는 단연 자유여행. 필리핀의 경우 간단한 영어만으로도 크게 어려움이 없으며 관광객에게 친절한 편이다. 자유여행으로 와서 호핑 투어 혹은 시티 투어 등 원하는 일정만 투어 상품을 이용하는 것이 대세다. 항공권과 숙박 등 준비할 거리는 늘지만 100% 자신의 스타일로 계획을 짜는 만큼 만족도가 높고 기억에 오랫동안 남는 여행이 시작된다.

2. 언제 출발하지?

날씨로 따지면 여행하기 좋은 시기는 건기 중에서도 12~2월. 7~8월은 우기지만 국내 여름 휴가철과 겹쳐 극성수기가 된다. 세부와 보라카이는 한국인이 가장 사랑하는 휴양지인 만큼 비행기 표와 호텔의 경쟁이 치열하고 물가도 가장 높다. 우기라고 너무 걱정할 필요는 없다. 한국의 장마처럼 내내 오는 것이 아니라 스콜성 소나기가 퍼붓고, 곧 개는데다 소나기가 더위를 식혀주어 건기보다 시원하게 여행할 수 있다. 다만, 보라카이의 경우 태풍의 영향을 많이 받는 곳이라 강한 비바람을 동원한 태풍과 마주칠 수도 있다.

3. 얼마나 다녀올까?

이 질문에 결정권을 가지고 있는 사람이 몇이나 될까? 유럽처럼 긴 휴가를 쓸 수 없는 현실에서 짧은 비행 시간과 아름다운 바다가 있는 필리핀은 한국인 안성맞춤 휴가지이다.

휴양 위주의 여행이라면 보라카이와 세부, 보홀 모두 3박 4일 정도면 적당하다. 세부와 보홀을 함께 둘러보고 싶거나 스쿠버 다이빙을 즐기기 위한 다이버라면 일주일은 되어야 여유가 있다. 세부 여행 시 오슬롭 혹은 말라파스쿠아 섬 같은 다른 지역을 둘러보며 색다른 필리핀을 느끼고 싶다면 5박 6일 정도는 일정을 잡는 게 좋다.

D-30

MISSION 2 항공권을 확보하자

저가 항공의 취항으로 세부와 보라카이로 향하는 여행자들이 더욱 늘어났다. 원하는 시간대와 가격의 티켓을 구하려면 최대한 미리 예약하자. 저가항공 이용 시 세부와 보라카이 모두 10~20만원대에 구입이 가능하지만 성수기에는 두 배가량 뛴다.

1. 어디서 살까?

스카이 스캐너나 구글 플라이트 같은 항공권 가격 비교 사이트를 통해 가격을 알아본 후 그 항공사의 홈페이지에 들어가서 다시 한 번 체크하는 것이 좋다. 자체 프로모션을 하는 경우가 종종 있기 때문. 시간적 여유가 있다면 해당 항공사의 SNS 등을 통해 프로모션 소식을 주시하는 것도 추천한다.

또한 출발 시간이 임박한 항공권을 저렴하게 판매하는 일명 땡처리 티켓도 체크하면 자신이 원하는 일정에 맞는 티켓을 득템할 수 있다. 단, 이 경우 변경 불가 등 조건이 붙는 경우가 많으니 꼭 확인하고 사야 한다. 관심 지역을 등록해두면 항공권 프로모션이 뜰 때 마다 알려주는 어플리케이션 '플레이윙즈'도 추천한다.

필리핀 에어 www.philippineairlines.co.kr
세부 퍼시픽 www.cebupacificair.com
에어 아시아 www.airasia.com
대한항공 www.koreanair.co.kr
제주항공 www.jejuair.net
진에어 www.jinair.com
땡처리 닷컴 www.072.com
스카이 스캐너 www.skyscanner.co.kr

2. 어떤 표를 살까?

단연 가장 편리한 노선은 직항 편이다. 보라카이까지는 아직 국내 항공기가 운행되지 않으며 필리핀 에어와 에어 아시아가 직항을 운행하고 있다. 마닐라를 경유해서 오는 경우도 잦은데 이 경우 환승 시간을 넉넉하게 잡아야 한다. 세부의 경우는 대한항공과 아시아나항공 같은 거대 항공사뿐만 아니라 진에어, 제주항공 등 저가 항공사들까지 직항을 운행하고 있어 편리하다.

3. 주의할 점은?

공항세Tax를 확인하자

사이트에 명시된 금액에 유류할증료, 출국세, 공항세 등 모든 텍스를 포함한 최종 항공권 가격이 얼마인지를 확인하는 것은 필수.

티켓의 조건을 확인하자

항공권의 유효기간을 확인하고 날짜 변경, 취소 가능 여부 등에 대한 조건도 사전 확인이 필요하다. 저가 항공일수록 환불 및 교환이 어렵다.

추가요금 주의

저가 항공일 경우 공항 체크인, 좌석 지정, 기내식, 담요, 수하물 등 모두 추가로 금액을 지불해야 한다. 인터넷 결제 시 YES를 클릭하다 보면 최종 가격이 처음과 차이가 난다. 여행자 보험을 들었다면 보험 여부에 NO를 클릭해 이중 지출이 없도록 한다. 또 수하물 무게 한도에 엄격해 무게를 초과하면 추가 요금을 지불해야 한다. 기내식과 담요는 미리 주문하지 않아도 원하면 비행 중에 주문할 수도 있다.

D-25

MISSION 3 여권을 체크하자

필리핀에 입국하려면 출발일을 기준으로 유효기간이 최소 6개월 이상 남은 여권이 필요하다. 단수여권의 경우는 사용한 적이 없는 여권이어야만 한다. 해외여행의 필수품인 여권 체크는 필수, 없다면 이번 기회에 발급받도록 하자.

1. 어디에서 만들까?

서울에서는 외교통상부를 비롯한 대부분의 구청에서, 그 외 지역에서는 도청이나 시청의 여권과에서 발급받을 수 있다. 인터넷 검색 사이트에 '여권 발급기관'을 검색하면 자세한 정보를 얻을 수 있으니 가까운 곳을 선택해 방문하면 된다.

2. 무엇이 필요할까?

- 여권발급신청서
- 여권용 사진 1매(6개월 이내 촬영한 사진)
- 사진이 부착되어 있는 신분증
- 병역관계 서류
- 수수료 일반 10년 복수여권 기준 24면 50,000원, 48면 53,000원
- 가족관계 기록사항에 관한 증명서

외교부 여권 안내 홈페이지

www.passport.go.kr

3. 어떻게 만들까?

전자여권은 발급 대행이 불가능하기 때문에 본인이 신분증을 지참하고 직접 신청해야 한다.
단, 18세 미만은 대행 신청이 가능하다. 여권은 접수 후 3~7일 정도 소요된다.

4. 여권을 잃어버렸거나 기간이 만료됐다면?

재발급 절차는 여권을 발급받을 때와 비슷하지만 재발급 사유서 서류가 추가된다. 분실 시 분실 신고서를, 여권이 훼손되었을 경우는 훼손 신고서를 구비해야 한다. 연장 신청은 여권 만료일 1년 이내에 할 수 있으며, 유효기간이 남은 구여권은 반납해야 한다.

5. 군대 안 다녀온 사람은?

복수여권의 발급은 가능하지만 25세 이상의 군 미필자는 여전히 허가를 받아야 한다. 병무청 홈페이지에서 신청서를 작성하면 2일 후 국외여행허가서와 국외여행허가증명서를 출력할 수 있다. 국외여행허가서는 여권발급 시, 국외여행허가증명서는 공항에 있는 병역신고센터에 제출하면 된다.

D-20

MISSION 4 숙소를 예약하자

1. 필리핀에는 어떤 숙소가 있나?

리조트, 호텔, 레지던스 등 다양한 숙소가 넘쳐난다. 누구와 함께 하는지와 여행하는 스타일에 따라 입맛대로 고르면 된다. 휴양과 물놀이에 중점을 둔다면 리조트 중에 예산이 맞는 숙소를 고르면 되고, 숙소보다 외부에서 시간을 보낼 일이 많다면 중저가의 콤팩트 호텔에 묵으면 좋다.

4인 이상이 여행을 한다면 한인 펜션을 눈여겨보자. 요리도 할 수 있는 부엌을 갖춰 아이가 있는 가족끼리 여행할 때 더욱 편리하다. 요즘은 에어비앤비를 통해 쉽게 집을 한 채 빌리는 시스템도 잘 되어 있어 아파트를 단기 렌트하는 것도 방법이다. 혼자라도 에어비앤비를 통하면 호스텔 인프라가 적은 필리핀에서 저렴하게 여행할 수 있다.

2. 숙소 위치는 어디가 좋을까?

보라카이라면 크게 화이트 비치에 묵느냐 그렇지 않느냐로 나눠진다. 화이트 비치에 있는 숙소에 묵을 시 시설 대비 가격이 비싸지만 편의성이 좋다. 그 외의 지역에 묵는다면 레스토랑과 시설에 대한 접근성은 떨어지지만 조용히 휴양을 즐길 수 있다. 세부의 경우 먼저 세부 시티와 막탄 섬 중 골라야 한다. 리조트에서 많은 시간을 보내고 싶은 휴양형이라면 막탄 섬에, 돌아다니는 것을 좋아하는 관광형이라면 세부 시티에 머무는 것이 효율적이다. 보홀은 탁빌라란과 알로나 비치에 숙소를 잡는 것이 일반적인데, 알로나 비치가 있는 팡라오 섬에 머무르며 하루 정도 육상 투어를 다녀오는 것이 편리하다.

3. 어떻게 예약할까?

예약 전문 사이트들을 둘러보며 설명글과 후기를 꼼꼼히 살피며 마음에 드는 숙소를 고른다. 관심 있는 호텔의 홈페이지를 체크해 가격과 프로모션 여부를 체크한다. 일정 변경 및 취소 수수료도 꼼꼼히 따져보자. 항공권과 함께 나오는 에어텔 상품을 잘 이용하는 것도 저렴하게 숙소를 예약하는 방법이다.

아고다 www.agoda.com
익스피디아 www.expedia.com
트립 어드바이저 www.tripadvisor.co.kr
에어비앤비 www.airbnb.co.kr

D-15

MISSION 5 여행 정보를 수집하자

1. 책을 펴자

필리핀의 대표 휴양지들의 최신 정보를 담은 <보라카이·세부·보홀 홀리데이>를 펼쳐보자. 여러모로 검증된 정보와 책에서 소개하는 즐길거리를 바탕으로 나만의 여행 코스를 위한 밑그림을 그려볼 것. 단, 출간 시일에 따라 철이 지난 정보가 있을 수 있으니 감안하고 봐야 한다.

2. 인터넷을 켜자

다수의 사람들이 실시간으로 쏟아내는 정보들이 인터넷 안에 있다. 블로그나 트립 어드바이저 같은 사이트를 통해 생생한 여행 후기를 접할 수 있는 장점이 있으며 지나치게 주관적이라는 단점도 있다.
또한 여행자들을 위한 커뮤니티가 잘 발달되어 있어 궁금한 점이 있다면 실시간으로 피드백을 받을 수 있다.
요즘은 지도와 여행정보가 담긴 모바일 어플리케이션도 출시되어 미리 다운 받아 가면 편리하다. 또는 필리핀 관광청 공식 홈페이지를 이용하면 정확한 정보를 얻을 수 있다.

유용한 사이트

정보 공유

필리핀 관광청 www.7107.co.kr
온필 www.onfill.com
엔조이 필리핀 cafe.naver.com/njoypp
세부 백배 즐기기 cafe.naver.com/cebu100x
더 즐거운 세부여행 cafe.naver.com/gothecebu
보홀 여행클럽 cafe.naver.com/clubbohol
아이러브 보라카이 cafe.naver.com/ilovebora

여행 리뷰

트립 어디바이저 www.tripadvisor.com

3. 사람을 만나자

여행지를 미리 체험한 이들의 경험과 조언도 무시할 수 없다. 책이나 인터넷에서 보이는 것과는 또 다른 차원의 필리핀을 알 수 있다. 최근에 다녀온 사람일수록 생생한 정보가 많은 것은 당연한 일. 소소하게 놓치기 쉬운 준비사항들을 보라카이에 다녀온 적 있는 지인들과 즐겁게 대화하면서 발견해보자.

D-10

MISSION 6 여행자 보험 가입하기

1. 여행자 보험은 왜 들까?

보라카이 여행은 외부에서의 활동이 많아지는 만큼 다치거나 아파서 병원에 갈 확률이 높아지고 도난의 위험이 도사린다. 이런 경우를 대비하는 것이 바로 여행자 보험이다. 특히 필리핀의 병원비는 기본 진료비가 500페소로, 물가를 생각해보면 어마무시하게 비싸다.

2. 보상 내역을 꼼꼼히 따져보자

패키지여행 상품을 신청하면 보통 포함되는 것이 '1억원 여행자 보험'. 얼핏 대단해 보이나 사망할 경우 1억원을 보상한다는 뜻일 뿐 도난과 상해는 별도다. 사실 여행자가 겪게 되는 일은 도난이나 상해가 대부분이니 이 부분에 보장이 얼마나 잘 되어 있는가를 꼼꼼히 확인해보자.

3. 보험 신청하기

여행사를 통해, 또는 출국 전 공항에서 가입할 수 있다. 어플리케이션을 통해서도 신청할 수 있다.

4. 증빙 서류는 똑똑하게 챙기자

서류가 미비하면 제대로 보상을 받기 힘들다. 도난을 당하거나 사고로 다쳤을 경우 경찰서나 병원에서 받은 증명서와 영수증 등은 잘 보관해 두어야 한다.

5. 보상금 신청은 제대로 하자

귀국 후 보험회사로 연락해 제반 서류들을 보낸다. 병원 치료를 받은 경우 진단서, 병원비, 약품 구입 영수증 등을 첨부한다. 도난당했을 경우 '분실Lost'이 아니라 '도난Stolen'으로 기재된 도난증명서를 제출한다. 도난품의 영수증도 첨부하면 더 좋다.

MISSION 7 알뜰하게 환전하자

필리핀에서는 공식 통화인 페소를 사용한다. 비상용으로 신용카드를 준비하는 것이 좋다. 현금카드 기능이 있는 신용카드이라면 ATM을 이용하여 페소를 인출할 수 있다.

현금 환전

국내에서 미리 페소로 바꿔가거나 미국 달러로 바꿔가 현지에서 페소로 바꾸는 방법 2가지가 있는데 후자가 훨씬 더 환율이 좋다. 공항이나 호텔은 환율을 상대적으로 낮게 쳐준다. 100달러짜리 지폐로 가져가야 가장 높은 환율을 받을 수 있다.

Tip 씨티카드 국제현금카드 이용하기

씨티카드 현금카드를 이용하면 ATM을 통해 바로 페소로 인출해 사용할 수 있다. 수수료가 1달러밖에 되지 않아 해외여행을 자주 다니는 사람이라면 하나쯤 있으면 유용하다. 세부 아얄라 센터 앞에 시티 은행이 있으며 보라카이에는 없다.

D-1

MISSION 8 완벽하게 짐 꾸리기

꼭 가져가야 하는 준비물

여권 없으면 출국부터 불가능하다. 사진이 있는 첫 페이지를 핸드폰에 찍어두고 여권 사본도 몇 장 준비하자.

항공권 전자항공권 이티켓 시대지만 예약확인서를 출력해 가져와야 한다. 세부와 보라카이 공항 모두 항공권이 없을 시 공항 입장이 불가하다.

호텔 바우처 호텔 예약을 확인할 수 있는 바우처를 출력해가면 체크인 시 편리하다. 또한 문제가 생겼을 때 해결을 용이하게 해준다.

여행경비 현금, 신용카드, 현금카드 등 빠짐없이 챙기자. 달러를 현지에서 페소로 바꾸는 것이 환율이 가장 잘 쳐주지만 도착하자마자 쓸 1,000~2,000페소는 미리 바꿔가는 것이 좋다.

카메라 충전기와 넉넉한 메모리 카드는 체크 또 체크. 물놀이 시간이 많으니 방수팩이 있으면 더 즐거운 추억을 남길 수 있다.

가방 돌아다닐 때 들 작고 가벼운 가방과 물놀이할 때 귀중품을 보호해줄 아쿠아 팩이 있으면 편리하다.

의류 가벼운 여름 옷차림 위주로 준비하되 실내는 에어컨이 무척 강한 편이므로 얇은 가디건 하나쯤은 챙기도록 하자.

신발 운동화, 샌들 등 발 편한 신발이 최고다. 플립플랍은 필리핀에도 다양한 디자인들이 많으니 현지 조달도 괜찮다.

선크림 이글이글거리는 필리핀 태양 아래 피부를 보호해줄 선크림은 필수!

수영복 두말하면 입 아픈, 빼놓을 수 없는 아이템.

세면도구 호텔에 묵으면 샤워 용품은 어메니티로 제공되는 경우가 많다. 그 외 화장을 지울 클렌징 용품과 치약, 칫솔은 챙겨야 한다.

비상약 평소 복용하는 약 외에 설사약, 감기약, 항생제, 멀미약, 밴드 등.

화장품 꼭 필요한 만큼 작은 용기에 덜어가거나 샘플을 사용하면 편리하다.

가이드북 지도와 정보가 가득한 가이드북은 여행을 훨씬 수월하게 도와준다.

가져가면 편리한 준비물

모자 뜨거운 태양을 막아주고 패션리더로 등극시켜줄 모자 하나쯤 있으면 좋다. 현지에서도 저렴하게 구입 가능하다.

선글라스 강력한 자외선으로부터 눈을 보호해준다.

우산 우기라면 갑작스런 소나기에 대비하여 작은 3단 우산 하나 챙기는 센스.

비닐봉투 젖은 옷이나 빨래할 옷을 분리하고 잡동사니를 담는 등 다양한 용도로 사용가능하다.

휴대용 과도 망고와 열대과일을 신나게 먹기 위한 준비물. 출국 시 수화물에 넣어야 하며 가져가지 않았다면 슈퍼에서 살 수 있다.

빗 빗이 구비된 숙소는 거의 없다.

헤어드라이어 헤어드라이어 바람이 굉장히 약한 편.

면봉 없으면 섭섭한 물품 1호.

여성용품 그날이 예상된다면 자신에게 맞는 제품을 미리 준비해가는 것이 편리하다.

어댑터 220V이긴 하지만 콘센트 구멍이 11자형인 곳이 많으므로 돼지 코 어댑터나 멀티 어댑터를 준비해야 한다. 호텔에서 빌려주기도 하지만 재고가 없으면 사야한다.

D-day

MISSION 9 필리핀으로 입국하자

1. 서류 작성하기

필리핀에 입국하기 위해서는 3가지 신고서류가 필요하다. 비행기에서 승무원이 나눠주니 미리 작성해두면 편리하다. 입국 신고서는 영문 표기 외에 한국어로도 표기가 되어 있다. 빈칸은 영문 대문자로 작성해야 한다. 도착지 주소는 호텔 이름으로, 여행 목적은 Holiday나 Travel 정도로 적으면 된다.

2. 입국 심사 받기

입국 심사대에 여권과 미리 작성한 출입국 신고서를 제출하자. 심사원이 여권에 도착 도장과 머물 수 있는 날짜(30일)를 적어준다. 대체로 관광객에게 많은 것을 물어보거나 하지 않는다.

Tip 만 15세 미만 소아 입국 규정

부모 동반 시

둘 중 한 명만 동반할 시라도 부모의 이름이 모두 명시된 영문 주민등록등본이 필요하다. 이 때 여권상의 영문 이름과 동일해야 한다. 특히 우리나라의 경우 어머니의 성과 자녀의 성이 달라 더 까다롭게 체크하니 꼭 챙기도록 하자.

부모 비동반 시

15세 미만 아동이 부모와 비동반으로 필리핀 입국 시에는 간단한 서류 절차와 일정 비용을 납부 후 입국할 수 있다.

준비물

- 필리핀 입국 수수료 3,120페소
- 공증 받은 영문 부모 동의서(서명 필수)
- 영문 주민등록등본(여권상의 영문 이름과 동일해야 함)
- 여권 사본
- 여권 사진 1매
- 출국 티켓

입국 신고서

REPUBLIC OF THE PHILIPPINES
DEPARTMENT OF JUSTICE
BUREAU OF IMMIGRATION
ARRIVAL CARD

PLEASE WRITE LEGIBLY

※대문자로 작성

PASSPORT / TRAVEL DOCUMENT NUMBER
① PASSPORT/TRAVEL DOCUMENT NUMBER 여권번호

LAST NAME
② LAST NAME 성

FIRST NAME
③ FIRST NAME 이름

MIDDLE NAME
④ MIDDLE NAME 중간이름(한국인은 해당사항 없음)

⑦ GENDER 성별

DATE OF BIRTH (MM-DD-YYYY)
⑤ DATE OF BIRTH (MM-DD-YYYY) 생일

NATIONALITY
⑥ NATIONALITY 국적

GENDER
MALE / FEMALE

ADDRESS ABROAD / HOTEL (NO., STREET, TOWN / CITY STATE / COUNTRY, ZIP CODE)
⑧ ADDRESS ABROAD / HOTEL 해외 주소

ADDRESS IN THE PHILIPPINES (NO., STREET, TOWN / CITY, PROVINCE)
⑨ ADDRESS IN THE PHILIPPINES 필리핀 주소

CONTACT NUMBER AND / OR EMAIL ADDRESS
⑩ CONTACT NUMBER AND / OR EMAIL ADDRESS 연락 전화 번호 / 이메일 주소

OCCUPATION
⑪ OCCUPATION 직업

PERSONAL I.D. NUMBER
⑫ PERSONAL ID NUMBER 개인 ID 번호

FLIGHT / VOYAGE NUMBER
⑬ FLIGHT / VOYAGE NUMBER 항공편명

PORT OF EXIT
⑭ PORT OF EXIT 출구의 항구

ACR I-CARD NUMBER
⑮ ACR I-CARD NUMBER (ACR I-CARD 번호)

PRIMARY PURPOSE OF TRAVEL
- PLEASURE/VACATION
- CONVENTION/CONFERENCE
- EDUCATION/TRAINING
- OFFICIAL MISSION
- HEALTH/MEDICAL
- BUSINESS/PROFESSIONAL
- RETURNING RESIDENT/BALIKBAYAN
- WORK EMPLOYMENT
- RELIGION/PILGRIMAGE
- OTHERS

SIGNATURE
⑰ SIGNATURE 서명

DATE OF ARRIVAL
⑱ DATE OF ARRIVAL 도착 날짜

⑯ PRIMARY PURPOSE OF TRAVEL 여행 목적

세관 신고서

Republic of the Philippines
Department of Finance
BUREAU OF CUSTOMS

CUSTOMS DECLARATION

All arriving passengers must provide the following information. If travelling with a family, only one (1) declaration is required to be made by the head or any responsible member thereof. Please fill-up completely and legibly.

SURNAME / FAMILY NAME FIRST NAME MIDDLE NAME
01 성, 이름

SEX ☐ MALE ☐ FEMALE
02 성별

BIRTHDAY (MM / DD / YY)
03 생년월일

CITIZENSHIP
04 국적

OCCUPATION / PROFESSION
05 직업

PASSPORT NO
06 여권번호

DATE AND PLACE OF ISSUE
07 발급일 및 발급처

ADDRESS (Philippines)
08 필리핀 내 체류주소

ADDRESS (Abroad)
09 주소

FLIGHT NO
10 항공편명

AIRPORT OF ORIGIN
11 출발 공항

DATE OF ARRIVAL
12 도착일자

PURPOSE / NATURE OF TRAVEL TO THE PHILIPPINES
13 방문목적
2 ☐ Returning Resident
3 ☐ Overseas Filipino Worker
4 ☐ Business
5 ☐ Tourism
6 ☐ Others (Specify)

14 동행 가족 수 …NYING MEMBERS OF THE FAMILY:

15 수하물 개수 (위탁수하물, 휴대수하물) Handcarried ____ Pcs.

GENERAL DECLARATION: (Please read important information at the back)

16 동식물, 어류 등 반입 여부 …ants, fishes and/or their products and by-products? (If yes, please see a Customs Officer before proceeding to the Quarantine Office). ☐ Yes ☐ No

17 PHP10000 이상의 필리핀화폐 소지 여부 …checks, money order and other bills of exchange drawn in pesos against banks operating in the Philippines in excess of PHP 10,000.00? ☐ Yes ☐ No

If yes, do you have the required Bangko Sentral ng Pilipinas authority to carry the same? ☐ Yes ☐ No

18 $10000 이상의 외환 소지 여부 …foreign exchange denominated bearer negotiable monetary instruments (including travelers checks in excess of US$10,000.00 or its equivalent? (If yes ask for and accomplish Foreign Currency Declaration Form at the Customs Desk at Arrival and Departure areas. ☐ Yes ☐ No

19 금지된 물품 반입 여부 (총기류, 마약류, 규제된 DVD 등) …part thereof, drugs, controlled chemicals) or regulated items (VCDs, DVDs, communication devices, transceivers)? ☐ Yes ☐ No

20 보석, 전자제품, 판매용상품 반입 여부 …ds, and commercial merchandise and/or samples purchased or acquired abroad? ☐ Yes ☐ No

ALL PERSONS AND BAGGAGE ARE SUBJECT TO SEARCH AT ANY TIME
(Section 2210 and 2212 Tariff & Customes Code of the Philippines amended)

I HEREBY CERTIFY UNDER PENALTY OF LAW THAT THIS DECLARATION IS TRUE AND CORRECT

21 서명 SIGNATURE OF PASSENGER

DATE OF LAST DEPARTURE FROM THE PHILIPPINES

22 필리핀으로 부터 마지막 출국 일자

FOR CUSTOMS USE ONLY

PRINTED NAME & SIGNATURE OF CUSTOMS OFFICER | CODE NO | LANE NO | DATE

BC Form No. 117 (Rev 25 Aug 05)

3. 수하물 찾기

탑승했던 항공편이 표시된 레일로 이동해 짐을 찾는다. 다른 짐과 구분할 수 있는 네임텍 등을 달아놓으면 찾기 쉽다. 수하물 분실 시 해당 항공사에 분실 신고를 해야 한다.

4. 세관

말도 많고 탈도 많은 필리핀 세관. 기본적으로 세관신고서를 내고 신고할 것이 없으면 녹색 사인Nothing to declare 쪽에 서면된다.

필리핀의 면세 한도는 0원으로 1인당 담배 2보루 주류 1L 이하 2병을 제외하고 모든 물품은 관세를 내야 한다. 일반적으로 너무 당당하게 면세점 봉투를 흔들며 나가지 않는 한 큰 문제가 되지는 않지만 운이 나쁠 시에는 부르는 게 값인 세금 폭탄으로 여행의 기분을 망칠 수 있다.

부피가 큰 물건은 되도록 구입하지 않도록 하고, 구입한 물건은 봉투, 박스, 영수증을 버리고 짐 속에 잘 숨기는 것이 좋다. 만약 걸릴 시 화를 내는 것은 아무런 도움이 되지 않으니 차라리 웃으면서 깎아달라 협상을 하는 편이 현명하다.

세관 신고하기

인천 국제공항에서 고가의 물건을 샀을 때 아래의 방법으로 세관 신고를 할 수 있다.

1. 사온 물품을 공항 세관에 보관 요청

출국 시 재반출하겠다는 신고서를 작성하고 보관 요청을 하면 된다. 물품 보관료를 지불해야 하며 3개월 이내 반출해야 한다. 단, 분실 사고도 일어날 수 있으니 참고해야 한다.

2. 잠정 관세를 지불 후 반입한 후 재반출 신청

반입 물품에 대해 재반출 약속신고서re-exportation commitment form를 작성 후 관세 상당의 보증금을 지불 후 필리핀에 반입할 수 있다. 출국 시 세관에 신고한 후 지불했던 보증금은 돌려받을 수 있다.

현금 반출입

필리핀 입출국 시 필리핀 10,000페소 또는 미화 10,000달러 이상을 반출입을 하는 경우 신고를 해야 한다. 10,000페소는 약 25만원, 10,000달러는 1,000만원 상당으로 갭이 크니 달러로 환전해 와야만 신고와 압수조치를 피할 수 있다.

> **Tip 겨울에 출국 시 외투 보관하기**
>
> 겨울에 출국할 때마다 처치곤란이 되는 두툼한 코트! 외투를 맡아주는 서비스를 이용하여 가볍게 여행을 떠나보자.
>
> **클린업에어**
>
> 인천 국제공항 지하 1층, 032-743-1523
>
> **마이코트룸**
>
> 픽업 서비스 제공, 010-8300-9848, www.mycoatroom.com

건강 체크리스트

"For your own protection; for the safety of your family and the community"

HEALTH DECLARATION CHECKLIST

TO ALL TRAVELERS:

IMPORTANT REMINDER: Accomplish this form honestly and completely to facilitate quarantine procedures. Anyone found giving false information is liable and punishable in accordance with Philippine laws.

Travel History: 여행 기록

Arrival Date 도착일 Port of Origin 출발한 곳 Flt # 비행기명 Seat #: 좌석번호

Countries visited for the past two (2) weeks: 지난 2주 동안 방문한 국가들

Personal Data: 개인 정보

Name: 성 이름

Last Name *First Name* *Middle Name*

Sex 성별 Age 나이 Nationality 국적 Civil Status: 시민권

Occupation: 직업

[ ] Works in a Hospital, clinic or nursing home 병원, 클리닉 또는 양로원 관련직

[ ] Household help 가사도우미

[ ] Other (specify): 기타(구체적으로 명시)

Address in the Philippines 필리핀에서 머무는 곳

Tel / Mobile No. 전화/핸드폰 번호

Please check if you have any of the following at present or during the past 14 days: 지난 2주 동안 또는 현재 아래 증상이 있으면 체크하시오.

[ ] Fever 발열
[ ] Cough 기침
[ ] Severe Diarrhea 심한 설사
[ ] Headache 두통
[ ] Difficulty of Breathing 호흡 곤란
[ ] Sore Throat 목통
[ ] Unexplained Bruising or Bleeding 원인 모를 타박상 또는 출혈
[ ] Body Weakness 무력함
[ ] others (specify) 기타(구체적으로 명시)

	Yes	No
Did you visit any health worker, hospital, clinic or nursing home?	[ ]	[ ]
Did you visit any poultry farm or animal market?	[ ]	[ ]
Were you confined in a hospital?	[ ]	[ ]
Do you have any household member/s, or close friend/s who have met a person currently having fever, cough and/or respiratory problems?	[ ]	[ ]
Did you take anti-fever medication during the last 4-6 hours?	[ ]	[ ]

서명

Signature of Passenger / Crew

꼭 알아야 할 필리핀 필수 정보

필리핀은 아시아 남동쪽의 서태평양에 위치한 7,107개의 섬으로 이루어진 섬나라이다. 북부 루손, 중부 비싸야, 남부 민다나오로 나뉘어져 있다. 수도는 마닐라로 루손 지역에 위치한다.

언어 지역마다 다르다. 다양한 언어가 존재하며, 공용어로 영어와 타갈로그를 사용한다. 문자는 영어와 같이 로마자를 사용한다.
시차 한국보다 한 시간 느리다.
면적 약 30만㎢로 한반도의 1.3배이다.
인구 약 1억 명 정도.
종교 80% 이상 가톨릭이다.
기후 연평균 27°로 1년 내내 더운 아열대성 기후. 11~5월 건기, 6~11월 우기로 나뉜다.
통화 필리핀 페소peso를 사용하며 표기는 P, 혹은 PHP로 한다. 지폐 단위는 1,000, 500, 200, 100, 50, 20페소가 있으며 동전으로는 10, 5, 1페소, 25, 5, 1센타보가 있다(1페소=100센타보). 센타보는 잘 사용하지 않는다.
전압 220V. 플러그는 110V용을 쓰니 어댑터를 준비해가는 것이 좋다.
전화 로밍을 하거나 스마트폰일 경우 현지 유심을 사서 금액충전 후 끼우면 바로 사용 가능하다. 포켓 와이파이를 빌려주는 한인 업체들이 많으니 참고하자. 국가번호 63, 보라카이 지역번호 036, 세부 032, 보홀 038이다. 예) +63 32 123 4567. 0을 길게 누르면 +로 바뀐다.
비자 입국일 기준으로 여권의 유효기간이 6개월 이상 남아 있을 경우 30일 무비자 입국이 가능하다.

INDEX

INDEX

보라고
Borago

선셋 파티 호핑 20% Off
쿠폰 1장당 1인

※예약 시 쿠폰의 사용을 미리 말씀해 주시기 바랍니다.
※쿠폰을 잘라서 업체에 제시하세요.

유효기간: 없음

림 스파
Lim Spa

보라카이 기념품 증정
쿠폰 1장당 1개

※예약 시 쿠폰의 사용을 미리 말씀해 주시기 바랍니다.
※쿠폰을 잘라서 업체에 제시하세요.

유효기간: 없음

메리하트 스파
Merryheart Spa

마사지 10% Off, 쿠폰 1장당 1인
(12:30~14:30 서비스 타임 이용 불가)

※예약 시 쿠폰의 사용을 미리 말씀해 주시기 바랍니다.
※쿠폰을 잘라서 업체에 제시하세요.

유효기간: 없음

칼리보 에어포트 라운지
(칼리보 국제공항 맞은편 위치)

미니 보라카이 잼(4온스) 제공
(다른 쿠폰과 중복 사용 불가)
쿠폰 1장당 1개

※예약 시 쿠폰의 사용을 미리 말씀해 주시기 바랍니다.
※쿠폰을 잘라서 업체에 제시하세요.

유효기간: 없음

헬리오스 스파
Helios Spa

3시간 코스 진행 시
페이셜 골드팩 제공
2인 마사지 기준

※예약 시 쿠폰의 사용을 미리 말씀해 주시기 바랍니다.
※쿠폰을 잘라서 업체에 제시하세요.

유효기간: ~2020년 12월

하얀 투어
Hayan Tour

호핑 이용 시 노니 비누 증정
쿠폰 1장당 1개

※예약 시 쿠폰의 사용을 미리 말씀해 주시기 바랍니다.
※쿠폰을 잘라서 업체에 제시하세요.

유효기간: 없음

헬로 마이 풋 스파
Hello My Foot Spa

마사지 10% Off
쿠폰 1장당 1인

※예약 시 쿠폰의 사용을 미리 말씀해 주시기 바랍니다.
※쿠폰을 잘라서 업체에 제시하세요.

유효기간: 없음

보라고
Borago
선셋 파티 호핑 20% Off
쿠폰 1장당 1인

메리하트 스파
Merryheart Spa
마사지 10% Off, 쿠폰 1장당 1인
(12:30~14:30 서비스 타임 이용 불가)

헬리오스 스파
Helios Spa
3시간 코스 진행 시
페이셜 골드팩 제공
2인 마사지 기준

헬로 마이 풋 스파
Hello My Foot Spa
마사지 10% Off
쿠폰 1장당 1인

림 스파
Lim Spa
보라카이 기념품 증정
쿠폰 1장당 1개

칼리보 에어포트 라운지
(칼리보 국제공항 맞은편 위치)
미니 보라카이 잼(4온스) 제공
(다른 쿠폰과 중복 사용 불가)
쿠폰 1장당 1개

하얀 투어
Hayan Tour
호핑 이용 시 노니 비누 증정
쿠폰 1장당 1개

레드 크랩
Red Crab

알리망오 주문 시 망고 쉐이크 제공
인원수대로

※예약 시 쿠폰의 사용을 미리 말씀해 주시기 바랍니다.
※쿠폰을 잘라서 업체에 제시하세요.

유효기간: 없음

트리 셰이드 스파 막탄점
Tree Shade Spa Mactan

10% 할인
쿠폰 1장당 1인

※예약 시 쿠폰의 사용을 미리 말씀해 주시기 바랍니다.
※쿠폰을 잘라서 업체에 제시하세요.

유효기간: 없음

망고 봉봉 카페
Mango Bongbong Cafe

수제 망고 플롯 케이크 제공&
젤 네일 10% 할인. 쿠폰 1장당 1인

※예약 시 쿠폰의 사용을 미리 말씀해 주시기 바랍니다.
※쿠폰을 잘라서 업체에 제시하세요.

유효기간: 없음

이바나 스파
Evana Spa

90분 이상 마사지 진행 시 100페소 할인
(성장 마사지 제외). 일행 전원 해당

※예약 시 쿠폰의 사용을 미리 말씀해 주시기 바랍니다.
※쿠폰을 잘라서 업체에 제시하세요.

유효기간: 없음

뉴 그랑 블루
New Grand Bleu

다이빙 프로그램 이용 시 티셔츠 혹은
마스크 스트랩 증정. 쿠폰 1장당 1개

※예약 시 쿠폰의 사용을 미리 말씀해 주시기 바랍니다.
※쿠폰을 잘라서 업체에 제시하세요.

유효기간: 없음

마리스 스파
Maries Spa

15% OFF. 쿠폰 1장당 1개

※예약 시 쿠폰의 사용을 미리 말씀해 주시기 바랍니다.
※쿠폰을 잘라서 업체에 제시하세요.

유효기간: 없음

레드 크랩
Red Crab

알리망오 주문 시
망고 쉐이크 제공
인원수대로

망고 봉봉 카페
Mango Bongbong Cafe

수제 망고 플롯 케이크 제공&
젤 네일 10% 할인
쿠폰 1장당 1인

뉴 그랑 블루
New Grand Bleu

다이빙 프로그램 이용 시
티셔츠 혹은 마스크 스트랩 증정
쿠폰 1장당 1개

트리 셰이드 스파 막탄점
Tree Shade Spa Mactan

10% 할인
쿠폰 1장당 1인

이바나 스파
Evana Spa

90분 이상 마사지 진행 시
100페소 할인 (성장 마사지 제외)
일행 전원 해당

마리스 스파
Maries Spa

15% OFF
쿠폰 1장당 1개